浙江省普通高校“十三五”新形态教材
新工科×新商科·大数据与商务智能系列

Python 编程

——从计算思维到编程实践

陈洪涛　编著

電子工業出版社
Publishing House of Electronics Industry
北京·BEIJING

内 容 简 介

对于怎样才算是掌握了一门程序设计语言这一命题而言，专业程序员和普通的程序爱好者的视角有很大的差异，主要的不同点是专业程序员必须要全面理解程序设计、运行背后的机理，因为理解上的偏差会导致程序设计或运行出现各种问题。本书从程序员的视角出发，讲述了 Python 简介、如何学习编程、Python 程序的构成、程序流程的控制、函数、模块和包、数据类型和操作、函数式编程、文件和文件系统操作、异常处理、面向对象编程、元编程、面向对象设计的原则、正则表达式、调试和测试、异步程序等。本书为抽象的知识点提供了丰富的代码实例，还附带了完善的微课视频，采用线上线下结合的方式，让读者学会一门真正有用、能用的程序设计语言。

本书既可作为高等院校计算机类、管理类、统计类等专业的 Python 语言课程的教材，也可以供 Python 语言自学者或培训机构使用。

图书在版编目 (CIP) 数据

Python 编程：从计算思维到编程实践 / 陈洪涛编著. — 北京：电子工业出版社，2023.1

ISBN 978-7-121-43967-4

Ⅰ. ①P… Ⅱ. ①陈… Ⅲ. ①软件工具－程序设计－高等学校－教材 Ⅳ. ①TP311.561

中国版本图书馆 CIP 数据核字（2022）第 121986 号

责任编辑：王二华

特约编辑：角志磐

印　　刷：三河市鑫金马印装有限公司

装　　订：三河市鑫金马印装有限公司

出版发行：电子工业出版社

北京市海淀区万寿路 173 信箱　　　邮编：100036

开　　本：787×1092　1/16　印张：18.75　字数：480 千字

版　　次：2023 年 1 月第 1 版

印　　次：2023 年 1 月第 1 次印刷

定　　价：59.00 元

凡所购买电子工业出版社图书有缺损问题，请向购买书店调换。若书店售缺，请与本社发行部联系，联系及邮购电话：（010）88254888，88258888。

质量投诉请发邮件至 zlts@phei.com.cn，盗版侵权举报请发邮件至 dbqq@phei.com.cn。

本书咨询联系方式：wangrh@phei.com.cn。

前　言

已有 30 多年历史的 Python 现在已经成为一门热门语言，Python 可以用于开发网站程序、移动应用程序、游戏程序、数据处理和分析程序、机器学习程序，并可用于实现自动化办公处理，吸引了大量的学习者。

Python 具有程序设计语言的共性，同时又有自己的特点。Python 的语法中有一些让人困惑的存在。例如，通过缩进来区分语句块；通过名称绑定来关联变量名和数据对象，名称没有类型限制，可以动态绑定任何类型的对象；“=”“+=”等都不是赋值运算符而是分隔符，直到 Python 3.8 才有真正的赋值运算符“:=”；尽可能不使用循环方式而是使用函数式编程方式自动遍历可迭代对象；类中的函数不能重载；由于 Python 的名称没有类型约束，强类型语言中的面向接口编程无法践行……如果不了解 Python 的特点而只看到程序设计语言的共性，就很难写出 Python 风格的代码，也就无法发挥 Python 的优势。

Python 是一门多范式的语言，支持交互式命令、过程式编程、面向对象编程、函数式编程、元编程、同步/异步编程等。在适当的场景使用适当的范式，有助于构建清晰、简洁、使用方便、易于维护的程序代码。现在在数据分析和机器学习的程序设计中大量使用函数式编程，极大地简化了代码，使得程序清晰明了。由于云计算等分布式计算机体系结构的广泛使用，异步程序起到越来越举足轻重的作用。也就是说，如果可以通过一门语言的学习就能了解众多的编程范式，那么 Python 一定是一个不错的选择。

在计算机科学的发展过程中，一系列解决各类问题的方法逐渐形成，这些方法可以应用于其他领域。在学习编程的过程中，我们应该学习程序背后的计算机科学的独特思维方式，也就是所谓的计算思维。尽管计算思维并不依赖于计算机，但是如果需要用程序设计语言解决问题，当然要知道如何将解决问题的思路变成计算机语言、如何评价程序的性能、什么是面向对象设计的最佳实践、函数式编程解决问题的独特方法、如何通过异步调度程序提高性能等，这些知识不囿于某一门编程语言，但在学习编程时需要反复体会和实践。

编程是高度实践性的工作，“Linux 操作系统之父”Linus Torvalds 说：Talk is cheap, show me the code。本书努力通过实例展示编程背后的思维，同时覆盖尽可能多的语法点。但是一本编程的教材不应该是程序语言的手册，语法的细节还是应该通过编程语言的文档获得。

有人说 Python 简单易学，也有人说 Python 内容庞杂、具有无尽的模块，学不到尽头。因为不同的视角就是不同的世界，和任何其他语言一样，一方面 Python 简单易学是因为有人承担了复杂性、封装了复杂性，为其他人提供了简单的接口；另一方面，Python 复杂的语法正是为了赋能封装复杂的编程，Python 是简易和复杂二位一体的。

由于时间和精力有限，书中难免有错漏之处，欢迎读者批评指正。

目　　录

第 1 章　Python 简介

本章要点

- Python 的特点；
- Python 解释器；
- Python 的集成开发环境。

学习目标

- 初步认识 Python 语言；
- 了解 Python 开发环境的选择、安装和必要的设置。

1.1　Python 的由来

Python 是一门历史悠久的语言，其发展经历了以下过程。

1989 年，荷兰的 Guido van Rossum 设想开发一种比较简单好用的语言，用来替代 UNIX shell 和 C 语言进行系统管理。

1991 年 2 月，Guido van Rossum 发布了 Python 的最初代码（版本 0.9.0），随后 1994 年 1 月，Guido van Rossun 发布了 Python 1.0，2000 年 10 月 16 日，又更新到 Python 2.0。

2001 年，非营利性组织 Python 软件基金会（PSF）成立，该组织拥有 Python 相关的知识产权。从 2001 年开始，Python 的许可是“兼容的 GPL”，即 GPL compatible（GNU GeneralPublic License，GPL）。但是 Python 的许可协议（PSF License Agreement）与 GPL 不同，Python 的许可允许用户修改后的分发版本不保持开源，这个对商业用户有吸引力，也成为 Python 广受企业欢迎的原因之一。另外，Python 的许可是免费的，而且宣称是永远免费的。

2008 年 12 月 3 日，Python 3.0 发布。Python 3.x 相较于 Python 2.x 有了较大幅度的修订，所以 Python 3.x 的代码和 Python 2.x 的代码不兼容。不过经过这么多年的升级，几乎所有的第三方模块和应用软件都已经支持 Python 3.x。

经过多年的发展，Python 的版本一直在不断更新，Python 已经成为了一门功能强大的程序设计语言，支持结构化编程、面向对象编程、函数式编程、元编程等主流的编程范式。

1.2　Python 的特点

Python 是一门解释的、高级的、通用的编程语言。它既可以让专业程序员构建小型或大型的软件项目，也可以让非专业程序员通过编写简短的程序段或以交互命令的方式使用 Python 解决自己的问题。在一个全民都需要懂一点编程的潮流下，Python 的特点使得它广受欢迎。2022 年 9 月，TIOBE 指数显示：Python 超越 Java 成为热度第一的编程语言。尽管 TIOBE 指数只反映了编程语言的搜索热度，但也从侧面反映了 Python 应用的广泛性和受重视的程度。

Python 有以下 5 个主要特点。

(1)通过语法提高代码的可读性。软件的质量常常和代码的可读性有关，晦涩难读的代码往往埋有隐患。Python 的语法限制程序员使用费解的语句，像国际 C 语言混乱代码竞赛(The International Obfuscated C Code Contest)中出现的代码，用 Python 写不出来。另外，Python 通过严格的缩进来区分代码块(C、Java 语言用花括号)，使得程序员不得不小心设计代码的结构，避免逻辑错误。

(2)动态类型的语言，对初学者友好。Python 是动态类型语言，其变量类型到程序运行时被赋了值才能确定(迟绑定，Late Binding)，而强类型的语言，如 C、C++、Java，在编译的时候变量类型就确定了。由于 Python 不需要像静态类型语言那样考虑数据类型的匹配、转换，所以其代码量显著减少，大约是 Java 代码量的 1/3。代码量的减少，使得代码更容易理解，编写的难度更低。但是动态类型语言也有缺点，如性能相对较低、类型不安全、测试困难等。

(3)一次编写，到处运行。Python 程序用官方实现的解释器 CPython 编译成字节码，然后就可以在 Python 虚拟机(Python Virtual Machine, PVM)上运行。放在模块中被重用的 Python 代码会预先编译成*.pyc 文件，用户编写的代码运行时也会编译成字节码。

(4)在众多库的支持下，程序员可以轻松完成复杂的工作。Python 流行的一个重要原因是它拥有众多开源、免费、成熟的库的支持，Python 的标准库(Standard Library)可以帮助程序员使用操作系统接口、查询系统时间、访问网络等。除标准库外，众多的第三方库使得程序员可以站在巨人的肩上，以极小的代价完成复杂的工作，如数据分析用到的 Numpy、Pandas 库，机器学习库 Scikit-learn、Mlextend，网络爬虫框架 Scrapy，网站开发库 Django、Flask，等等。正是因为拥有成千上万库的支持，Python 才广受欢迎。

(5)胶水语言。Python 是一种胶水语言，也就是说人们只使用 Python 定义数据输入、模块的行为、结果的输出等解决问题的流程，而被调用的高性能的模块是由 C 语言或其他语言构建完成的，Python 像胶水一样把这些模块粘合在一起。例如，多维数组的处理就交给 Numpy 完成，而 Numpy 就是由 C 语言构建并优化过的。

1.3 Python 解释器

Python 是开放的，除了 Python 软件基金会(PSF)用 C 语言实现的 Python 解释器 CPython，还有用 Java 实现的 Jython 和微软.Net 平台上的 IronPython，但后两个似乎都只能支持 Python2.7，现在很少有人使用。

PyPy 也是一个 Python 解释器，由于使用了即时编译器(Just-in-Time compiler, JIT)，也就是在运行时将代码编译成机器码，从而使程序运行获得了平均 4.2 倍的性能提升。但是即时编译器并不是在所有的情况下都有作用的，其失效的情况有两种：①偶然运行的程序。持续运行的网站的程序、长时间反复运行的数据处理程序等，才可能使用 PyPy 提升性能，大部分场合下偶然运行几秒的代码不能提升性能。②大部分的执行时间都是花在运行库

(RunTime Libraries)上，而不是 Python 代码上的场合。也就是说，PyPy 能优化的对象是 Python 代码，超过这个范围就无能为力了。

CPython 解释器可以在其官网 https://www.python.org/免费下载。注意，Python 3.9.0 不能在 Windows 7 及更早的 Windows 版本上运行。

本书使用 Anaconda 集成开发环境，所以不用单独下载、安装 CPython 解释器。

1.4　Python 程序的集成开发环境

尽管随便用一个文本编辑器就可以编写 Python 程序，但是一个专业的集成开发环境，显然可以降低编程难度，提升编程的工作效率。

现在有不少很好的集成开发环境(开发工具)，如 JetBrains 的 Pycharm(其社区版是免费的)、微软的 VisualStudio Code(功能强大的、免费的集成开发环境)、为数据科学服务的 Anaconda 等。

集成开发环境的选择和开发的项目相关。如果是开发网站、爬虫，则可能会更多选用 Pycharm；如果是数据科学项目，则可能选择 Anaconda，因为 Anaconda 已经将 Python 解释程序、集成开发环境、常用的库打包。

本书选择 Anaconda 作为开发工具是因为其安装简单，学习者不需要花费太多时间在安装、配置上，随着能力的提高学习者可以选择更适合自己的开发工具。

1.4.1　Anaconda 安装

Anaconda 是一个开源的 Python 开发工具，它集成了 Python 解释器、大量的数据分析和机器学习开发所依赖的库、Spyder 集成开发环境(也可以配置成 Pycharm 等其他工具)、基于 Web 的集成开发环境 Jupyter Notebook、包和环境管理器 Conda(Pip)。使用 Anaconda 这样一站式的解决方案，可以简化开发环境的安装配置。

Anaconda 的官网地址为 https://www.anaconda.com/，其中的个人版(Individual Edition)是开源免费的。如果觉得下载的速度太慢，可以选择国内的镜像站，如清华大学、上海交通大学、中国科学技术大学等开源软件镜像站。

清华大学的开源软件镜像站可以通过访问网址 https://mirrors.tuna.tsinghua.edu.cn/help/anaconda/获得，单击图 1.1 所示的链接即可下载。

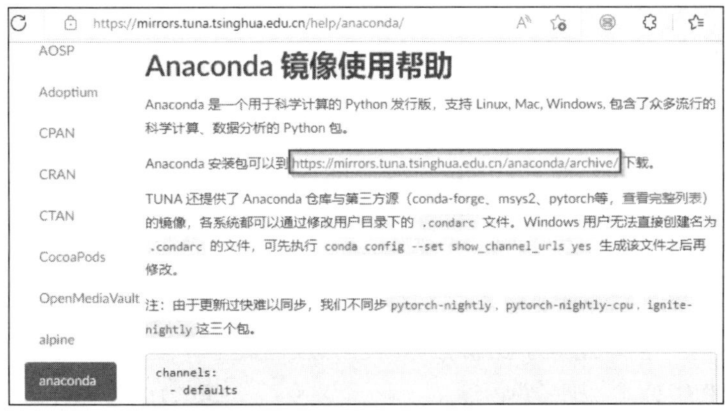

图 1.1　清华大学的开源软件镜像站

在软件的列表中，单击列标题“Date”进行排序，然后在页面的最下方找到最新的 Anaconda 安装包链接，如图 1.2 所示，单击它即可下载。

mirrors.tuna.tsinghua.edu.cn/anaconda/archive/?C=M&O=A

清华大学开源软件镜像站 HOME EVENTS BLOG RSS PODCAST MIRRORS

Index of /anaconda/archive/

Last Update: 2021-11-13 08:48

File Name ↓	File Size ↓	Date ↓
Parent directory/	-	-
Anaconda-1.4.0-Linux-x86.sh	220.5 MiB	2013-07-04 01:47
Anaconda-1.4.0-Linux-x86 64.sh	286.9 MiB	2013-07-04 17:26
...		
Anaconda3-2021.05-MacOSX-x86_64.sh	432.7 MiB	2021-05-14 11:34
Anaconda3-2021.05-Windows-x86.exe	408.5 MiB	2021-05-14 11:34
Anaconda3-2021.05-Windows-x86_64.exe	477.2 MiB	2021-05-14 11:34

图 1.2　找到最新的 Anaconda 安装包

在 Anaconda 的安装过程中，用户可以根据自己的需求设置安装路径。另外在图 1.3 所示的设置页面中，第一项设置(Add Anaconda3 to the system PATH environment variable)使得本次安装的 Anaconda 优先于过去安装的，会导致过去安装的 Anaconda 失效。第二项设置(Register Anaconda3 as the system Python 3.8)是将本次安装的 Python 解释器当作默认的解释器，勾选的结果是将安装目录加入到 PATH。PATH 是系统变量，在 Windows 中该变量的值是一系列用分号分隔的路径，如果在命令行窗口中输入命令，系统会遍历 PATH 中的所有路径，找到并运行输入的命令，如果在所有的路径中都没有这个命令文件，那么系统就无法运行该命令。如果第一次安装 Anaconda，那么建议只勾选第二项。

Anaconda 安装完成后，Windows 的“开始”菜单中就会有图 1.4 所示的条目。

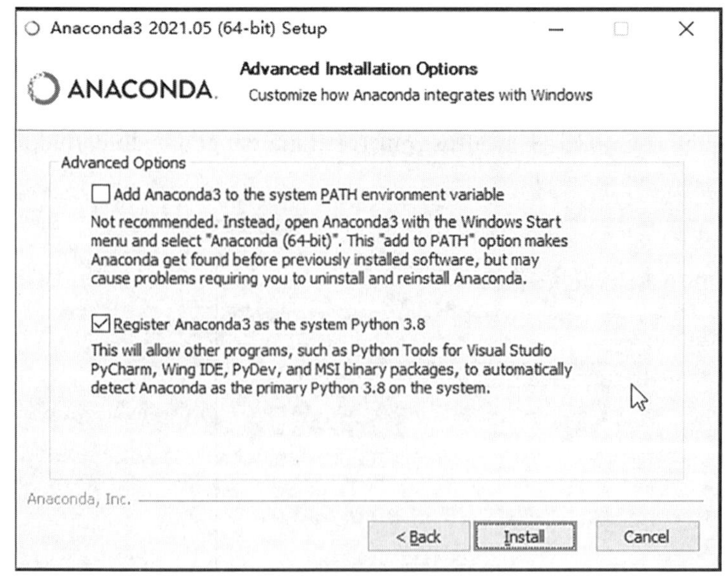

图 1.3　安装过程中的设置

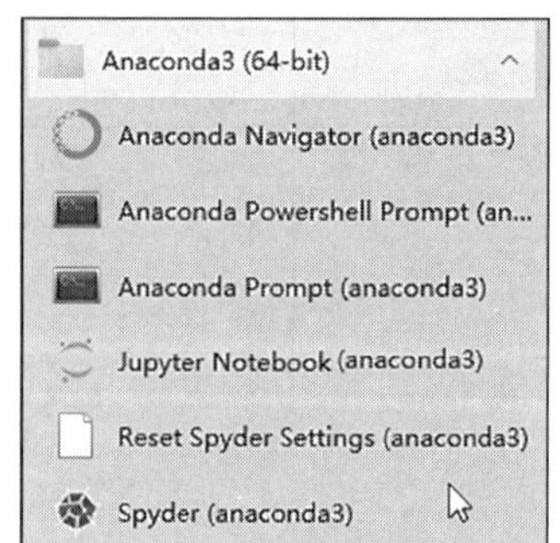

图 1.4　Anaconda 安装成功后的菜单

1.4.2 Anaconda Navigator

Anaconda Navigator 的 Enviroments 标签页可以看作包和环境（Package and Environment）管理器 Conda 的可视化界面，如图 1.5 所示。

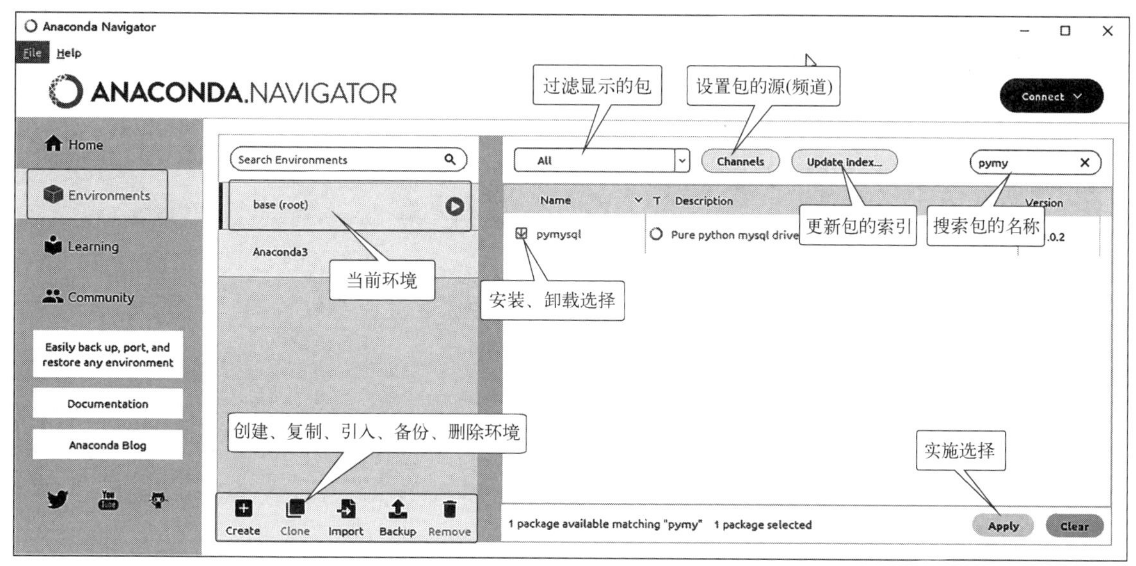

图 1.5 Anaconda Navigator

界面左侧显示了当前环境是 base，旁边的箭头表示该环境处于激活状态。由于用户可能要同时开发多个项目，每个项目依赖的 Python 解释器和包是不一样的，所以用户可以为不同的项目建立不同的环境，只安装这个项目需要的包，当开发这个项目的时候就激活相关的环境。界面左侧下方就是和环境的创建、复制、引入、备份、删除相关的按钮。

界面右侧是当前环境中已经安装和可以安装的包的列表。Anaconda 公司在网上建立了一个包括 Python 包的软件仓库，并且提供了软件仓库的索引，用户可以根据索引下载安装包。Anaconda 发行安装程序已经安装了很多包，但总会有一些包是没有安装的，用户可以通过“过滤显示的包”功能过滤显示，如果在该功能的下拉列表中选择“All”选项，就会显示所有的已安装和没安装的包。

在“Channels”中可以将包的来源仓库设置为国内的镜像站，如清华大学、上海交通大学、中国科学技术大学等。

包的版本也在不断更新中，如果要查询最新版本的包的索引，那么可以单击“Update index”按钮。

如果要安装某个包或卸载某个包，就在搜索框中输入该包的名称。如图 1.5 所示，若要搜索 pymysql 包，则在搜索框中输入“pymy”，在搜索框下面的列表中就会有搜索的结果，包名 pymysql 前面的复选框没有选中，表示 pymysql 这个包当前还没有安装，如果要安装该包，就单击该复选框，将复选框变成选中状态，然后单击右下方的“Apply”按钮。如果要卸载某个包，就单击该包名前面的复选框，将复选框变成未选中状态，然后单击右下方的“Apply”按钮。

1.4.3 Spyder 的使用

1. Spyder 功能界面的使用

图 1.4 所示的菜单中有“Spyder”条目。打开 Spyder 程序，可以看到图 1.6 所示的界面，界面左侧是代码编辑窗口，界面右侧下方是 IPython 的终端窗口，界面右侧上方包含变量浏览窗口、文件浏览窗口、图片浏览窗口。代码执行工具栏用于当前编辑程序的执行，左边的 ▶ 按钮用于运行整个程序文件。代码也可以用“#%%”分隔成若干代码块(Cell)，单击 ▶ 右侧的按钮可以运行某个 Cell。

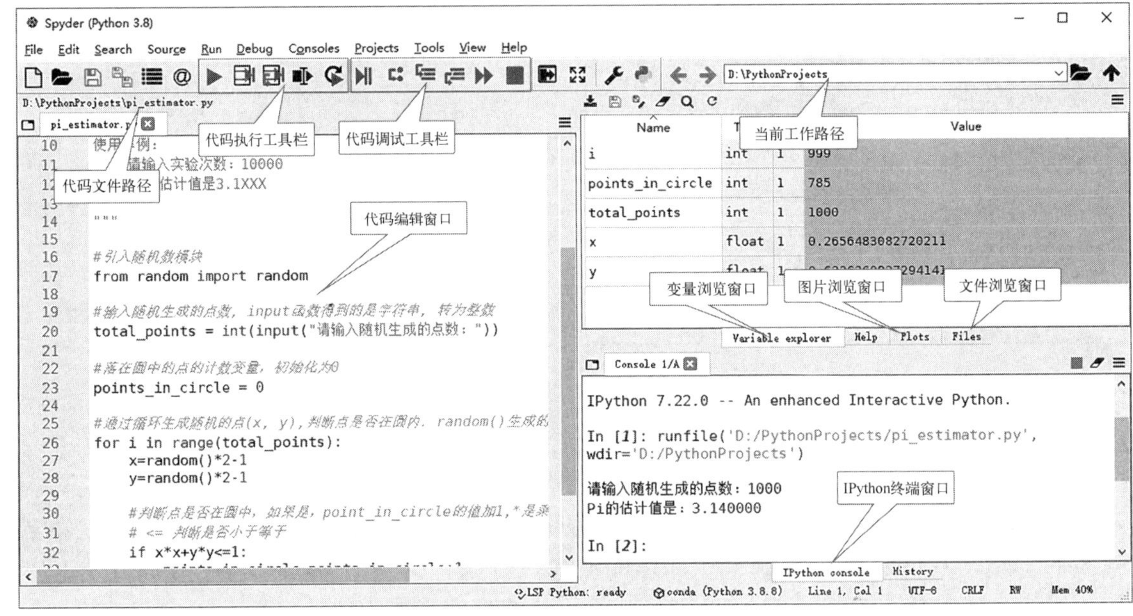

图 1.6 Spyder 功能界面

IPython 是一种更强的 Python 交互界面(Shell)，相比 Python Shell，对用户更友好，它支持关键字的自动补全，内置了许多很有用的功能和函数。Python 有两种使用方法：一种是先编写程序文件，然后运行程序文件；另一种是在 IPython 终端窗口直接以交互式命令的方式使用，用户输入命令，系统立即输出结果。在下面的代码演示中，“In[数字]:”后面是用户输入的代码，演示中分 3 次分别输入了 x=10、y=20、x+y。“Out[数字]:”后面是系统的输出，如演示中“Out[4]:”后面输出了 x+y 的结果 30。

```
In [2]: x=10

In [3]: y=20

In [4]: x+y
Out[4]: 30
```

2. Spyder 的工作路径设置

Spyder 默认的的工作路径在用户目录中，使用起来不太方便。为了便于使用，用户可以单击菜单“Tools> Preferences”，按照图 1.7 所示的方法设置工作路径，这样新建的 Python 代码文件会保存在这个文件夹下，设置之前需要先创建文件夹，文件夹的名称可以自己定义。

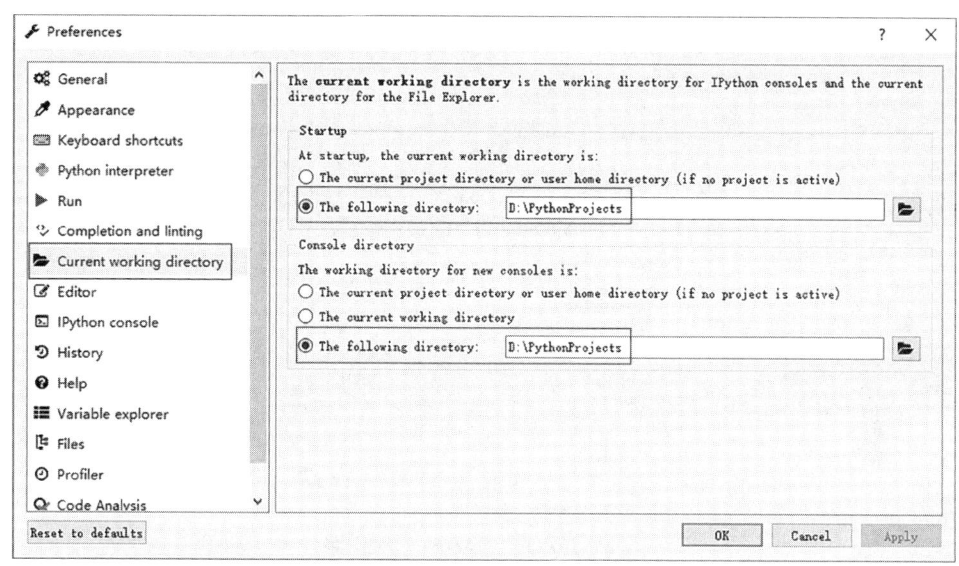

图 1.7　Spyder 工作路径

3. Spyder 界面设置

用户可以改变默认的界面设置，单击菜单“View>Window Layouts”，就能在弹出的菜单中选择自己喜欢的界面设置。通过这个菜单还可以保存自己的界面设置和重置界面设置。

4. 把 Spyder 重置为默认的设置

如果用户觉得需要重置全部设置，可以单击图 1.4 所示菜单中的“Reset Spyder Settings(anaconda3)”条目。

1.4.4　Jupyter Notebook 的使用

Jupyter Notebook 是网页版的 IPython，数据分析、机器学习等领域的用户可以通过图 1.4 所示菜单中的“Jupyter Notebook(anaconda3)”条目打开 Jupyter Notebook。

1. 改变 Jupyter Notebook 的默认工作路径

如果要改变 Jupyter Notebook 的默认工作路径，方法是单击“Jupyter Notebook(anaconda3)”条目，若是 Windows 7 系统，则在弹出的菜单中选择“属性”，若是 Windows 10 系统，则选择“更多>打开文件位置”，右键单击“Jupyter Notebook(anaconda3)”快捷方式文件，在弹出的菜单中选择“属性”，然后按照图 1.8 所示的方法进行设置，要把“目标(T)”栏末尾的“%USERPROFILE%/”改成工作路径。

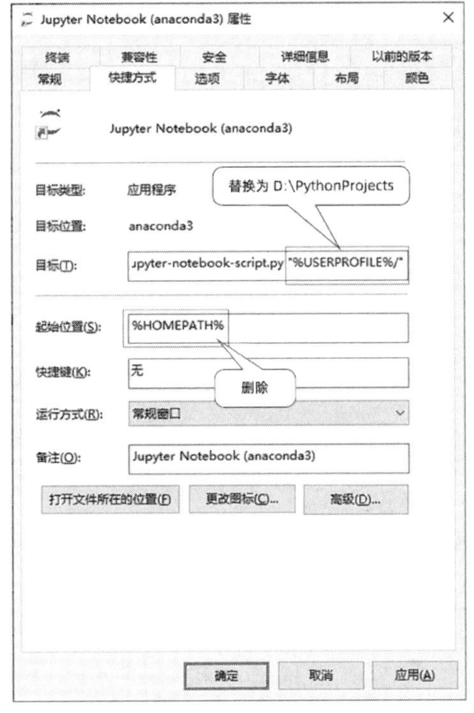

图 1.8　Jupyter Notebook 工作路径

2. 创建一个新的 Notebook

启动了 Jupyter Notebook 网页后，创建一个新的 Notebook 文件(如图 1.9 所示)，在同一个菜单中也可以创建文件夹。如果已经创建了一个 Notebook 文件，那么在这个界面的文件列表中也会显示这个文件，单击它就会进入这个文件的编辑界面。

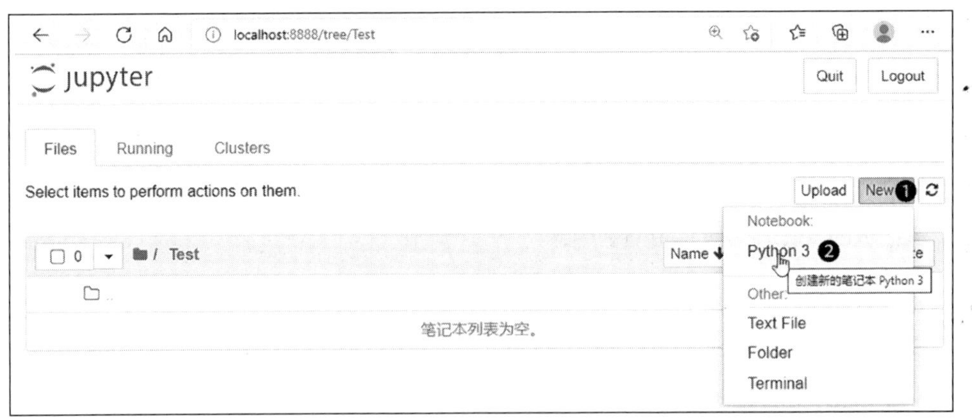

图 1.9　Jupyter Notebook 新建 Notebook 文件

3. 在 Notebook 中编辑代码

打开 Notebook 文件后，可以在单元 Cell 中编辑代码(如图 1.10 所示)，编辑完代码后，按“Shift+Enter”组合键，当前单元中的代码会运行并输出结果。

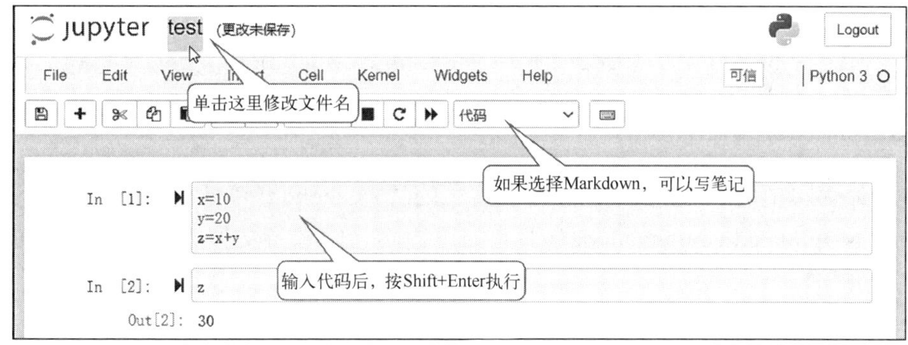

图 1.10　在 Notebook 中编辑代码

1.5　在命令行中使用 Conda

除了上述在图形界面中使用 Conda，还可以通过选择图 1.4 所示菜单中的 "Anaconda Prompt(anaconda3)" 条目打开命令行窗口，通过命令的方式使用 Conda。这部分内容在初学的时候可以暂时跳过。

1.5.1　将安装包的源设置为国内的镜像站

在 Windows 系统中，Conda 的配置文件 ".condarc" 在 "C:\user\x 用户\" 目录中，把安装包的源改为国内的镜像站会改变该文件。因为 Anaconda 初次使用时文件 ".condarc" 不一定存在，所以需要运行 "conda config" 命令创建该文件。打开命令行窗口执行下面的命令，这个命令的另外一个作用是显示安装包的源。

```
conda config --set show_channel_urls yes
```

继续在命令行窗口执行以下命令。

```
conda config --add channels https://mirrors.tuna.tsinghua.edu.cn
  /anaconda/pkgs/main/
conda config --add channels https://mirrors.tuna.tsinghua.edu.cn
  /anaconda/pkgs/free/
conda config --add channels https://mirrors.tuna.tsinghua.edu.cn
  /anaconda/pkgs/msys2/
conda config --add channels https://mirrors.tuna.tsinghua.edu.cn
  /anaconda/cloud/conda-forge/
```

命令执行以后，文件 ".condarc" 就变成了下面这样，这些 url 的次序就是 Conda 访问的优先级，排在前面的优先级高，其中 defaults 是指官方源，现在的优先级是最低的。

```
ssl_verify: true
channels:
        - https://mirrors.tuna.tsinghua.edu.cn/anaconda/cloud/conda
        -forge/
        - https://mirrors.tuna.tsinghua.edu.cn/anaconda/pkgs/msys2/
```

```
        - https://mirrors.tuna.tsinghua.edu.cn/anaconda/pkgs/free/
        - https://mirrors.tuna.tsinghua.edu.cn/anaconda/pkgs/main/
        - defaults
show_channel_urls: true
```

当然，最简单的方法是直接复制清华大学的“Anaconda 镜像使用帮助”网页(https://mirrors.tuna.tsinghua.edu.cn/anaconda/)上的如下内容，以替换文件“.condarc”中的内容(推荐使用这个方法)。

```
channels:
  - defaults
show_channel_urls: true
channel_alias: https://mirrors.tuna.tsinghua.edu.cn/anaconda
default_channels:
  - https://mirrors.tuna.tsinghua.edu.cn/anaconda/pkgs/main
  - https://mirrors.tuna.tsinghua.edu.cn/anaconda/pkgs/free
  - https://mirrors.tuna.tsinghua.edu.cn/anaconda/pkgs/r
  - https://mirrors.tuna.tsinghua.edu.cn/anaconda/pkgs/pro
  - https://mirrors.tuna.tsinghua.edu.cn/anaconda/pkgs/msys2
custom_channels:
   conda-forge: https://mirrors.tuna.tsinghua.edu.cn/anaconda/cloud
   msys2: https://mirrors.tuna.tsinghua.edu.cn/anaconda/cloud
   bioconda: https://mirrors.tuna.tsinghua.edu.cn/anaconda/cloud
   menpo: https://mirrors.tuna.tsinghua.edu.cn/anaconda/cloud
   pytorch: https://mirrors.tuna.tsinghua.edu.cn/anaconda/cloud
   simpleitk: https://mirrors.tuna.tsinghua.edu.cn/anaconda/cloud
```

如果需要把安装包的源改为默认的官方源，可以使用如下命令，这个命令会把所有用户设置的 channels 都删除。

```
conda config --remove-key channels
```

1.5.2 更新 Conda 的版本

Conda 也是在不断升级的，保持更新可以避免软件包安装过程中的问题。在“Anaconda Prompt”命令行窗口中查询 Conda 版本的命令是 conda info 或 conda -V。前一个命令给出的信息更丰富，后者只提供了 Conda 的版本号。

更新 Conda 版本的命令是 conda update conda。更新命令在执行时偶然会出现网络错误，可能要多执行几次。当看到“Proceed ([y]/n)?”时，输入“y”并回车，相关的更新就会执行。

1.5.3 和环境相关的操作方法

Conda 命令同样可以创建、删除、激活环境，还可以撤销环境激活。

1. 创建环境

“环境”是 Python 程序运行的依赖项，在文件系统中是一个包含 Python 程序运行依赖文件的目录，用户可以先选择目录，然后在当前目录中创建环境。环境所在的目录是由用户自定义的，因为 Anaconda 被安装在 D:\anaconda3 目录中，所以下面的演示中把环境安装在这个目录下的 envs 中。“conda create”是创建环境的命令，“-n test_env”表示环境的名称是 test_env，对应地会创建一个相同名称的文件夹。因为没有指定安装什么，所以这个命令虽然创建了文件夹，但是并没有安装软件和包。

```
cd D:\anaconda3\envs
(base) D:\anaconda3\envs>conda create -n test_env
```

如果将这个命令改为 conda create -n test_env python=3.6，那么文件夹中就会安装 Python 3.6 解释器。也可以在创建环境的同时安装指定的包，不过这个工作也可以在创建环境后再执行。

创建了环境后，可以通过命令 conda info –envs 或等价的命令 conda info -e 查看现在创建了哪些环境。

```
(base) C:\Users\Chen>conda info -e
# conda environments:
#
base                   * D:\anaconda3
test_env                 D:\anaconda3\envs\test_env
```

可以看到 base 环境旁边有一个*，表示这个环境现在是活动(Active)环境。base 环境的相关文件在 D:\anaconda3 目录中。test_env 环境的相关文件在 D:\anaconda3\envs\test_env 目录中，但是这个环境没有被激活。

2．删除环境

conda remove 命令可以删除创建的环境。例如，要删除 test_env 环境，则在命令行窗口中输入如下命令。

```
conda remove -n test_env --all
```

3．激活环境

前面可以看到 test_env 环境没有被激活，如果要激活该环境，就在命令行窗口中执行命令 conda activate test_env。

```
1 (base) C:\Users\Chen>conda activate test_env
2 (test_env) C:\Users\Chen>
```

从上述命令的第 2 行可以看出，test_env 环境现在已经是活动环境。现在执行的 Python 程序，就是在这个环境的基础上运行的。

4．撤销环境激活

test_env 环境被激活后，如果要撤销激活重回 base 环境，就在命令行窗口中执行命令 conda deactivate。

```
(test_env) C:\Users\Chen>conda deactivate
(base) C:\Users\Chen>
```

从上述命令的第 2 行可以看出，当前的活动环境重新变成了 base。

1.5.4 用 Conda 管理包

1. 查询环境中已经安装的包

如果要查询当前环境中已经安装的包，就执行命令 conda list，如果要查询指定环境中已经安装的包，就执行命令 conda list -n test_env。

```
(base) C:\Users\Chen>conda list -n test_env
# packages in environment at D:\anaconda3\envs\test_env:
#
# Name                    Version     Build       Channel
ca-certificates           2020.11.8   h5b45459_0  https://mirrors.tun...
...
```

2. 查询 Conda 软件库中的包的版本

如果要查询 Conda 软件库中的包的版本，就执行命令 conda search XXX(包名)，如通过以下命令查询 numpy 的版本。

```
(base) C:\Users\Chen>conda search numpy
Loading channels: done
# Name                         Version           Build Channel
numpy                        1.9.3 py27he0c0ee4_6 pkgs/main
numpy                        1.9.3 py27he0c0ee4_7 pkgs/main
numpy                        1.9.3 py27he78448b_2 pkgs/main
...
```

3. 将软件库中的包安装到环境

如果要在当前环境中安装软件库中的包，就执行命令 conda install XXX(包名)。如果要在指定环境中安装软件库中的包，就执行命令 conda install -n XXX(环境名) XXX(包名)。如果要指定包的版本，可以在命令中的包名后面跟上“== 版本号”，如 conda install -n test_env scipy==1.5.0。

```
(base) C:\Users\Chen>conda install -n test_env numpy
...
```

4. 删除环境中的包

如果要在当前环境中删除软件库中的包，就执行命令 conda remove XXX(包名)。如果要在指定环境中删除软件库中的包，就执行命令 conda uninstall --name XXX(环境名) XXX(包名)，或者命令 conda uninstall -n XXX(环境名) XXX(包名)，并在出现“Proceed ([y]/n)?”的时候输入“y”。

```
(base) PS D:\Anaconda3\envs> conda uninstall --name test_env numpy
Collecting package metadata (repodata.json): done
Solving environment: done
```

```

## Package Plan ##
environment location: D:\Anaconda3\envs\test_env

removed specs:
- numpy

The following packages will be REMOVED:
        …
Proceed ([y]/n)?
```

1.5.5　进一步了解 Conda

如果需要了解更详细的使用方法，可以查询 Conda 的文档，网址为 https://docs.conda.io/projects/conda/en/latest/，其中的“Getting started with conda”可以帮助初学者快速入门。

如果要了解 Pip、Virtualenv 和 Conda 的区别，可以查询 https://docs.conda.io/projects/conda/en/latest/commands.html 中的“Conda vs. pip vs. virtualenv commands”。

1.6　本 章 习 题

1．哪个组织拥有 Python 相关的知识产权？

2．Python 的许可协议(PSF License Agreement)是否和 GPL 一样，要求第三方开发的后续版本一致保持开源？

3．动态语言的优点和缺点是什么？

4．PyPy 解释器使用了即时编译器，但是它在什么情况下不能提升 Python 代码的运行效率？

5．如何为 Anaconda 设置包安装的国内镜像站？

6．如何为环境安装包？如 0.10.1 版本的包 pymysql。

7．在安装官方的 CPython 环境时，可以选择同时安装 Pip。Pip 是 Python 的软件包安装程序，它的使用是基于 PyPi(Python Package Index)和其他索引安装软件包的，请搜索相关资料，了解 Pip 的使用方法。

8. 如果在“Anaconda Prompt(anaconda3)”命令行窗口中输入命令“conda config --show envs_dirs”，就会看到 Conda 默认的“环境”搜索路径。如果在这些路径之外创建环境，就需要使用命令--prefix 或-p 指定绝对路径。查阅文档，了解如何用“prefix”参数创建环境，以及如何在这样创建的环境中安装包。

第 2 章　如何学习编程

本章要点

- 算法的特征；
- 初步了解计算机系统；
- 理解程序的编译执行和解释执行；
- 计算思维的概念；
- 算法的复杂度；
- 如何描述计算机上运行的算法。

学习目标

- 理解如何学习编程；
- 理解程序运行的基本原理；
- 掌握用程序描述算法的要点。

2.1　编程的困难来自哪里

有些人说编程很容易学，但同时，又有人说学习编程是一件相当困难的事情，那么编程是否容易学呢？

实际上这是视角的不同引起的，如果只是学习一门语言的语法，编写一些类似玩具的代码，显然学习编程是很容易的。但是如果要在机器的运行时间和存储空间的约束下解决一个真正的问题，那么编程有可能会是相当困难的。也就是说，难度其实不是完全来自于编程，而是来自于问题本身或解决问题的方法。

编程的本质是告诉计算机一些步骤，计算机通过执行这些步骤，输出结果，从而解决问题。这些计算机执行的步骤可以称为算法。例如，平面上有两个点，坐标分别是 (a,b) 和 (c,d)，计算这两个点之间的距离，算法的步骤如下。

---

1 计算 $c-a$ 得到 x；
2 计算 $d-b$ 得到 y；
3 计算 x, y 的平方和；
4 计算第 3 步结果的开方，得到两点之间的距离 $\sqrt{x^2+y^2}$ 。

显然，输入任意两点的坐标，通过上面的计算步骤，就能够得到它们之间的距离。而编程不过就是将上面的步骤变成程序代码。当每一次程序运行时，只要提供两点坐标的数据，计算机就可以算出两点之间的距离。

所以，算法就是编程的核心。Donald E. Knuth 在他的 *The Art of Computer Programming: Introduction to Algorithms* 一书中，提到算法有以下五个重要特征。

(1) 有限性，一个算法必须在有限的步骤之后终止。

(2) 明确，算法的每一步操作都必须精确定义，对于每一种状况，必须严格而明确地指定要执行的操作。

(3) 输入，一个算法有 0 个或多个输入。

(4) 输出，一个算法有一个或多个输出，输出与输入有特定关系。

(5) 有效性，算法的每步操作必须足够基本（都是基本运算），原则上可以在有限的时间内由某人使用铅笔和纸精确地完成。

以前面求两点之间距离的算法为例，这个算法可以在 4 步操作之内终止（有限性）；每一步操作都精确定义，并完成必要的计算（明确）；每一步操作都是简单的算术运算，不存在无法完成的问题（有效性）；算法需要输入两个点的坐标（输入），最后算法可以获得两点之间的距离（输出）。

但是有时候算法的描述不一定是对的，而有些问题，即使有确定的算法，也未必能够得到结果。例如，如果有方程 $x^3 + y^3 = z^3$，其中 x、y、z 都必须是正整数且大于 2，求满足这个方程的一个解。这个方程是有解的，如 (0, 0, 0) 或 (1, 0, 1)，但是这两个解都不满足“必须是正整数且大于 2”这个约束。如果真的存在至少一个满足约束的解，那么设想通过让计算机遍历所有可能的方式来得到这个解，当得到第一个解的时候，程序就可以终止了。

这个时候，算法的描述就需要用到三层循环，来枚举所有的 x、y、z 组合，算法如下。

```
1  设 x 为 3；
2  设 y 为 3；
3  设 z 为 3；
4  如果 x³ + y³  = z³  成立，结束程序，得到结果；否则执行第 5 步；
5  设 z 比原来的值大 1，然后执行第 4 步；
6  设 y 比原来的值大 1，然后执行第 3 步；
7  设 x 比原来的值大 1，然后执行第 2 步。
```

仔细观察这个算法，就可以发现它有不少问题：①z 的值没有设置边界，所以循环将一直运行不会停止，如果以 (x, y, z) 的方式描述一个解，只有当存在 (3, 3, ?) 这样的解时，算法才有可能结束运行；②x、y 的值也同样没有设置边界，而且在这个算法中，x 值和 y 值变化的循环根本不会被执行；③该问题在数学上已经证明是无解的，所以算法的运行根本停不下来。通过这个算法可以发现，如果一个算法可以运行出结果，就可以验证该算法的正确性。但是要证明一个算法是错误的，却不那么容易，因为当算法始终无法运行出结果的时候，程序员无法区分是这个算法本身有错误，还是这个算法需要运行很长时间。

其实，编程就是把解决问题的方法转变成计算机可以运行的算法，编程的思考过程一般是以下这样的。

(1) 研究清楚问题是什么，如计算平面坐标系中两点之间的距离、求方程的解等。无法清晰描述的问题是无法编程的。

(2) 建立模型。解决计算两点之间距离的问题是建立在平面坐标模型之上的，“点”用平面坐标来描述，距离用直角三角形的规律来计算，正是因为人类早已建立了关于这个问题的计算模型，所以问题的求解才这么容易。

(3) 按算法的特征来描述计算的过程。

(4) 验证结果。由于思维总是容易出错的，进而设计的算法也很有可能出错，所以需要通过一些实例的计算来验证算法的正确性，如果发现问题，还需要纠错。

现在回到前面的问题，编程容易学吗？这个问题没有笼统的答案，一般来说编程的难度来自以下几个方面。

(1) 要解决的问题是不是困难的。有很多问题到现在为止都无法计算，这样的问题就不能编程。

(2) 把问题转换成抽象的模型是不是困难的。前面提到的例子似乎很简单，但是在实际设计一个软件时，建模可能需要工具、方法和相当长的时间。

(3) 将解决问题的方法转变成算法是不是困难的。计算机专业有专门的关于数据结构与算法的课程，可见有些时候将方法转变成算法也是有难度的。

(4) 如果有时间和空间的约束，找出一个优化的方案是不是困难的。

(5) 如果要构建一个复杂的应用软件，设计软件本身的结构和保证团队协同工作也是一件困难的事，这是软件工程涉及的内容。

可以看出，学习编程的主要难度并不是来自于程序设计语言本身，而是来自于完美解决问题所需要的复杂条件。

2.2 某种语言是否优于另一种语言

经常可以看到有些人争论某一种语言优于另外一种语言，如认为 Java 语言比 C 或 C++ 语言更好，或者 Python 语言比 Java 语言更好等。该如何看待这样的争论呢？

在计算机系统出现之前，数学家就已经在关注函数的可计算问题，并且形成了递归函数、λ 演算、图灵机等后来证明是等价的计算模型。冯·诺伊曼正是在图灵机的基础上设想了现代计算机的体系结构，几乎所有的编程语言设计的程序都是运行在这个体系结构之上的。不管是什么语言，包括编译型语言(Java、C、C++等)或解释型语言(Python、JavaScript、Ruby 等)，最终都要翻译成机器代码才能够运行，所有这些语言的能力不会超越计算机系统能力的边界。

一个计算机系统一般由三部分组成，分别是中央处理器(CPU，包括运算器、控制器、寄存器)、存储器(俗称内存)、各种各样的输入/输出设备(标准的输入设备是键盘，标准的输出设备是显示器，硬盘、网卡、打印机、U 盘、光驱、鼠标等都是输入/输出设备)，如图 2.1 所示。

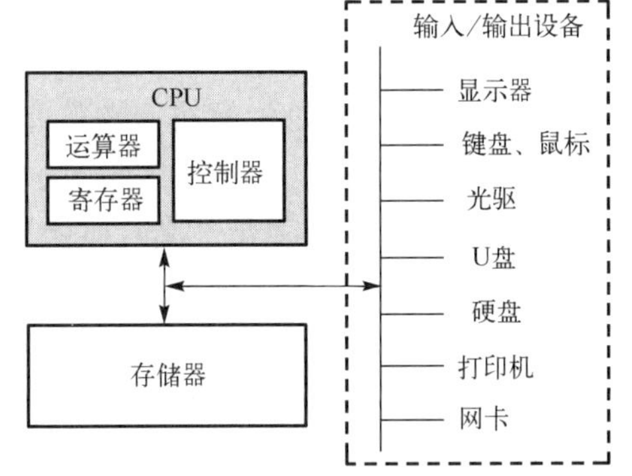

图 2.1 简化的计算机系统

算法的步骤是由中央处理器的控制器执行的，其中运算(常见的如算术运算)是由运算器执行的。算法需要被翻译成中央处理器可以执行的机器指令，才能让计算机执行。

程序员编写的程序起初是一个文本文件，这种文件可以用类似记事本等文本编辑软件打开，文件里面的代码是用类似人类语言的方式描述的。无疑，计算机并不认识这样的语言，所以最终这些代码需要被翻译成机器指令。代码什么时候被翻译成机器指令这个特征，决定了这种语言是编译型语言、解释型语言，还是编译-解释型语言。

(1) 编译型语言：在代码编写完后由编译程序将代码翻译成机器指令，并以可执行文件的方式保存程序；当用户执行程序时，先把可执行文件从硬盘加载到内存，然后由 CPU 执行程序，C、C++就是这种类型的语言。

(2) 解释型语言：在代码编写完后以文本文件的方式保存程序；当用户执行程序时，先把文本文件从硬盘加载到内存，然后由解释程序逐句翻译成机器指令，Shell、PHP、JavaScript 就是这种类型的语言。

(3) 编译-解释型语言：在代码编写完后由编译程序将代码翻译成字节码，并以字节码文件的方式保存程序；当用户执行程序时，先把字节码文件从硬盘加载到内存，然后由虚拟机执行程序(虚拟机将字节码翻译成机器指令)，Python、Java 就是这种类型的语言。Python 会把库文件编译成字节码，在 Python 库文件或被重用的模块的目录里可以发现"__pycache__"这样的目录，里面以".pyc"为扩展名的文件就是编译过的字节码文件。对于用户编写的不被重用的代码，则运行时在内存中翻译成字节码。字节码由虚拟机解释执行。

编译型语言和解释型语言各有优缺点，应用于不同的场合。一般来说，和硬件关系密切、对性能追求较高的场合会使用编译型语言，编译以后的程序只能在特定的平台上使用，如操作系统、嵌入式软件、数据库管理系统等基本都是用编译型语言开发的。追求开发效率、跨平台运行、对运行效率要求相对弱一些的的场合会使用解释型语言(如 JavaScript)、编译-解释型语言(如网站的开发较多使用 Java)。

现在流行的解释型语言、编译-解释型语言，都被广泛地应用于各个领域，如 Python 的应用场景包括科学计算、图像处理、数据分析、人工智能、Web 框架和 Web 应用程序、游戏程序设计等。但是不可否认的是，有大量的基础库文件是用编译型语言构建的，Python 的作用是调用这些库来解决应用问题，Python 发挥的是胶水语言的作用。

其实选择哪种编程语言对个人来说是基于偏好的，对企业来说是基于成本的。人们选择学习和使用某种编程语言主要基于以下因素。

(1) 要解决哪个领域的问题，这个领域中普遍使用哪种或哪些编程语言。领域中普遍使用的编程语言一定是众多的从业人员选择后的结果，显然解决数据分析的问题会选择使用 Python 等，不会选择使用 PHP，虽然你未必不能用 PHP 进行数据分析。

(2) 你从事的行业中的顶尖企业普遍使用哪种编程语言。一方面，精通顶尖企业普遍使用的编程语言会得到更多的工作机会；另一方面，顶尖企业资金实力雄厚、技术人才充足，会持续改进这种语言，并提供大量可靠的库文件，进而可以节省工作量，降低个人的学习成本。

(3) 有没有一个活跃的社区。在编程的过程中总会碰到各种各样的困难，如果有了活跃的社区，那么大部分的问题通过搜索引擎就能找到答案。

(4) 编程语言是不是容易学。由于很多人学习编程时，没有计算机的背景知识，会觉得某种语言容易或困难。一般来说，解释型语言由于封装了更多的细节，初学时无须了解程序运行背后的细节，入门会更容易。但是这个也不尽然，因为动态语言测试起来比较麻烦，有些错误可能在运行时才能被发现，这样改动起来成本就高了。

某种编程语言是否优于另一种编程语言，需要放在具体的场景下进行讨论。因为对企业来说，一方面某种小众的编程语言即使有某些优点，也会因为人力资源、可靠性、可维护性等问题不予考虑；另一方面，大多程序员不只是会一种编程语言，因为不同的场景可能会用不同的编程语言。

2.3 计算思维在编程中起着重要的作用

现在计算机技术已经大量应用于各个领域，不但为其他领域提供了工具，同时也提供了方法论。2006 年，卡内基·梅隆大学周以真(Jeannette M. Wing)教授认为：计算思维是运用计算机科学的基础概念进行问题求解、系统设计，以及人类行为理解等涵盖计算机科学之广度的一系列思维活动，这种思维也可以应用于除计算机外的其他场景。2011 年，周以真教授将计算思维重新定义为与形式化问题及其解决方案相关的思维过程，其解决问题的表示形式应该能有效地被信息处理代理执行。随后，计算思维被计算机教育界广泛讨论，其内涵变得更为丰富。

如果把计算视为通过对输入进行处理来得到输出结果的过程，那么计算思维实际上可以看作提炼、应用过程模式(算法)解决问题的方法论。在计算机科学的发展过程中，关于问题的求解和算法的设计形成了许多独特的思考和高效的过程模式，如仿真、递归、离散化、分治、冗余、缓存、分层、负载均衡、并行、分布式计算、二分查找算法、排序算法、计算最短路径算法、计算最小生成树算法、序列匹配算法等。这些思考和过程模式被应用于解决天文学、气象预报、DNA 分析、地铁线路规划、资源调度等方面的问题。在应用的过程中，它们有时会被编成计算机程序，有时不编成计算机程序，只利用这些成熟的思想。

编程的思考过程(识别问题、建立模型、设计算法、验证正确性)就是计算思维的核心，这个过程不但体现在编程中，在工作和生活中，甚至科学研究中也同样适用。例如，有一个推销员要访问 3 个门店，然后回自己的公司，假设公司及 3 个门店任意两个点之间都是有路的，需要规划一条最短路径。门店的距离如表 2.1 所示。

表 2.1 门店的距离

距 离	公 司	A	B	C
公司	0	2	1	3
A	2	0	2	1
B	1	2	0	4
C	3	1	4	0

(1) 首先需要识别问题，并且清晰无歧义地描述这个问题。这里需要弄清楚任意两点之间的距离，并且描述出来。

(2) 建立模型。模型的作用在于抽取和计算相关的特征(这里是点和边的距离)，并且用恰当的方式描述，方便计算。这里将问题以图的方式进行抽象描述，如图 2.2 所示。

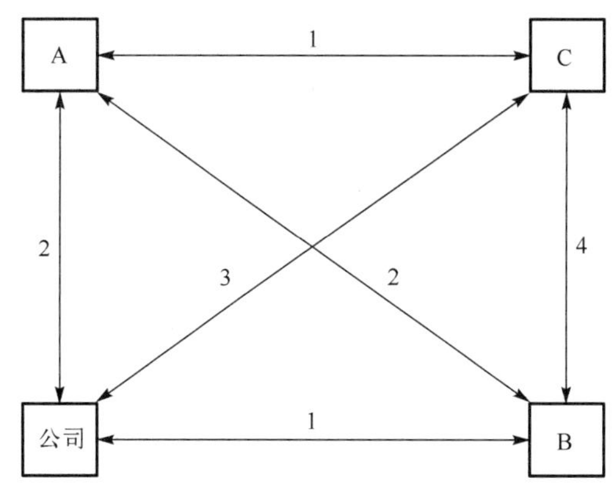

图 2.2　推销员问题

(3) 设计算法。①遍历所有的路径；②计算每条路径的距离；③比较计算结果；④输出最短路径。最短路径的计算过程如图 2.3 所示。

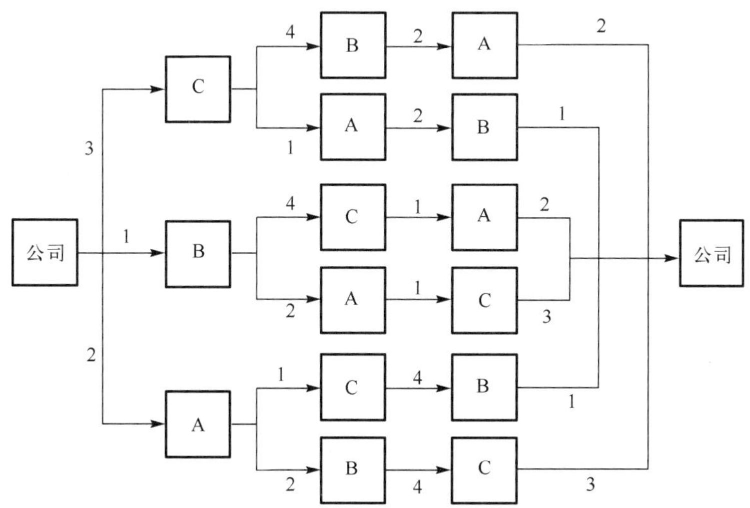

图 2.3　最短路径的计算过程

(4) 验证正确性。从计算结果看，路径公司—B—A—C—公司和路径公司—C—A—B—公司的距离一样，都是 7，是最短路径。

在这个例子中，图的节点有 4 个，可以组合的路径有 6 条；当推销员从公司出发时，他有 3 个目的地可选，当到达第一个门店后，他有 2 个目的地可选，以此类推；当节点有 4 个时，所有可能的组合是 $(4-1)!=6$，如果有 n 个节点，那么可能的组合就是 $(n-1)!$。显然，当节点的规模较大时，组合的数量会急剧增加，这就是组合爆炸。对于组合的数量是 $n!$、n^2、2^n 等这样的问题，计算机能够应付 n 较小的问题，而当 n 较大时，就可能出现需要运行极长的时间，或者超过计算机存储能力等问题。通过图 2.4 可以看出计算规模和计算量之间的关系。

一般使用 O（大 O，Big O）函数来表达算法复杂度。O 函数原本描述函数的数量级的渐近上界，当用在描述算法复杂度时，只需看参数就可以知道结果，而且可以简化参数，如 $O(3n+2)$ 可以简化为 $O(n)$，$O(n)$ 表示算法的复杂度是线性的，也就是算法的复杂度和规模呈线性关系，$O(\log(n))$表示随着计算规模的增长计算量的增加近似 $\log(n)$。而前面所说的计算规模呈指数级增长的算法是计算机难以应付的。推销员问题的解决方法就是一种复杂度为 $O(n!)$的算法，所以当计算规模很大时，这个算法是计算机难以应付的。推销员问题也称为旅行者问题(Traveling Salesman Problem，TSP)，一般来说对于这类问题，当计算规模较大时是不追求最优解的，而是通过近似方法获得一个可以用的解。

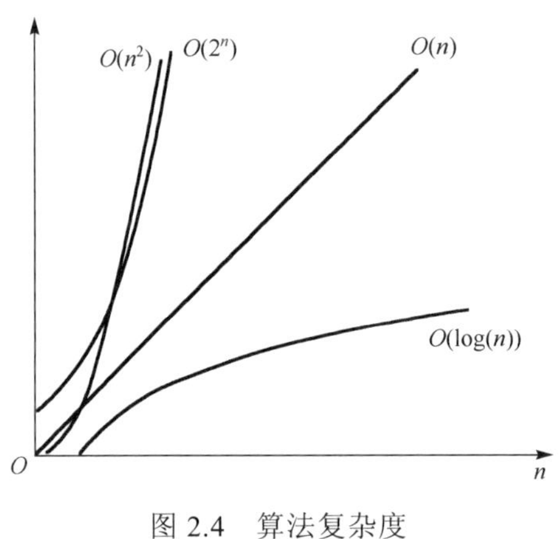

图 2.4 算法复杂度

2.4 如何描述计算机上运行的算法

尽管计算思维并不依赖于计算机，但是学习编程还是需要知道以什么方式描述的算法才可以在计算机上运行。

对程序员来说，计算机系统就是三部分的组合：中央处理器(CPU)、存储器(内存)、输入/输出设备(I/O 设备)，其中键盘是标准输入设备(Stdin)，显示器是标准输出设备(Stdout)。由于操作系统的封装，应用程序对硬件设备的使用只能通过调用操作系统 API 实现。

编程涉及的主要问题是如何使用内存，如果算法的描述是基于内存空间使用过程的，那么算法就很容易转变为程序。

现在来完成以下两个任务。

任务 1：交换两个数据的位置。

可以把内存想象成地址连续的盒子，程序员根据需要可以给其中某个盒子一个名称。下面来看看如何完成这个任务。

首先，通过键盘输入两个数据，并放到不同的盒子里，盒子的名称是 num1 和 num2，如图 2.5 所示。

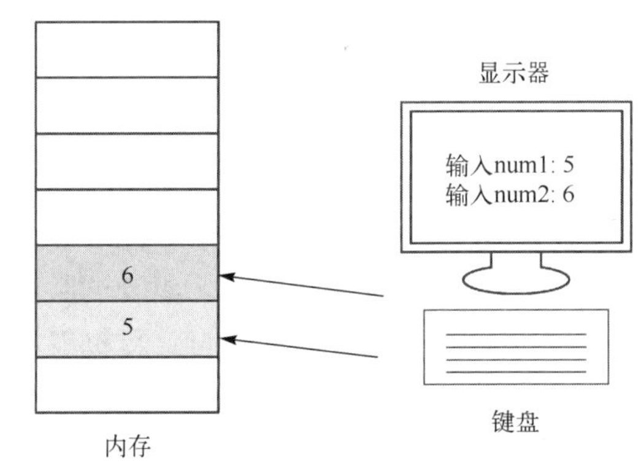

图 2.5 输入数据

输入的工作只是简单地调用了 input()函数，这个函数会使用操作系统的接口来完成通过键盘输入数据的工作。函数参数“输入 num1:”使得程序运行时会在显示器的屏幕上提示“输入 num1:”，并等待用户输入，程序员无须关心如何控制硬件等问题。num1、num2 就是程序员对程序中用到的内存盒子的命名，盒子在内存中的真实位置是由系统分配的，程序员不能控制，因此不能认为这两个盒子的地址一定是紧挨着的。“=”不是等号，而是赋值运算符，作用就是把从“=”右边获得的数据放到左边的盒子中。这步操作可以映射为如下代码。

```
num1 = input(" 输入 num1 : ")
num2 = input(" 输入 num2 : ")
```

其次，需要另外一个盒子 temp，把 num1 中的数据放到 temp 中，把 num2 中的数据放到 num1 中，把 temp 中的数据放到 num2 中。在把 num1 中的数据放到 temp 中的过程中，num1 中的数据不会变化，temp 中的数据发生变化，类似操作以此类推，如图 2.6 所示。

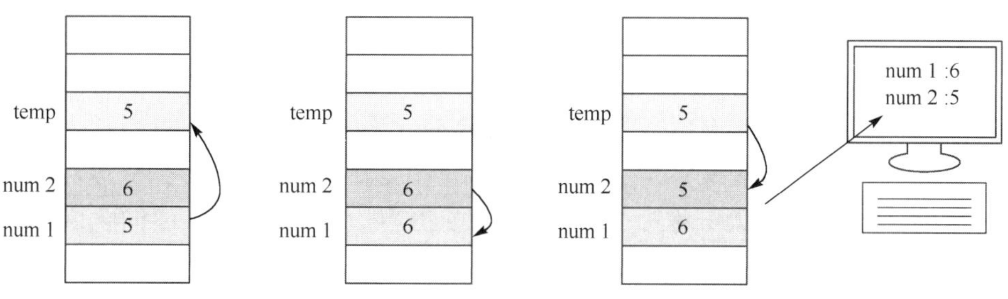

图 2.6　交换两个数据的位置的过程

最后，从盒子中取出数据并显示在屏幕上。输出的工作只是简单地调用了 print()函数，只需将取数据的盒子作为函数的参数就能完成全部工作，这些操作可以映射为如下代码。

```
temp = num1
num1 = num2
num2 = temp

print("num1 : ", num1, "num2  : ", num2)
```

实际上在 Python 中，交换两个盒子中的数据不用这么麻烦，通过代码 x, y = y, x 就能完成，这个例子只是为了体会基于内存盒子的算法描述的涵义。

任务 2：两个数据求和。

输入和输出数据与上面的方法类似。求和及获取结果的方法：把 num1 和 num2 中的数据传到 CPU 进行求和，把求和的结果放到名为 sum 的盒子中，过程如图 2.7 所示。

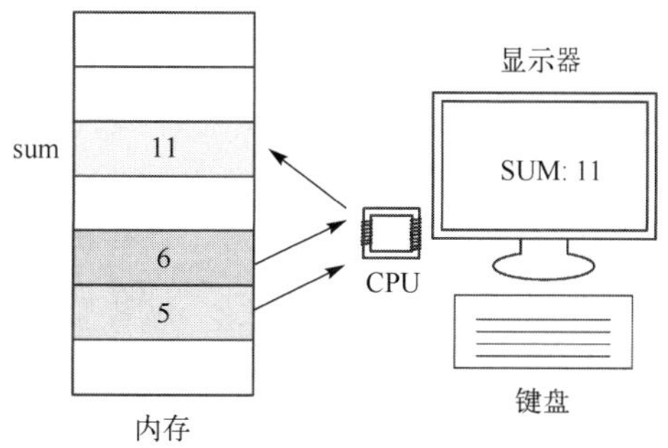

图 2.7　两个数据求和

该操作可以映射为如下代码。

```
num1 = input(" 输入 num1 : ")
num2 = input(" 输入 num2 : ")

sum = int(num1) + int(num2)

print("sum : ", sum)
```

从上面两个任务可以看出，程序的基本结构是：输入(Input)→处理(Process)→输出(Output)，简称 IPO。

程序员编程的总思路是：要盒子，操纵盒子，从盒子中取出结果。编程的难度在于如何操纵盒子，而操纵盒子的过程就是算法，算法好坏的评价标准是前面所说的复杂度。要特别注意，只有赋值运算符“=”可以改变盒子中的内容，也就是说，只有赋值运算符可以改变内存的状态，其他操作不会改变内存的状态。

所谓操纵盒子就是根据需要改变盒子中的数值，当然免不了要用到赋值运算符。在计算机的术语中，命名过的盒子称为变量，变量位于“=”的左边和右边的含义有很大的区别，位于右边就是从这个盒子中取数据，位于左边就是要把数据放到这个盒子中。

2.5 本章习题

1．Python程序是解释执行的，这个说法对吗？

2．如果一个密码由三个数字组成，请枚举所有的组合。如果把枚举的过程和结果画成图，这个图是什么样的？这个枚举的算法复杂度是多少？

3．现在有三个不相等的数(如 21、15、36)，分别放在三个顺序排列的盒子(如 a、b、c)中，利用前面描述的思维方法，给这三个数排序(结果：15、21、36)，要求给出操纵盒子的过程。注意，拿出两个数比较大小，然后根据结果决定如何改变盒子中的内容也是算法步骤。

4．如果有这样 16 个排过序的数据(7、12、24、25、30、34、41、56、57、74、77、85、87、88、95、95)，在这个数据中查找一个数，最快的情况是查找 7，一次比较就可结束，最慢的情况是查找 95，需要取数并比较 16 次，所以用挨个查找的方式，平均需要大约 8 次。有没有可能用更少的次数就能找到一个数？如果找到了这样的方法，现在改变一下数据量，如在 20 个、60 个、1000 个、10 000 个数据中查找，分别需要查找多少次？现在以数据量为 x 轴，查找次数为 y 轴，得到的图形是什么样的？和图 2.4 中哪条复杂度曲线相似？

5．A、B 两只军队已经完成对敌军 C 的前后夹击，但是 A 或 B 单独攻击 C 都不可能取胜，必须要同时发起攻击才能成功，但是 A 和 B 之间唯一的联络方式是派出通讯兵经过 C 的地盘到达对方，这样就会出现一些问题，如通讯兵被 C 抓捕，然后信息被篡改了，或者直接派出假的通讯兵送假信息。设计一个过程，保证 A、B 都收到正确的信息，从而同时发起进攻。

第 3 章　Python 程序的构成

本章要点

- Python 程序的构成要素；
- Python 的标识符和名称绑定；
- 变量类型和字面量；
- 运算符和表达式。

学习目标

- 掌握 Python 程序的构成要素：变量、运算符、表达式和语句；
- 掌握 Python 标识符名称绑定的机理；
- 掌握 Python 输入和输出的格式控制字符串。

3.1　Python 程序的构成要素

在安装了开发环境、了解了关于编程的基本概念以后，这一章的目的是了解程序的结构和程序最基本的构成要素。如果觉得程序中有些地方没学过，稍安毋躁，这些都是后面要学习的内容，现在只要知道程序在做什么就行了。

接下来将编写一个计算圆周率的程序。圆周率是圆的周长和它的直径的商。中国魏晋时期，数学家刘徽就采用“割圆术”（通过圆内接正多边形的周长逼近圆的周长）求得了 3.1415 和 3.1416 这两个圆周率的近似数值。

如图 3.1 所示，设想一个正方形和它的内接圆，圆的半径是 1，圆的面积 πr^2 除以正方形的面积 $(2r)^2$，商是 $\pi/4$。据此可以换一种思维，建立一个新的计算模型。想象在图 3.1 的“盘子”上撒豆子，每颗豆子都是随机抛下的，豆子分布是均匀的，圆的面积和正方形的面积的比值与落在圆中豆子数和落在正方形中豆子数的比值应该是一致的。这样形状的问题就转换成了概率的问题，而且解决问题基于的维度也变成了一维（只需要频数）。这种用随机数模拟来降低求解问题的维度和复杂度的方法就是蒙特卡洛（Monte Carlo）方法。

当进一步设想解决问题的步骤时，会发现需要确定豆子是否在圆中，这可以通过豆子和圆心的距离来判断，如果 A 豆子的坐标是 (a, b)，那么它和圆心的距离就是 $\sqrt[2]{a^2+b^2}$ 。

下面思考用 Python 来实现计算步骤。

Python 有生成随机数的模块，通过这个模块可以很方便地生成点的坐标来模拟随机抛撒的豆子。显然随机的点数越多，最后得到的结果越精确。随机的点数可以由用户输入确定，程序在开始运行前会提示用户输入随机点数，程序读取用户输入后开始运行，然后算出 π 的值。

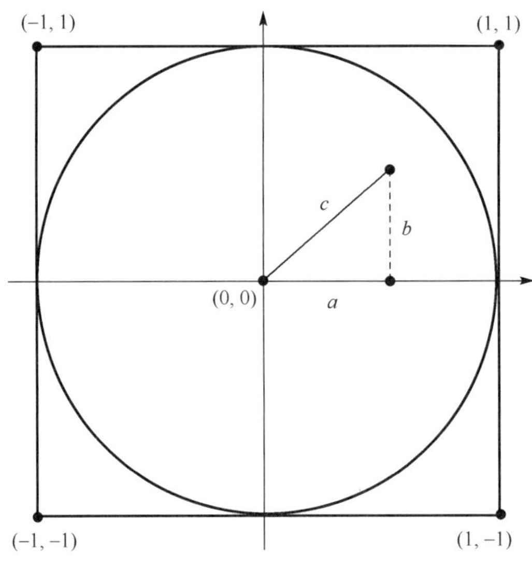

图 3.1 正方形和内接圆

按照前面所讲的基于盒子的思考方法，需要准备一个装总点数的盒子(名称为 total_points)，将键盘输入的值装入该盒子。需要注意的是，input()函数得到的是字符串，需要将其转变成整数(代码 3.1 第 20 行)。

由于需要计算圆中的点数，所以要准备计数用的盒子(名称为 points_in_circle，代码 3.1 第 23 行)。

代码 3.1 第 26～33 行是循环执行的代码，一共执行 total_points 指定的次数。其中，函数 range(total_points)会生成一个范围为[0，total_points −1]的整数序列。

random()函数会生成[0，1]的实数，需要映射到[−1，1]范围，代码 3.1 第 27、28 行是映射方法，2 是区间范围，−1 是下边界。

代码 3.1 第 32、33 行还在循环中，其作用是判定生成的坐标是否在圆中，由于距离的最大值是 1，开方后还是 1，所以判断时不需要开方算出实际距离，降低了计算的成本。

最后输出 π(即程序中的 Pi)的估计值，见代码 3.1。

代码 3.1 ch03/pi_estimator.py

```
1 # -*- coding: utf-8 -*-
2
3 """通过随机数的频数的比值来估算圆周率(Monte Carlo 方法)
4
5 方法：在直角坐标中画一个正方形和内接圆,正方形横纵坐标范围都是[-1,1].设内接圆的半径
6       是 r，正方形的面积=(2r)^2，圆的面积=πr^2，所以 π=4*圆的面积/正方形的面积.
7       通过随机数生成落在正方形中的点的坐标，就可以通过落在圆中的点的频数和落在正方形中
8       点的频数的比值在估计面积的比值。这个就是蒙特卡洛方法。
9
10 使用样例：
11      请输入实验次数：10000
12      Pi 的估计值是 3.1XXX
13
```

```
14 """
15
16 # 引入随机数模块
17 from random import random
18
19 # 输入随机生成的点数, input 函数得到的是字符串, 转为整数
20 total_points = int(input("请输入随机生成的点数: "))
21
22 # 落在圆中的点的计数变量，初始化为 0
23 points_in_circle = 0
24
25 # 通过循环生成随机的点(x,  y),判断点是否在圆内. random()生成的值[0,1]
26 for i in range(total_points):
27     x=random()*2-1
28     y=random()*2-1
29
30     # 判断点是否在圆中，如果是，point_in_circle 的值加 1,*是乘法运算符,
31     # <= 判断是否小于等于
32     if x*x+y*y<=1:
33         points_in_circle=points_in_circle+1
34
35 print("Pi 的估计值是: %f"%(4*points_in_circle/total_points))
```

代码中有些细节需要在后面的章节中详细介绍，现在只是通过它们了解程序的基本结构。注意，在写代码时，除了写中文，在其他情况下要关闭中文输入法，且输入法要设置为半角状态(一般是默认的)，因为中文的冒号、逗号、引号，以及全角状态的空格等都会引起 Python 解释器报错。

(1)编码声明。代码 3.1 第 1 行是编码声明，表示该程序文件的编码是 utf-8。程序文件本质上是文本文件，里面的字符需要用某种编码来表达，常见的编码方式有 ASCII(美国标准信息码)、GBK(汉字内码扩展规范，GB 是国标的意思)、utf-8(unicode 标准的一种编码方式)等。unicode 字符集几乎包含了全世界所有语言文字的字符，所以需要处理各国文字的场合会采用 unicode 标准的编码方式，utf-8 是其中最常用的编码方式。Python 3.x 以后，默认支持 unicode 标准。现在常用的 Python 开发工具生成的新程序文件，默认是以 utf-8 方式编码的。如果使用 Spyder、Pycharm 等集成开发环境，这行代码一般都是自动生成的。

(2)注释。代码 3.1 第 3～14 行，以及第 16、19、22、25、30、31 行都是注释。注释不是程序算法步骤的一部分，不会被计算机执行，它其实是程序员备注程序功能、变量含义、算法设计思想，方便自己回忆或程序员之间交流的笔记。用三个双引号(""")或三个单引号(''')开始或结束的注释是块注释(Block Comments)，也就是从三引号开始到三引号结束都是注释。用“#”开始的注释是行注释(Inline Comments)，即从“#”开始到一行结束都是注释。代码 3.1 第 3～14 行这样的块注释的作用是解释这个程序模块，所以它还有一个名称叫“文档字符串”(Docstring)。一般来说，Docstring 有一些约定的、非强制的书写风格，这个在后面的章节会涉及。

(3)空白行。代码 3.1 第 15、18、21、24、29、34 行都是空白行(Blank Lines)，空白行虽然对计算机来说没有意义，但可以提高代码的可读性。Python 增强提案(Python

Enhancement Proposal，PEP）是一个设计文档，向 Python 社区提供信息，用以记录 Python 的新功能或其演进和环境的变化。其中，PEP8 是一份关于 Python 编码规范的文档，里面的要求并不是强制的。PEP8 中还有关于空白行的规范（参见 https://www.python.org/dev/peps/pep-0008/#blank-lines），如函数、类的定义前后应该有两个空白行，类中的函数前后有一个空白行，在函数中使用空白行来表达代码逻辑上的分块，等等。也许现在还看不懂这些是什么意思，不过当初步具备了写代码的能力后还是应该看一些重要的 PEP 文档。

(4) 逻辑行和物理行。代码 3.1 中的每一行都是一个物理行。程序代码其实是个文本文件，在文本文件中，每一行的末尾都有表示一行结束的字符（不同的操作系统不相同，Windows 操作系统是“回车 + 换行”两个字符，UNIX/Linux 及 Mac 操作系统是“换行”一个字符），行结束的字符是不显示的。逻辑行是 Python 解释器识别的可以执行的语句。C、Java 语言的语句是用分号分隔的，但是 Python 的语句不是用分号分隔的，这就需要引入逻辑行的概念。在很多情况下，逻辑行和语句是一致的，一个物理行包含一个逻辑行，一个逻辑行就是一个语句。但是也有不一致的地方，可能出现以下两种情况。

①一个物理行可以包含多个逻辑行。语句之间用分号分隔，参见代码 3.2，这个和 C、Java 语言一样，也就是说尽管 Python 不以分号分隔语句，而加上分号在语法上也不算错误，但尽可能不要这样写，因为这不是 Python 的风格。

代码 3.2　ch03/multi_lines.py

```
# -*- coding: utf-8 -*-

张三=10; 李四=20; z=张三+李四
print(z)
```

②多个物理行对应一个逻辑行。复合语句是由多个语句组成的一个语句。代码 3.1 中，第 26～33 行可以认为是一个逻辑行，也就是循环执行语句，但是却由多个物理行组成，而且其中第 32、33 行也是一个逻辑行包含两个物理行。当语句过长时，为了方便阅读，也会出现将一个逻辑行人为拆成多个物理行的情况。这个时候可能会用到行连接符“\”，注意“\”后面是不可以有字符的，空格也不行。有时候在语句中，或者数据结构定义时，会用到配对的括号，括号中间可以任意换行，参见代码 3.3。

代码 3.3　ch03/line_joining.py

```
# -*- coding: utf-8 -*-

year=2018

# 代码是这样的：isLeapYear=(year%4==0 and year%100=0) or year%400==0)
# 用行尾的"\"拼接两个物理行成一个逻辑行，"\"后面不可以有空格
isLeapYear=(year%4==0 and year%100=0) \
            or year%400==0
print(isLeapYear)

# 用()括起来的表达式可以中间换行
isLeapYear=((year%4==0 and year%100=0)
```

```
          or year%400==0)
print(isLeapYear)

#( )、 [ ] 和{ }定义的数据结构也可以中间换行
colors = ['red',
          'blue',
          'green']
```

(5)语句块和缩进。如果若干语句都属于某个结构，那么它们就应该有相同的缩进(和左边界之间的空格数)。在代码 3.1 中，第 27～33 行都属于第 26 行定义的循环执行语句，所以有相同的缩进。第 33 行属于第 32 行定义的判断语句，所以缩进更多。第 35、26 行缩进相同，所以第 35 行不属于循环执行语句的一部分。

3.2　Python 的标识符和名称绑定

3.2.1　标识符

第 2 章中提到编程其实就是操纵盒子，因为要不断访问盒子，所以需要给盒子命名。在程序设计中，前面所说的“盒子”称为变量，不止变量要有名称，现在还没有学到的模块、函数、类等都要有名称，这些名称就是所谓的标识符(Identifiers)。

在 Python 中，程序员命名标识符需要遵循这样的规则：名称由字母、数字及下画线三种符号组成，但不能以数字开头，不可以使用关键字，标识符的长度任意。这里的字母原指英文字母 a～z、A～Z，但是随着 Python 3.x 支持 unicode 标准的编码方式，中文字符也可以了，也就是说现在把变量命名为“张三”“李四”也没有问题。但是非字母的符号是不可以的，如!、@、#、$、%、/、&等都是不可以在标识符中出现的。表 3.1 中列出了常见的错误的标识符。

表 3.1　常见的错误的标识符

错误的标识符	错 误 原 因	正　　确
6room	不允许以数字开头	room6
left side	空格非字母	left_side
x>6	> 非字母	x_gt_6
class	不允许使用关键字	

如果想要知道 Python 有哪些关键字，可以在 IPython 中引入 keyword 模块，然后通过命令 keyword.kwlist 列出所有的关键字。关键字包括 False、None、True、and、as、assert、async、await、break、class、continue、def、del、elif、else、except、finally、for、from、global、if、import、in、is、lambda、nonlocal、not、or、pass、raise、return、try、while、with、yield。

```
In [3]: import keyword
In [5]: keyword.kwlist
```

```
Out[5]:
['False',
 'None',
 'True',
 'and',
 'as',
 'assert'
 ...
```

如果想要知道某个单词是不是关键字，可以通过调用函数 iskeyword()来实现。例如，在下面的实例中，pass 是关键字，因为返回的是 True。

```
In [7]: keyword.iskeyword("pass")
Out[7]: True
```

3.2.2 变量类型和字面量

编程的思路是要盒子，操纵盒子，从盒子中取出结果。要盒子的过程又称为变量的定义和初始化。在 Python 中，变量的定义和初始化的工作是用赋值语句完成的。下面的代码分别完成了：a 变量定义并初始化为整数 15，b 变量定义并初始化为浮点数 2.7，c 变量定义并初始化为字符串“Hello”，d 变量定义并初始化为布尔(bool)量 True。

```
a = 15
b = 2.7
c = "Hello"
d = True
```

如果在 Spyder 中执行上面的代码，就可以在“变量探索窗口(Variable explorer)”中看到执行的结果，内存中出现 4 个变量，并且都有初始值(Value)，如图 3.2 所示。

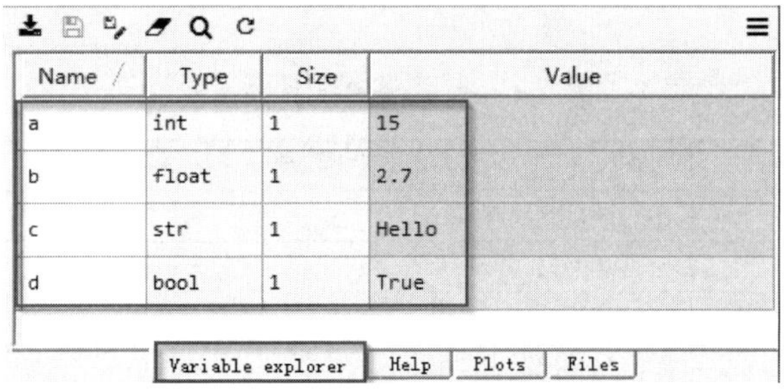

Name	Type	Size	Value
a	int	1	15
b	float	1	2.7
c	str	1	Hello
d	bool	1	True

Variable explorer　Help　Plots　Files

图 3.2　变量的定义和初始化

赋值运算符右边的值：15、2.7、"Hello"、True，又被称为字面量(Literal)，就是字面直接反映了量，Python 中常用数据类型的字面量如表 3.2 所示。

在整数示例中，0 b 开头的是整数的二进制表示，0 o 开头的是整数的八进制表示，0 x 开头的是整数的十六进制表示。

在浮点型示例中，2.05e-2 或 2.05E-2 是科学记数法，表示 2.05×10^{-2}。

布尔型的字面量 True 和 False 分别表示真和假。

字符串是用单引号、双引号、三引号(三个单引号或三个双引号皆可)包围的若干字符，如果引号内没有字符就是空字符串。

表 3.2　字面量示例

类　型	类 型 描 述	字面量示例
整数(int)	无小数部分	55, 0b00110111, 0o67, 0x67bf
浮点型(float)	有小数部分	2.05, 2.05e-2, 3.02E-12
布尔型(bool)	表示真、假	True, False
字符串(string, str)	不可变的 unicode 字符序列	'hello', "hello", '''hello''', "Hi\n"
复数(complex)	实数和虚数部分	6+3j, 20j

字符串中包含的字符除键盘上可以输入的可见的字符外，还有一些控制字符是不可见的，这些字符需要使用转义字符\(就是一个反斜杠)。使用转义字符带来的问题是如果确实需要输出一个反斜杠怎么办？另外，Python 的字符串是用单引号、双引号、三引号包围的，如果要在字符串中输出单引号、双引号怎么办？表 3.3 给出了输出反斜杠、单引号、双引号的方法，另外也列出了一些常用的转义字符，其中换行\n、回车\r、制表符\t 是最常用的。

表 3.3　转义字符

转 义 字 符	含　义
\\	\
\'	'
\"	"
\a	警告声
\b	回退字符
\f	换页，formfeed (FF)
\n	换行
\r	回车
\t	制表符
\v	垂直制表符
\ooo	八进制表示的字符
\xHH	十六进制表示的字符
\u0394	十六进制的 2 字节的 unicode, 'Δ'
\U00000394	十六进制的 4 字节的 unicode, 'Δ'

使用换行\n 的代码如下。

```
In [9]: print("*\n**\n***")
*
**
***
```

输出单引号、双引号、三引号的另外一个方法如下(字符串内部的引号和外部的不同)。

```
In [11]: print("hi, what is 'it'")
hi, what is 'it'
```

```

In [13]: print("hi, what is '''it'''")
hi, what is '''it'''
```

3.2.3 名称绑定

通过前面的学习，可能会觉得变量名和装数据的盒子是同一事物的不同称谓，尽管这样思考对编写代码没有什么影响，但是如果进行更进一步的探究就会发现，在 Python 中变量名和装数据的盒子在内存中是分离的。也就是说，实际上变量名指定的盒子里并没有放数据，而是放了装数据的盒子的引用。在 IPython 中执行下面的代码。

```
In [15]: a=5
In [17]: b=5
In [19]: c=5
In [21]: id(a)
Out[21]: 8791301109664
In [23]: id(b)
Out[23]: 8791301109664
In [25]: id(c)
Out[25]: 8791301109664
```

函数 id()返回对象的内存地址，可以神奇地发现 a、b、c 的内存地址居然是一样的。如果现在还认为 a、b、c 是三个不同的盒子，显然是说不通的。在内存中究竟发生了什么，如图 3.3 所示。

在定义变量 a、b、c 时，的确创建了三个盒子，但是盒子中放的并非字面量 5。当执行 a=5 时，在堆内存中创建了一个盒子，将 5 放在这个盒子中，而 a 盒子中放了 5 的引用，换句话说，5 这个对象绑定到了 a 名称上。当对象是属于区间[−5,257]的任一数字或只包含字母、数字、下画线的字符串时，Python 会将它们加入内存池，重复利用这些对象。所以当执行 b=5 时，5 不会再次创建，而只是绑定到 b 名称上，当执行 c=5 时，同样的情况再次发生了。函数 id(a)、id(b)、id(c)并不会返回名称 a、b、c 的地址，而是返回绑定到名称上的对象的地址，这样就看到了它们的地址都一样的结果。

这样的名称绑定机制会不会影响程序的正确执行呢？答案是根本不会。如果执行 b=10，就会在堆内存中创建一个新的对象 10，然后把 10 绑定到 b 名称上，不会改变 a、c 的值，如图 3.4 所示。

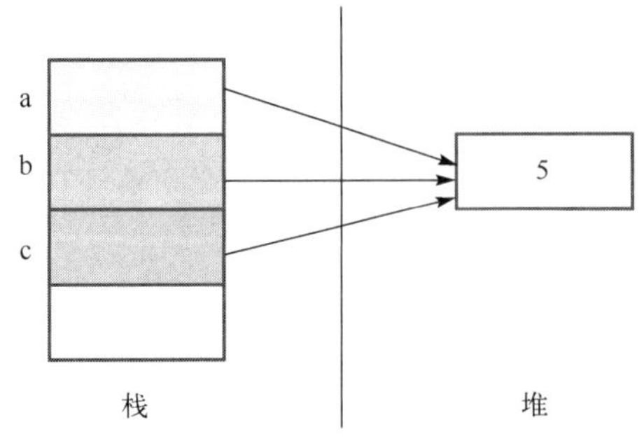

图 3.3 名称绑定和对象复用

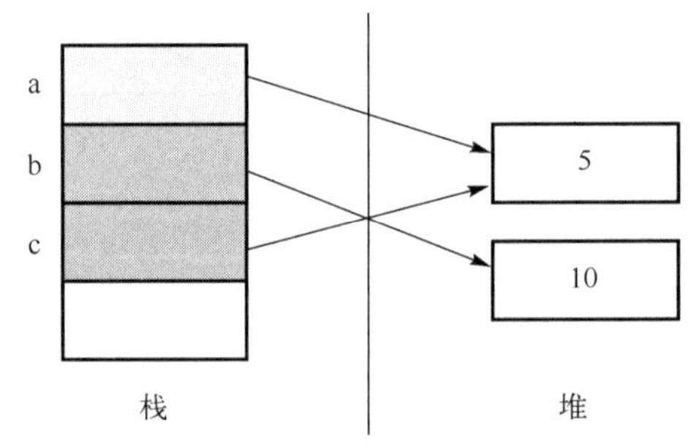

图 3.4 名称绑定和重新赋值

关于堆内存和栈内存的问题，后面会有更详细的讨论，这里不用深究。虽然画图时分开了堆和栈，但所有的内存单元还在一维地址的空间中。

在 Python 中一切都是对象，引用对象都采用这种名称绑定的机制，不但变量是这样，后面学到的函数、类等依然如此。当然在这里不太理解也不要紧，按第 2 章的思维方法依然可以写出正确的程序。

3.3 Python 程序的运算符和表达式

程序是由语句构成的，语句包括基于表达式语句和非表达式语句，表达式由变量、字面量、运算符组成。简单的表达式通过分隔符可以组成更复杂的表达式。也有很多语句不是基于表达式的，如导入模块的语句，抛出异常的语句，定义函数、类的语句等。

Python 中的运算符包括赋值运算符（“:=”，Python 3.8 以后引入的）、算术运算符(+、–、*、**、/、//、%)、逻辑运算符(and、or、not)、成员运算符(in、not in)、比较运算符(<、>、<=、>=、==、!=)、位运算符(<<、>>、&、|、^、~)和对象标识运算符(is、is not)等。

表达式由字面量(值)、变量和运算符组成。如下代码中的每一行都可以被称为表达式。

```
5
x
(x*y+6)-100
(year%4==0 and year%100=0) or year%400==0
```

表达式可以计算出一个值，可以用 print()函数验证该值的正确性。

```
In [27]: x=5
In [29]: y=5
In [31]: print((x*y+6)-100)
-69
```

3.3.1 赋值运算符和表达式

根据 Python 官方文档，前面所谓的赋值运算符“=”，被称为分隔符(Delimiter)而不是运算符(Operator)，Python 3.8 以后才引入了真正的赋值运算符“:=”。Python 的分隔符包括(、)、[、]、{、}、:、.、;、=等。那么“=”和“:=”有区别吗？答案是在大部分情况下没有区别。但是请看下面的代码，x=5 不是一个表达式，所以无法计算出一个值，而 x:=5 是一个表达式，可以计算出一个值。

```
In [33]: print((x=5))
File "<ipython-input-107-adb3a4b5cf72>", line 1
 print((x=5))
         ^
SyntaxError: invalid syntax

```

```
In [38]: print(x:=5)
5
```

由于“=”和“:=”在大部分场合下作用相同，所以还是把“=”称为赋值运算符。和“=”相似的还有表 3.4 所示的分隔符，也把它们称为赋值运算符。

表 3.4 赋值运算符和表达式

运 算 符	表 达 式	等 同 于
=	x = 5	
+=	x += 5	x = x + 5
-=	x -= 5	x = x - 5
*=	x *= 5	x = x * 5
/=	x /= 5	x = x / 5
%=	x %= 5	x = x % 5
//=	x //= 5	x = x // 5
**=	x **= 5	x = x ** 5
&=	x &= 5	x = x & 5
|=	x |= 5	x = x | 5
^=	x ^= 5	x = x ^ 5
>>=	x >>= 2	x = x >> 2
<<=	x <<= 2	x = x << 2

下面的代码中使用了“**=”运算符，运算结果等价于(s*(s-a)*(s-b)*(s-c))**0.5。

```
In [35]: # 计算三角形的面积
    ...: a = 3
    ...: b = 4
    ...: c = 5
    ...: # 把下面 3 条语句的注释去掉，可接收用户输入
    ...: # a = float(input('第一条边长：'))
    ...: # b = float(input('第二条边长：'))
    ...: # c = float(input('第三条边长：'))
    ...: # 半周长
    ...: s = (a + b + c) / 2
    ...: # 计算面积
    ...: area = (s*(s-a)*(s-b)*(s-c))
    ...: area **= 0.5
    ...: print('三角形面积是 %0.2f' %area)
    三角形面积是 6.00
```

3.3.2 算术运算符和表达式

通过由变量、字面量和算术运算符构建的算术表达式，可以完成各种算术运算，如表 3.5 所示。

执行以下代码，可以看到算术表达式都可以计算出确定的值。

```
In [37]: x = 15
```

```
        ...: y = 4
        ...: # x + y = 19
        ...: print('x + y =',x+y)
        ...: # x - y = 11
        ...: print('x - y =',x-y)
        ...: # x * y = 60
        ...: print('x * y =',x*y)
        ...: # x / y = 3.75
        ...: print('x / y =',x/y)
        ...: # x // y = 3
        ...: print('x // y =',x//y)
        ...: # x ** y = 50625
        ...: print('x ** y =',x**y)
        x + y = 19
        x - y = 11
        x * y = 60
        x / y = 3.75
        x // y = 3
        x ** y = 50625
```

表 3.5　算术运算符和表达式

运　算　符	含　　义	表　达　式
+	加	a+b
-	减	a-b, -b
*	乘	a*b
/	除	a/b，5/2 输出结果 2.5
%	取模：返回相除结果的余数	3%5 输出结果 3
**	幂：返回 x 的 y 次幂	2**3 输出结果 8
//	取整除：返回商的整数部分	9//2 输出结果 4，9.0//2.0 输出结果 4.0

3.3.3　比较运算符和关系表达式

通过比较运算符，可以对运算符两边的运算对象进行比较，表达式的计算结果只有真(True)和假(False)两种结果，如表 3.6 所示。

执行以下代码，可以看到关系表达式计算的结果是真和假。

```
In [39]: x = 10
    ...: y = 12
    ...: # x > y 结果  False
    ...: print('x > y  结果',x>y)
    ...: # x < y 结果  True
    ...: print('x < y  结果',x<y)
    ...: # x == y 结果  False
    ...: print('x == y 结果',x==y)
    ...: # x != y 结果  True
    ...: print('x != y 结果',x!=y)
    ...: # x >= y 结果  False
    ...: print('x >= y 结果',x>=y)
```

```
   ...: # x <= y 结果  True
   ...: print('x <= y 结果',x<=y)
x > y 结果  False
x < y 结果  True
x == y 结果  False
x != y 结果  True
x >= y 结果  False
x <= y 结果  True
```

表 3.6 比较运算符

运 算 符	含 义	表达式(值 True、False)
==	等于：比较两个对象是否相等	a == b
!=	不等于：比较两个对象是否不相等	a != b
>	大于：返回 a 是否大于 b	a > b
<	小于：返回 a 是否小于 b	a < b
>=	大于或等于：返回 a 是否大于或等于 b	a >= b
<=	小于或等于：返回 a 是否小于或等于 b	a <= b

在 Python 中可以使用链式比较，如 5 < x < 10，这在其他程序设计语言(C、C++、Java)中是不行的。

```
In [41]: x=7
    ...: 5<x<10
Out[41]: True

In [43]: x=12
    ...: 5<x<10
Out[43]: False
```

需要注意的是，由于计算机中浮点数是用二进制方式表示的，当实数转为二进制数时，实数和其在计算机内的表示并不是严格相等的，而是在一定的精度范围内相等，所以不要用“==”做相等判断。例如，通过下面代码的执行可以知道，这样的相等判断是很不可靠的，3.1+2.7 居然不等于 5.8。

```
In [45]: 3.1+2.7==5.8
Out[45]: False
```

如果想要判断两个浮点数是否相等，可以采用两个浮点数相减是一个很小的数的方法，下面的代码中 1e-3 即 0.001，abs()是求绝对值的函数。

```
In [47]: abs(3.1+2.7-5.8)<1e-3
Out[47]: True
```

3.3.4 逻辑运算符和表达式

逻辑运算符(and、or、not)的运算对象是逻辑值(True、False)，如表 3.7 所示。表中 a、b 可以是逻辑值、变量、表达式，表达式计算的结果是逻辑值。

表 3.7 逻辑运算符和表达式

运 算 符	含 义	逻辑表达式(值 True、False)
and	逻辑“与”	a and b
or	逻辑“或”	a or b
not	逻辑“非”	not a

闰年应符合以下两个特征之一：①可以被 4 整除并且不能被 100 整除；②可以被 400 整除。例如，year 可以被 4 整除，即 year 除以 4 余数为 0，写成关系表达式是“year%4==0”，结果是 True。通过逻辑运算符可以把多个表达式组合成一个表达式：year%4==0 and year%100!=0 or year%400==0。执行以下代码，可以看到 2000 年是闰年，2021 年不是闰年。

```
In [49]: year=2000
    ...: year%4==0 and year%100!=0 or year%400==0
Out[49]: True

In [51]: year=2021
    ...: year%4==0 and year%100!=0 or year%400==0
Out[51]: False
```

在 Python 中，逻辑类型是从整数类型继承而来的，所以逻辑值(True、False)本质上也属于整数。

继承是概念的层次关系，如马是一种动物，马和动物这两个概念就形成了层次关系，由于动物这个概念更加宽泛，可以认为马继承了动物。概念的内涵是事物的特有属性，如要描述动物，肯定要讲清楚哪些属性区别于植物、非动物，这些属性就是动物的内涵。显然，马的内涵一定包含了动物的内涵，而且在此基础上还包含了胎生、哺乳、四条腿等特有属性，马这个概念的内涵比动物这个概念的内涵更丰富。概念的外延是概念描述的事物，世界上所有的具体的马都是马这个概念的外延。外延是概念描述的全体事物的集合，集合中的个体就是概念的实例(Instance)，也被称为对象(Object)。马概念的外延是动物概念的外延的子集，所以具体的某匹马既是马这个概念的实例，也是动物这个概念的实例。

在 Python 中可以通过 type()函数知道一个对象属于哪个类型(概念)，也可以通过 isinstance()函数知道对象是否是某个概念的实例。从下面的代码中可以看出，逻辑值(True、False)属于 bool 类型还是整数 int 的实例。

```
In [53]: type(True)
Out[53]: bool
In [55]: type(False)
Out[55]: bool
In [57]: isinstance(True, int)
Out[57]: True
```

在 Python 中，非 bool 类型的值也有可能视为 bool 类型的值，从表 3.8 中可以看到非空、非 0 一般视为真，空、0 视为假。

表 3.8 视为逻辑值

真 True	假 False
True	False
非空字符串	空的字符串''
非 0 数字	数字 0
非空容器	空的容器[]、()、set()
非空对象	None

逻辑运算符也可以组合算术表达式，这个时候逻辑表达式的值可能不是 True 或 False。当使用 and 时，如果左边操作对象的值是真，则结果是右边操作对象的值；如果左边操作对象的值是假，则结果是左边操作对象的值。当使用 or 时，如果左边操作对象的值是真，则结果是左边操作对象的值；如果左边操作对象的值是假，则结果是右边操作对象的值。下面是代码运行的结果。

```
In [59]: 6 and 5
Out[59]: 5
In [61]: 0 and 2
Out[61]: 0
In [63]: 6 or 5
Out[63]: 6
In [65]: 0 or 2
Out[65]: 2
```

逻辑表达式在计算的过程中，可能会出现短路(Short-Circuiting)现象。X 和 Y 分别是两个表达式，对于逻辑表达式 X and Y，如果 X 是假，那么表达式 Y 是不运算的，因为不管 Y 是真还是假都不会改变结果。同样，对于逻辑表达式 X or Y，如果 X 是真，那么表达式 Y 是不运算的，因为不管 Y 是真还是假都不会改变结果。在下面的代码中，原来想要在表达式中改变 x 的值，但是运行的结果显示 x 的值并没有改变，这个就是短路造成的。一般来说，写表达式的目的是计算它的值，但是如果这个表达式在计算值的同时，永久改变了内存变量的值，这个就是表达式的副作用(Side-Effect)，显然由于短路原来期待的副作用没有产生。

```
In [67]: x=10

In [69]: 0 and (x:=5)
Out[69]: 0
In [71]: x
Out[71]: 10
In [73]: 6 or (x:=5)
Out[73]: 6
In [75]: x
Out[75]: 10
```

3.3.5 成员运算符和表达式

Python 具有把很多数据组织在一起的容器数据类型，如列表、字符串、元组、字典、集合。这些容器数据类型将在后面的章节中进行学习。如果要判断某个数据是否在容器中，就可以使用成员运算符(in、not in)，表达式计算的结果是逻辑值(True、False)。

```
In [77]: x = 'Hello world'
    ...: y = {1:'a',2:'b'}
    ...: # 输出: True
    ...: print('H' in x)
    ...: # 输出: True
    ...: print('hello' not in x)
    ...: # 输出: True
    ...: print(1 in y)
    ...: # 输出: False
    ...: print('a' in y)
    True
    True
    True
    False
```

3.3.6　位运算符和表达式

计算机内部的数据是以二进制的方式表达的，二进制的最小数据单位是比特(bit)，如果要操作 bit，就要用到位运算符。位运算符和表达式如表 3.9 所示。用到位运算符的场合较少，初学时可以先略过。

表 3.9　位运算符和表达式

<table>
<tr><th>运　算　符</th><th>含　义</th><th>表　达　式</th></tr>
<tr><td>&</td><td>按位与</td><td>a & b</td></tr>
<tr><td>|</td><td>按位或</td><td>a | b</td></tr>
<tr><td>^</td><td>按位异或</td><td>a ^ b</td></tr>
<tr><td>~</td><td>按位取反</td><td>~ a</td></tr>
<tr><td><<</td><td>左移(左侧移除右侧补零)</td><td>a << 2</td></tr>
<tr><td>>></td><td>右移(右侧移除左侧补零)</td><td>b >> 2</td></tr>
</table>

代码实例如下，运算的规则详见注释，bin()函数以二进制方式显示数据，相似的函数还有 hex()以十六进制方式显示数据、oct()以八进制方式显示数据。

```
In [79]: x=0b10011010
    ...: y=0b11100011
    ...: # x & y, 0&1 得 0,1&1 得 1, 0&0 得 0
    ...: print("x & y: ",bin(x & y))
    ...: # x | y, 0|1 得 1,1|1 得 1, 0|0 得 0
    ...: print("x | y: ",bin(x | y))
    ...: # x ^ y, 0^1 得 1,1^1 得 0, 0^0 得 0
    ...: print("x ^ y: ",bin(x ^ y))
    ...: # ~x, ~1 得 0,~0 得 1
    ...: print("~x: ",bin(~x))
    ...: # x << 2, 相当于乘以 4(二进制数 100)
```

```
      ...: print("x << 2: ",bin(x << 2))
      ...: # x >> 2, 相当于除以 4(二进制数 100)
      ...: print("x >> 2: ",bin(x >> 2))
      x & y:0b10000010
      x | y:0b11111011
      x ^ y:0b1111001
      ~x:-0b10011011
      x << 2:0b1001101000
      x >> 2:0b100110
```

3.3.7 对象标识运算符和表达式

Python 采用名称绑定机制，变量的名称和变量存放的对象是分离的，如果想知道不同的名称是否引用相同的对象，就可以使用对象标识运算符(Identity Operators)，如 is、is not 等。

```
In [81]: a="hello"
    ...: b="hello"
    ...: print(a is b)
True
```

在上面代码中，a 和 b 引用的是同一个对象“hello”，所以“a is b”这个表达式等价于“id(a)==id(b)”，“a is not b”这个表达式等价于“id(a)!=id(b)”。a 和 b 都引用同一个对象的原因是“hello”这个字符串对象是只包含字母、数字、下画线的字符串，Python 会将它加入内存池，重复利用这些对象。

3.4 运算符优先级

一般运算符的操作对象有两种情况：①在运算符的两侧各有一个操作对象，如 a+b；②也有可能只有一个操作对象，如~x、-x、+x。在计算表达式的值时，运算符必须要获得必需的操作对象才能进行运算，否则系统就会报语法错(SyntaxError: invalid syntax)。当一个表达式有多个运算符时，运算符就会竞争操作对象，这时优先级高的运算符就会优先获得操作对象。例如，a+b*c，运算符*优先获得 b 和 c，并进行计算。Python 运算符的优先级如表 3.10 所示。

完整记忆优先级也许是一件困难的事，但需要大致记住的是算术运算符的优先级比关系运算符(比较、成员、对象标识)高，关系运算符的优先级比逻辑运算符高，赋值运算符的优先级最低，逻辑运算符的优先级为 not > and > or。同等优先级的运算符构成的表达式，如 a*b*c，基本都是左侧的运算符先进行计算(左结合)，相当于(a*b)*c；但是也有例外，如 a**b**c 相当于 a**(b**c)，即右侧的运算符先进行计算。

表 3.10 运算符优先级

运 算 符	含 义
**	指数(最高优先级)
~ + -	按位取反，一元运算符正号和负号

续表

运　算　符	含　义
* / % //	乘、除、取模和取整除
+ -	加法、减法
>> <<	位运算符右移、左移
&	位运算符与
^	位运算符异或
|	位运算符或
<= < > >=，in、not in，is、is not	比较运算符，成员运算符，对象标识运算符
not	逻辑非
and	逻辑与
or	逻辑或
:=	赋值

当然为了提高代码的可读性，还是要依赖()，因为括号可以避免运算符竞争操作对象。在前面判断闰年的逻辑表达式 year%4==0 and year%100!=0 or year%400==0 中，由于 and 的优先级较高，可以不用括号，所以写成如下这样，含义也一样：year%400==0 or year%4==0 and year%100!=0。

但是为了提高代码的可读性，写成这样会更好：(year%4==0 and year%100!=0) or year%400==0。

表达式(not (a+b>c)) or c>a 的含义应该是 a+b 不大于 c，或者 c 大于 a，按照运算符的优先级有些括号不是必需的，但是有括号显然更便于阅读。

3.5　输出格式的控制

前面章节通过输入函数 input()和输出函数 print()实现了程序和用户的交互。调用函数时在函数的圆括号中填入的内容称为参数，参数之间以逗号分隔，print()函数可以接受多个参数。

print()函数最简单的使用方式是无格式控制的输出，输出参数之间以逗号分隔，在实际输出时参数之间会有空格。代码示例如下。

```
In [83]: name=" 王五"
    ...: print(" 你好",name," 欢迎光临！ ")
你好　王五　欢迎光临！
```

除了无格式控制的输出，Python 还有控制格式的输出。

方法 1：print("Quantity: %d Total: %10.2f" % (quantity, total))。

%前面的字符串用于控制输出的格式，%d 和%10.2f 可以视作占位符，实际的数据是依次从%后面的变量或表达式中取的。在方法 1 中，%d 输出的是第一个变量 quantity 的数据，%10.2f 输出的是第二个变量 total 的数据。%后面不管有多少变量都需要放在圆括号中，如果只有一个变量，则可以省略圆括号。输出格式控制方法 1 中控制符的含义见表 3.11。其中，“%d”表示输出的是十进制整数，“%f”表示输出的是浮点数，“%7.2f”表示输出的浮点数宽度包括小数点是 7 个字符，小数点后面只显示两位，如果输出的数据不到 7 个字符，则会在前面填空格。“%05d”表示输出的整数宽度为 5 个字符，如果不到 5 个字符，则会填充 0。“%s”表示输出字符串。“%o”中的 o 表示八进制数，“%x”中的 x 表示十六进制数。

表 3.11 print 函数的输出格式控制方法 1

格式控制	输出	解释
"%d"	65	格式为整数
"%5d"	365	宽度为 5 个字符
"%05d"	00025	宽度为 5 个字符，用 0 填充
"No. %5d"	No. 25	宽度为 5 个字符
"%f"	2.71828	浮点数
"%.2f"	2.71	小数点两位的浮点数
"%7.2f"	2.71	宽度为 7、小数点后显示两位的浮点数
"%s"	Hello	字符串
"%d%%"	24%	整数和百分号，%%输出一个百分号
%o 或%x 或%X	74 或 3c 或 3C	60 的八进制或十六进制输出

方法 2：print('{0:<15s} is {1:>3d} years old.'.format(name, age))。

方法 2 和方法 1 大同小异，不过是将%替换成.format。输出格式控制方法 2 中控制符的含义见表 3.12。其中，{0:<15s}中的 0 表示对应的位置，<、> 表示左对齐或右对齐，^ 表示居中对齐，其他通过表中的实例不难理解。

表 3.12 print 函数的输出格式控制方法 2

格式控制	输出	解释
{n:<5d}	65	左对齐，宽度为 5 个字符
{n:>5d}	365	右对齐，宽度为 5 个字符
{n:^5d}	365	居中对齐，宽度为 5 个字符
{n:0>5d}	00025	右对齐，宽度为 5 个字符，用 0 填充
{n:.2f}	1.22	小数点两位的浮点数
{n:+.7f}	−1.21997	有符号位的浮点数，正数也要显示符号
{n:.2%}	314.15%	百分号(自动乘 100)
{n:<15s}	ZhangShan	左对齐字符串
{n:b}或{n:x}	111100 或 3c	60 的二进制和十六进制输出

除了用数字表示位置，也可以用关键字表示位置，这样就不需要控制次序了。但是，format 中必须写成“关键字=值”的样子，如下所示。

```
print('{name:<15s} is {age:>3d} years old.'.format(age=20, name='张三
'))
```

方法 3：print(f'{name} is {age} years old. ')。

在字符串前面加 f 前缀，然后在花括号中写入变量名，输出的时候会自动从变量中提取值。

3.6　一些有用的方法

如果要了解某个函数的使用方法，可以通过 help()函数获得帮助文档。例如，想要了解 print 函数的使用方法，可以通过如下代码实现。

```
In [85]: help(print)
Help on built-in function print in module builtins:

print(...)
 print(value, ..., sep=' ', end='\n', file=sys.stdout, flush=False)

 Prints the values to a stream, or to sys.stdout by default.
 Optional keyword arguments:
 file: a file-like object (stream); defaults to the current sys.stdout.
 sep:  string inserted between values, default a space.
 end:  string appended after the last value, default a newline.
 flush: whether to forcibly flush the stream.
```

从文档中可以看到 print 函数有一个参数 sep=' '，这个参数规定了输出值之间的空格，如果重新定义为 sep=''，也就是改为空字符串，那么输出值之间的空格就没有了。

```
In [87]: name="王五"
    ...: print("你好",name,"欢迎光临！",sep="")
    你好王五欢迎光临！
```

print 函数的参数 end='\n'表示输出结束后自动换行，\n 是换行的意思。同样，如果重新定义成空字符串，就不换行了。

在集成开发环境(Spyder)中输入代码的时候，可以通过“Tab”键自动补齐代码。例如，想要输入 print，可以先输入 pr 然后按一下“Tab”键，这个时候就会出现 pr 开头的关键字的可选菜单，可以在菜单中选择 print 再回车。这个方法在模块中选函数时特别有用。

3.7　本 章 习 题

1．在 Python 中不能以“;”结束语句吗？

2．Python 的一个语句可能占多个物理行，多个语句也可能在一个物理行，这样描述是否正确？

3．Python 注释是给程序员注解和交流用的，不被机器执行，所以不需要遵守语句块的缩进规则，这样描述是否正确？

4．下面哪个语句中的变量名是正确的？（　　）

A．销量=1000.00　　B．102room=20

C．Zhang@HH=80　　D．await=1000

5．下面哪些字符串字面量是不合法的？（　　）

A．'Hello " 张三"'　　　　B．'Hello \" 张三"

C．'Hello \n 张三"　　　　D．"""Hello " 张三"""""

6．Python 语句前面的空格称为缩进，如果相邻的物理行有不相同的缩进，它们是否属于同一语句块？

7．如果程序在编译的时候是正确的，那么程序就是正确的，这样描述是否正确？

8．如果变量 i 的定义初始化为 i=110，接下来可以重新赋值为字符串吗？（　　）

A．可以　　　　C．不可以

B．可以，需要类型转换　　　　D．不可以，需要类型转换

9．4 or 1 and False 这个表达式返回的值是什么？（　　）

A．4　　　　B．1

C．True　　　　D．False

10．编写程序：输入长、宽、高，计算立方体的体积。

11．无格式方法输出时，输出的对象简单地用逗号分隔就行了，但是输出的不同对象之间会有空格，在 IPython 终端中输入 help(print)查看 print 函数的文档，有没有消除这个空格的办法？

12．表达式 5 or (x:=5)的值是什么？如果 x 的初始值是 0，计算这个表达式后，x 的值会发生变化吗？

13．身体质量指数（Body Mass Index，BMI）是判断肥胖程度的指标，在网上查一下公式，并编程实现计算器。

第 4 章　程序流程的控制

本章要点

- 程序流程的三种基本结构；
- 选择结构的嵌套；
- 编写循环结构的方法。

学习目标

- 掌握 Python 程序流程的三种基本结构；
- 掌握编写选择结构和循环结构程序代码的方法。

4.1　程序流程的三种基本结构

语句可以分为简单语句和复合语句，简单语句包括表达式语句、导入语句、赋值语句、空语句、返回语句、删除变量语句、全局变量声明、非局部变量声明、生成器返回语句、抛出异常、循环中断、断言声明等，如表 4.1 所示。变量、字面量、运算符、表达式构成了 Python 中的表达式语句。现在已经接触的语句包括表达式语句、导入语句、赋值语句，其他语句在本书中都会涉及。空语句是保持程序流程控制结构完整性的语句。

表 4.1　简单语句和关键字

简 单 语 句	关键字示例
表达式语句	a+b>c 等
导入语句	import math
赋值语句	a+=10
空语句	pass
返回语句	return
删除变量语句	del x（x 是变量名）
全局变量声明	global
非局部变量声明	nonlocal
生成器返回语句	yield
抛出异常	raise
循环中断	break，continue
断言声明	assert

复合语句包括选择语句、循环语句、异常捕获、上下文管理、函数定义、类定义等，如表 4.2 所示。本章主要学习的是选择语句和循环语句。

表 4.2 复合语句和关键字

复 合 语 句	关键字示例
选择语句	If…else…
循环语句	for 或 while
异常捕获	try…except…finally
上下文管理	with
函数定义	def
类定义	class

各式各样的简单语句、复杂语句最终构成了程序流程。Python 中的程序流程可以分为三种基本结构，即顺序结构、选择结构和循环结构，如图 4.1 所示。

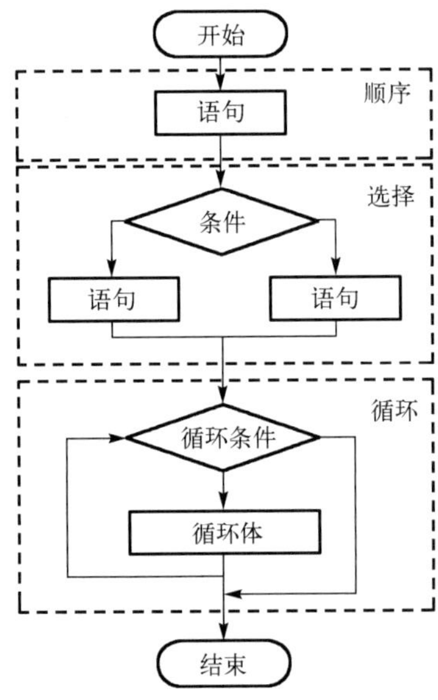

图 4.1 三种基本的程序流程结构

如果把复合语句(选择语句、循环语句)看作一个语句，那么程序在本质上是顺序结构，也就是说程序语句是按照程序员的书写顺序依次执行的。

选择语句构建了执行这条语句而不执行另一条语句的结构。循环语句构建了在符合循环条件的前提下重复执行某些语句的结构。

4.2 选 择 语 句

基本的选择语句有三种形式：单分支(if...)、双分支(if...else)、多分支(if...elif...else)。注意，在出现 if、elif、else 的物理行后面有一个“:”。if、elif 后面是可以判定真假的算术表达式、关系表达式、逻辑表达式、赋值表达式(运算符只可以是“:=”)等。

4.2.1 单分支

单分支就是如果满足条件，就执行结构内部的语句。例如，代码 4.1 是计算矩形面积的代码，如果两条边的长度都大于零，就计算面积并输出结果。代码第 9、10 行属于一个语句块，有相同的缩进，属于 if 语句条件判断为真的分支。由于没有条件判断为假的分支，如果某一边的长度小于或等于零就什么都不做。

代码 4.1　ch04/calculate_area1.py

```
1 # -*- coding: utf-8 -*-
2
3 # 定义初始化长宽、面积三个变量
4 length=2
5 width=5
6 area=0
7 # 单分支选择语句
8 if length>0 and width>0:
9     area=length*width
10    print("面积为%d"%area)
```

4.2.2　双分支

双分支就是如果满足条件，就执行结构一个分支的语句，如果不满足条件，就执行另一分支的语句，如代码 4.2 所示。

代码 4.2　ch04/calculate_area2.py

```
# -*- coding: utf-8 -*-

# 定义初始化长、宽、面积三个变量
length=2
width=5
area=0
# 双分支选择语句
if length>0 and width>0:
    area=length*width
    print("面积为%d"%area)
else:
    print("边长必须大于 0")
```

4.2.3　多分支

当存在多种可能性时，不同情况执行不同语句就需要使用多分支，如代码 4.3 所示。代码第 7 行设定了大于 20 的分支，后面的选择就不包含大于 20 的情况，所以代码第 9 行看上去是大于 15，实际上是大于 15 且小于或等于 20 的情况，后面以此类推。当所有条件都不满足时就执行 else 分支，所以代码第 15 行设定了低于 5 的分支。可见，每一次条件判断其实是对集合进行了分割，后面的条件是在前面分割的子集上的继续分割。

代码 4.3　ch04/survival_time.py

```
1 # -*- coding: utf-8 -*-
2
```

```
# 海水温度
water_temperature=5.0

# 海中落水生存时间
if water_temperature>20 :
    print("高于 20 摄氏度海水温度生存时间视疲劳程度")
elif water_temperature>15 :
    print("高于 15 摄氏度低于 20 摄氏度水温可生存不超过 12 小时")
elif water_temperature>10 :
    print("高于 10 摄氏度低于 15 摄氏度水温可生存不超过 6 小时")
elif water_temperature>5 :
    print("高于 5 摄氏度低于 10 摄氏度水温可生存不超过 3 小时")
else :
    print("低于 5 摄氏度水温可生存不超过 1 小时")
```

4.2.4 选择语句嵌套

选择语句可以嵌套使用，选择语句嵌套也是构建多分支选择结构的方法，如代码 4.4 分别计算男性和女性的体重是否正常。代码首先判断是男性还是女性，然后在不同的分支中进行计算和判断。注意，同一分支的若干语句应该有相同的缩进，否则可能出现逻辑或语法的错误。

代码 4.4 ch04/is_overweight.py

```
# -*- coding: utf-8 -*-
# 定义初始化性别、身高、体重三个变量
gender='m'
height=175
weight=90

# 男性和女性分别计算
if gender == 'm':
    standard_weight = (height -80)*0.7
    if weight < standard_weight*0.9:
        print("体重偏轻")
    elif weight > standard_weight*1.1:
        print("体重偏重")
    else:
        print("体重正常")
else :
    standard_weight = (height -70)*0.6
    if weight < standard_weight*0.9:
        print("体重偏轻")
    elif weight > standard_weight*1.1:
        print("体重偏重")
    else:
        print("体重正常")
```

观察代码 4.4 会发现两个分支上嵌套的选择语句(判断是否为正常体重)其实是一样的，在编程实践中应该尽力避免使用重复的代码，因为这可能导致代码修改和维护的困难，如在修改代码时很有可能只修改了一处，而疏忽了另一处。修改后的代码 4.5，把嵌套的结构拆成了顺序结构，完成了同样的任务的同时，代码的行数减少了，可读性也更好了。

代码 4.5　ch04/is_overweight_concisely.py

```
# -*- coding: utf-8 -*-
# 定义初始化性别、身高、体重三个变量
gender='m'
height=175
weight=90

# 男性和女性分别计算
if gender=='m':
    standard_weight = (height-80)*0.7
else :
    standard_weight = (height-70)*0.6

# 把重复代码提取出来
if weight < standard_weight*0.9:
    print("体重偏轻")
elif weight > standard_weight*1.1:
    print("体重偏重")
else:
    print("体重正常")
```

4.2.5 复合结构的语句缩进

复合结构的语句要注意缩进，不一致的缩进会出错。在以下代码中，else 分支的两个 print 语句由于缩进不一致出现了编译错误。

```
In[89]: if True:
       :     print(" 回答")
       :     print(" 正确")
       : else:
       :     print(" 回答")
       :    print(" 错误") # 缩进不一致
File "<tokenize>", line 6
    print(" 错误") # 缩进不一致
    ^
IndentationError: unindent does not match any outer indentation level 第页
```

有时候缩进不一致在语法上没有错误，但是在逻辑上可能有错。在以下代码中，有一条边的长度是负数，结果却为 0，这就是 print 那一句不正确的缩进引起的。

```
In [91]: # 定义初始化长、宽、面积三个变量
    ...: length=-3
```

```
        ...: width=5
        ...: area=0
        ...: # 单分支选择语句
        ...: if length>0 and width>0:
        ...:     area=length*width
        ...: print(" 面积为%d"%area)
面积为 0
```

在编写代码时，建议使用空格实现缩进，不要混用 Tab 和空格。当然在集成开发环境中，软件一般会自动将 Tab 替换成若干空格。

4.3 循环语句

程序的魅力之一就是它能代替人类做重复的事情。Python 的循环语句有两种：while 语句和 for 语句。

while 语句的结构如下，当条件判断为真时，执行循环语句，当条件判断为假时结束循环，执行下一条语句。

```
while <条件判断>:
    <若干循环执行语句>
```

for 语句的结构如下，每次从容器中取出一个值赋值给变量，当变量的值为真时，执行循环语句，当变量的值为假时结束循环，执行下一条语句。

```
for <变量> in <容器>:
    <若干循环执行语句>
```

4.3.1 如何编写循环程序

从循环语句的结构看，每次循环条件判断的结果都应该是在变化的，如果条件判断永远为真，那么就会变成无限循环(死循环)，永远无法退出。在设置循环条件的边界值时要十分小心，这是最容易导致程序错误的地方。例如，程序需要循环 100 次，那么根据设定的条件究竟是执行了 100 次、99 次，还是 101 次，结果完全不一样。

循环执行语句看上去是不变的，但是其内容其实一直在变。编写循环程序最重要的是找到形式上不变的循环语句，初学者遇到的困难大多在这个地方。

编写循环程序的思维方式和人们日常的思考方法有很大的区别。由于计算机运算时每次只能做一个单纯的运算，所以要将一个复杂的运算拆解成小的步骤，然后逐步找到规律，再用变量描述这个规律，就能找到形式上不变而内容一直在变的循环语句。下面通过几个实例展现这个过程。

例 4.1 计算 1 + 2 + 3 + ... + 100。

思考：估计大家在小学时就知道这个题目有一个简便的方法，很快就能得到结果，但是这个不是编程的思维方式。编程的思维方式是如下这样的。

(1) 发现这个复杂的运算是由多个简单的加法组成的。

(2) 试着拆成几个简单的运算步骤：

$1+2 \rightarrow 3$

$3+3 \rightarrow 6$

$6+4 \rightarrow 10$

$10+5 \rightarrow 15$

…

(3) 找到简单的规律：每步运算需要保存中间结果，下一步运算在前一个的结果上继续加。

(4) 用变量描述这个规律：total=total+i。

(5) 确定 total 和 i 的变化范围：total 初始值为 0，i∈[1,100]。

(6) 先写出循环语句，然后添加循环控制语句，再定义和初始化变量，最后输出结果。

使用 while 语句的程序如代码 4.6 所示。该代码的核心是第 7 行，其他行都是辅助这行的代码，第 8 行代码会不断改变 i 的值，从而引起第 6 行“条件判断”、第 7 行循环语句的改变。循环结束后，在第 9 行输出计算的结果。

代码 4.6　ch04/sum_one2n_while.py

```
1 # -*- coding: utf-8 -*-
2
3 n=100
4 total=0
5 i=1
6 while i<=n:
7     total+=i
8     i+=1
9 print("1到%d之和为:%d"%(n,total))
```

使用 for 语句的程序如代码 4.7 所示。该代码的行数明显少于使用 while 语句的代码的行数，这是因为变量 i 的初始化和重新赋值都是自动进行的。

代码 4.7　ch04/sum_one2n_for.py

```
1 # -*- coding: utf-8 -*-
2
3 n=100
4 total=0
5
6 for i in range(1,101):
7     total+=i
8
9 print("1到%d之和为:%d"%(n,total))
```

代码第 6 行 for 语句中的 range(1,101)构建了一个 1～100 的序列。在 IPython 中使用 help()函数可以查阅使用文档。

```
In [93]: help(range)
Help on class range in module builtins:
```

```

class range(object)
 |  range(stop) -> range object
 |  range(start, stop[, step]) -> range object
 |
 |  Return an object that produces a sequence of integers from start (inclusive)
 |  to stop (exclusive) by step.  range(i, j) produces i, i+1, i+2, ..., j-1.
 |  start defaults to 0, and stop is omitted! range(4) produces 0, 1, 2, 3.
 |  These are exactly the valid indices for a list of 4 elements.
 |  When step is given, it specifies the increment (or decrement).
```

range 是一个类(Class，类似于“概念”)，描述了一个整数序列，其中定义了两个参数不同的 range 函数：①range(stop)；②range(start, stop[, step])。[, step]的方括号表示是可选的，也就是实际使用的时候可以有也可以没有。类的概念将在第 11 章进行讲述。

(1) range(stop)。参数 stop，表示整数序列到哪里结束，如果赋值为 100，实际只能到 99，也就是结束的位置是 stop-1。整数序列开始的值是 0。

(2) range(start, stop[, step])。start 表示整数序列开始的值，stop 表示整数序列结束的值(实际为 stop-1)。step 表示序列中相邻两数的距离，默认是 1，如果要产生奇数或偶数序列，则赋值为 2。step 也可以是负数，表示序列是从大到小的，这个时候需要 start > stop，否则序列里没有数值。

例 4.2 打印九九乘法表。

思考：还是按照前面的循环程序的思考方法。

(1) 发现最基本的运算就是打印一个等式。

(2) 试着拆成几个简单的运算步骤：

1*1=1

1*2=2　2*2=4

1*3=3　2*3=6　3*3=9

...

(3) 找到简单的规律，并用变量描述这个规律，得到程序语句：print("%d*%d=%d"%(i,j,i*j))。该语句运行一次会换一行，但是乘法表中一行之内是不能换行的，为了避免一行内换行，将该语句改进为 print("%d*%d=%d"%(i,j,i*j),end='\t')，end 参数的默认值是\n，将它改成\t，即变成制表符。

(4) 确定 i 和 j 的变化范围：i、j 的初始值为 1，j∈[1,9]，每行中 i∈[1,j]。

(5) 先写出循环语句，然后添加循环控制语句(发现需要两层循环)，最后输出结果。

程序如代码 4.8 所示，代码第 6 行是内层循环打印完一行后打印一个换行，所以和内层循环有相同的缩进。

代码 4.8　ch04/99_table.py

```
1 # -*- coding: utf-8 -*-
2
```

```
for j in range(1,10):
    for i in range(1,j+1):
        print("%d*%d=%d"%(i,j,i*j),end='\t')
    print()
```

4.3.2 循环的中断

在循环执行的过程中，可能因已满足某些条件想提前结束循环，或者因满足某些条件想跳过这一轮循环执行下一轮循环，这时就涉及循环中断的问题。在 Python 中，循环中断有两个语句：break 和 continue。break 是提前结束循环，continue 是跳过本轮循环执行下一轮循环。

当 n 等于 5 时，使用 break 终止循环，n 的值 5 没有输出，代码如下。

```
In [95]: for n in range(10):
    ...:     if n == 5:
    ...:         break
    ...:     print('当前数:', n, end=' ')
    ...:
    当前数: 0 当前数: 1 当前数: 2 当前数: 3 当前数: 4
```

当 n 等于 5 时，使用 continue 跳过本次循环，n 的值 5 没有输出，但是循环继续，代码如下。

```
In [97]: for n in range(10):
    ...:     if n == 5:
    ...:         continue
    ...:     print('当前数:', n, sep='', end='')
    ...:
    当前数:0 当前数:1 当前数:2 当前数:3 当前数:4 当前数:6 当前数:7 当前数:
    8 当前数:9
```

例 4.3　判断一个数是否为素数。

思路：只能被 1 和自身整除的数称为素数，如果一个数 n 能被[2,n−1]范围内的某个数整除，那么这个数就不是素数。最基本的运算就是“是否整除”，程序如代码 4.9 所示。

代码 4.9　ch04/is_prime.py

```
# -*- coding: utf-8 -*-

n=int(input("请输入一个整数"))

for i in range(2,n+1):
    if n%i==0:
        break
# 测试的时候取消下面这行的注释，看 i 的值
# print(i)
if i<n:
    print(n,"不是素数")
```

```
12 else:
13     print(n,"是素数")
```

代码第 6、7 行就是判断 n 能否被[2,n–1]范围内的某个数整除，如果能被整除，则说明 n 不是素数，循环就没有必要继续了。如果一直找不到可以整除的数，代码第 7 行就一直没有机会执行，i 的值最终就会到达 n。思考一下，能够发现 i 的取值范围可以比[2,n-1]小很多，读者可以试着减少循环的次数。

代码第 10～13 行，用 i 的值是否到达 n 判断 n 是否为素数。

4.4 空 语 句

空语句 pass 的存在，是为了维持程序结构，用作占位，不做任何事情。因为选择、循环等结构要求在某个位置一定要至少出现一条语句，如果是空白行就会报语法错误。

代码 4.10 中的第 6 行，如果没有 pass 就会报错。

代码 4.10 ch04/pass_example

```
 1 # -*- coding: utf-8 -*-
 2 
 3 x=15
 4 
 5 if x<5:
 6     pass
 7 elif x>5 and x<20:   # elif 5<x<20
 8     print("大于 5, 小于 20")
 9 else:
10     print("大于 20")
```

4.5 本 章 习 题

1. 个人所得税是累进税，计算方法是先将每年综合所得金额扣除 6 万元免征部分，然后依据分等递增的多级税率，对扣除免征部分的剩余所得分等计算税金，最后求和分等税金得到应缴税额。个人所得税税率表如表 4.3 所示，要求编程实现：输入收入，得到应缴税额。

表 4.3 个人所得税税率表

级 数	全年应纳税所得额	税率(%)
1	不超过 36 000 元的部分	3
2	超过 36 000 元至 144 000 元的部分	10
3	超过 144 000 元至 300 000 元的部分	20
4	超过 300 000 元至 420 000 元的部分	25
5	超过 420 000 元至 660 000 元的部分	30
6	超过 660 000 元至 960 000 元的部分	35
7	超过 960 000 元的部分	45

2．用循环方式打印下面的图形：

3．可以通过遍历所有可能的方法，求方程的可能解。例如，鸡兔同笼，鸡兔共有 21 只，它们共有 52 只脚，鸡、兔各有多少只?用循环方式求解。

4．编写一个猜数字的游戏程序，在程序中设定一个数，如 456，提示用户输入一个小于或等于 1000 的数字，即猜数的范围是[1,1000]共 1000 个数，每次用户输入一个猜测值，如 600，程序告诉用户猜大了(或者猜小了)，直到用户猜到 456，告诉用户猜对了，打印输出猜了几次。如果被猜的范围中有 n 个数，最多要猜几次？

5．直角坐标系中的线段 $s1$ 的两个端点分别是 $p0(x0，y0)$、$p1(x1，y1)$，要判断 $p2(x2，y2)$在线段 $s1$ 的左边还是右边，其中 $y2\in[y0，y1]$，可以通过计算下面行列式的值来判断点和线段的位置关系，理论依据是向量的叉积。

$$\begin{vmatrix} x1-x0 & y1-y0 \\ x2-x0 & y2-y0 \end{vmatrix} = (x1-x0)*(y2-y0)-(x2-x0)*(y1-y0)\begin{cases} >0 & p2\text{在线段左边} \\ =0 & p2\text{在线段右边} \\ <0 & p2\text{在线段上} \end{cases}$$

编写实现：用户输入线段和点，程序自动输出点和线段的位置关系。

6．如图 4.2 所示，如果一个点在一个多边形中，那么从这个点出发向右发一条射线和这个多边形相交的边数是奇数，如果一个点在一个多边形外，那么从这个点出发向右发一条射线和这个多边形相交的边数是偶数。

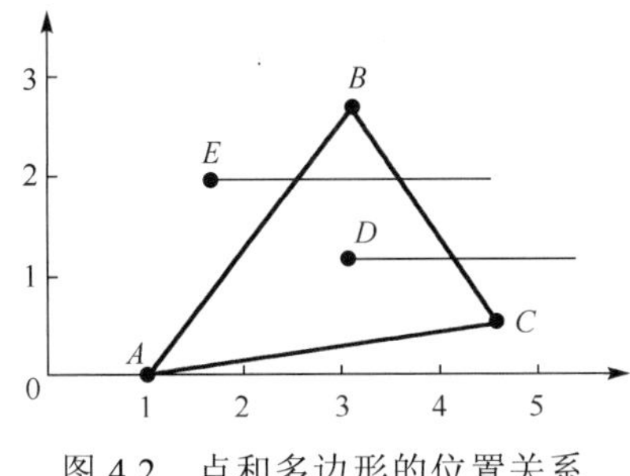

图 4.2　点和多边形的位置关系

编程实现：用户输入三角形的三个点和需要判断的点，利用上一题的方法，判断点是否在三角形中。

第 5 章　函　　数

本章要点

- 函数的定义和调用；
- 函数的参数传递；
- 变量的作用范围；
- 递归函数；
- 匿名函数；
- 文档字符串；
- 内置函数。

学习目标

- 掌握用函数组织有层次结构的代码；
- 掌握函数的调用和运行过程中变量管理的数据结构栈和堆；
- 掌握递归函数。

5.1　函数的定义和调用

前面已经使用了一些函数，如输入函数 input()、输出函数 print()、数据类型转换函数 int()、帮助文档函数 help()、数据序列生成函数 range()。调用函数的方法很简单，只需在函数名后面的括号中填入恰当的参数，函数运行后就会返回相应的结果。

函数是为完成某项任务预先编写的、可重复使用的代码块。在编程中使用预先编好的函数，可以使程序的可读性更好，更容易维护，质量更可靠，因为调用函数肯定比编写函数内部包含的代码更容易。函数封装了复杂性，而给用户提供了简单的接口，这降低了函数使用者的编程难度。另外，不断重复使用的函数经过更多测试，代码的质量更可靠。

通过函数可以把代码组织成模块调用（函数调用）的形式，每个小模块完成单纯的工作，上层模块通过调用下层模块完成自己的工作。由于模块以函数的方式封装，所以模块之间的访问只需要传递简单、明确的信息（参数）。只要保持函数名和参数不变，一个模块内部的修改不会引起其他模块的修改，这就是程序的模块化设计。模块化设计的程序会形成图 5.1 所示的调用结构，下层模块还可以根据需要继续分解，如洗菜可以分解成洗蔬菜、洗鱼等。

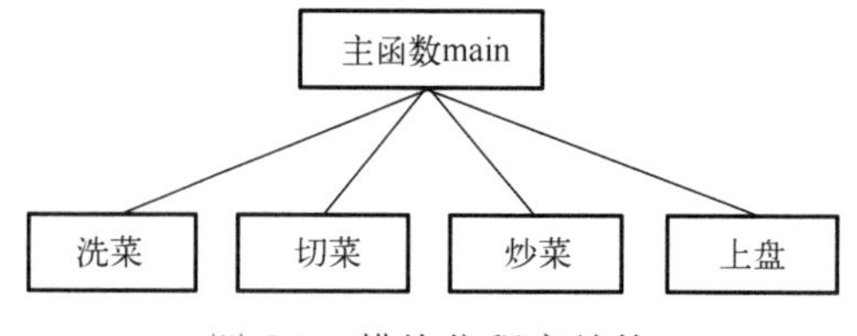

图 5.1　模块化程序结构

C、C++、Java 这些程序设计语言都有显式的主函数(函数名就是 main)。主函数是程序运行的入口，也就是说不管一个程序项目有多个函数，甚至这些函数在多少个文件中，一旦启动程序，程序的执行顺序只可能是主函数中代码的顺序，只有主函数调用的函数(包括间接调用)会运行，而且按代码的调用次序运行。和 C、C++、Java 这些程序设计语言略显不同的是，Python 语言没有显式的主函数，但是有隐式的主函数，这个会在后面的章节进行讨论。

定义函数的方法如下。

```
def 函数名 (参数列表):
    """ 函数文档字符串."""
    一系列的语句
    return [表达式]
```

其中，def 是定义函数的关键字，def 所在的行称为函数头，以冒号结尾。参数列表表示可能有若干参数，也可能没有参数。如果参数多于两个，那么参数之间用逗号分隔。

函数头下面的代码块是函数体，包含的代码就是普通的 Python 语句，最后用 return 将函数计算的结果返回给调用者。在 Python 中，返回值可以是一个值，也可以是多个值，多个值之间用逗号分隔。如果一个函数确实没有返回值，就可以没有 return 语句，但是实际上还是会返回 None。

了解了函数的定义，再来看看前面的模块化程序的伪代码(见代码 5.1)，代码第 1～15 行是 4 个函数的定义，代码第 17 行才是程序的主函数开始的地方。这个程序的执行顺序是代码第 17～23 行规定的。在程序中定义了，但是没有在代码第 17～23 行调用的函数，会加载到内存中，但事实上不可能被执行。

代码 5.1　ch05/MD_pseudocode.py

```
 1 def 洗菜(菜):
 2     洗菜操作
 3     return 洗完的菜
 4
 5 def 切菜(菜):
 6     切菜操作
 7     return 切完的菜
 8
 9 def 炒菜(菜):
10     炒菜操作
11     return 炒完的菜
12
13 def 上盘(菜):
14     上盘操作
15     return 上盘的菜
16
17 # 其实这里是主函数开始执行的地方
18 输入菜
19
```

```
20 洗菜(菜)
21 切菜(菜)
22 炒菜(菜)
23 上盘(菜)
```

一个程序的运行依赖 CPU 资源。所谓程序运行就是操作系统的调度程序把 CPU 资源分配给某程序。程序的运行都会有它依赖的局部数据，这些局部数据是该程序运行的上下文(Context)。这有点像一个舞台剧，每一幕都有布景和道具(上下文)，当一幕切换成另一幕时，前一幕的布景和道具要保存，后一幕的布景和道具要设置好，然后才可以开演。

当主函数调用其他函数(可以称为子函数)时，主函数就会保存其局部变量等上下文数据并让出 CPU，然后让子函数获得 CPU 并开始运行，当子函数运行结束时，会自动恢复子函数的调用者——主函数的上下文，继续运行主函数。

所以当代码第 20 行开始执行时，主函数就保存上下文并停止了，接着“洗菜”函数的上下文初始化并开始运行。当运行到代码第 3 行时，“洗菜”函数返回结果给调用它的函数，然后“洗菜”函数的上下文被删除，主函数的上下文被恢复，主函数开始运行代码第 21 行。

代码 5.2 定义了两个数求和的函数，然后在主函数中调用了该函数(代码第 9 行)，并传入 45、32 两个参数，最后打印求和的结果。

代码 5.2 ch05/add_two_number.py

```
1 # -*- coding: utf-8 -*-
2
3 def add_two_number(arg1, arg2):
4     """求两个参数的和并返回结果 . """
5     total = arg1 + arg2
6     return total
7
8 # 调用函数
9 print(add_two_number(45,32))
```

5.2 函数的参数传递

函数的参数传递就是在调用函数的时候，为函数的参数赋予实际的值。代码 5.2 的第 3 行定义了函数的两个参数 arg1 和 arg2，代码第 9 行为这两个参数传递了实际值，这种传递类似于赋值，即将 45 赋值给 arg1，将 32 赋值给 arg2。然后在函数的运行中，从参数变量(arg1，arg2)中取的值其实就是传递过来的值。定义在函数内部的变量(包括函数的参数列表)称为局部变量，也就是局部起作用的变量，出了函数范围就不起作用了。

通过内存的变化可以直观地理解参数传递的原理，避免似是而非的推断。

5.2.1 通过内存变化了解参数传递

当主函数调用子函数时，主函数的上下文会被保存，子函数的上下文会被初始化，这些数据的管理是通过“栈”这样的数据结构完成的。栈是先进后出的数据结构，有点像子弹匣，最先压进去的子弹是最后出来的。如果存在多层的函数调用，那么最高层的函数的上下文一定压在栈的最下面，当前运行的函数的上下文正好在栈顶。

函数的参数传递类似于赋值，而在 Python 中赋值其实是名称绑定。

下面来看代码 5.3，通过该实例了解上下文切换的栈管理机制，以及参数传递与名称绑定的关系。

代码 5.3　ch05/change_me.py

```
1 # -*- coding: utf-8 -*-
2
3 def change_me( x ):
4     """局部变量名 x 绑定新的对象"""
5     x= 0
6     print ("函数内的值: ", x )
7     return
8
9 # 调用 change_me 函数
10 x = 100
11 change_me( x )
12 print ("函数外的值: ", x)
```

代码 5.3 的运行结果如下，但同样的 x 为什么数值不一样呢？

```
函数内的值:  0
函数外的值:  100
```

下面来看一下代码 5.3 中函数调用的过程。Python 有隐式的主函数，这个主函数在名称是__main__的模块中，当主动执行一个程序文件时，不管这个文件原有的文件名是什么，它的__name__属性都是__main__。代码第 10 行是主函数开始执行的代码(前面的函数定义只加载到内存中，并不能执行)，名称 x 是用栈的方式管理的，100 是在 Python 管理的堆中创建的。如图 5.2 所示，主函数__main__的局部变量 x 压栈，堆中的对象 100 绑定到名称 x 上。

代码第 11 行将当前名称 x 指向的对象赋值给函数 change_me 的参数 x。函数 change_me 的上下文压到栈顶，对象 100 同时绑定了两个名称，两个名称都叫 x，但是属于不同的函数。函数 change_me 的参数 x 是属于函数 change_me 的局部变量，它和主函数的 x 是不同的，就如同两个班分别都有“张三”，如图 5.3 所示。

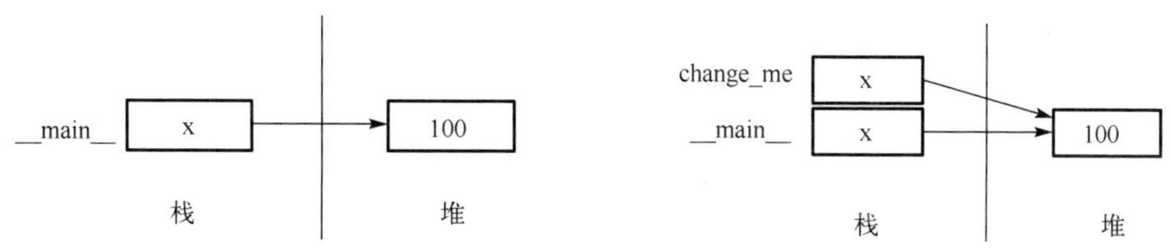

图 5.2　主函数的局部变量压栈　　　图 5.3　递归函数调用的栈图

代码第 5 行将函数 change_me 的局部变量 x 改成 0，其实这是新的名称绑定，如图 5.4 所示。代码第 6 行打印的 x 自然就是 0 了。

当执行代码第 7 行时，和函数 change_me 相关的上下文会从栈顶弹出，栈顶重新指向主函数的上下文，如图 5.5 所示。代码第 12 行打印的就是当前 x 的值 100。

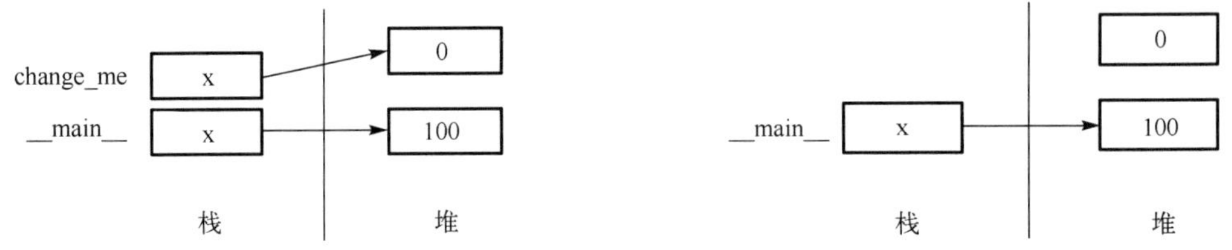

图 5.4　局部变量重新绑定　　　　图 5.5　函数返回和上下文出栈

当整个程序运行结束时，栈就会清空，所以 Python 的局部变量都是通过栈的机制自动管理的。那些没有绑定任何栈中名称的对象，会被 Python 的垃圾收集机制管理。

除了数值这样简单的数据类型，Python 还有一系列容器数据类型，如列表(list)。列表的使用方法主要有三种：①定义初始化，如 mylist=[1,2,3,4]；②可以通过位置获得里面的元素，如 mylist[2]，列表中每个元素的位置又称为索引，位置是从 0 开始计数的；③改变某个位置的值，如 mylist[2]=10。

如果向函数的参数传递容器数据类型的值，会怎样呢？请看代码 5.4。

代码 5.4　ch05/change_me_list.py

```
# -*- coding: utf-8 -*-

def change_me( mylist ):
    """把一个 list 传入函数"""
    # 局部变量名 mylist 绑定新的对象 list
    mylist = [1,2,3,4]
    print ("函数内的值: ", mylist)
    return

# 调用 change_me 函数
mylist = [10,20,30]
change_me( mylist )
print ("函数外的值: ", mylist)
```

代码 5.4 的运行结果如下，和数值类型的情况差不多。

```
函数内的值: [1, 2, 3, 4]
函数外的值: [10, 20, 30]
```

但是如果不是整个 list 重新绑定，而是改变里面的元素会怎样？代码 5.5 的第 6 行把索引为 2 的元素改成了 100。

代码 5.5　ch05/change_list_item.py

```
1 # -*- coding: utf-8 -*-
2
3 def change_me( mylist ):
```

```
4       """把一个 list 传入函数"""
5       # 改变 mylist 中的元素
6       mylist[2] = 100
7       print ("函数内的值: ", mylist)
8       return
9
10  # 调用 change_me 函数
11  mylist = [10,20,30]
12  change_me( mylist )
13  print ("函数外的值: ", mylist)
```

代码 5.5 的运行结果如下。为什么内外一致了？

```
函数内的值: [10, 20, 100]
函数外的值: [10, 20, 100]
```

下面看看内存中发生了什么？如图 5.6 所示，list 对象的每个元素其实是对象的引用。参数的传递同样是名称的绑定。

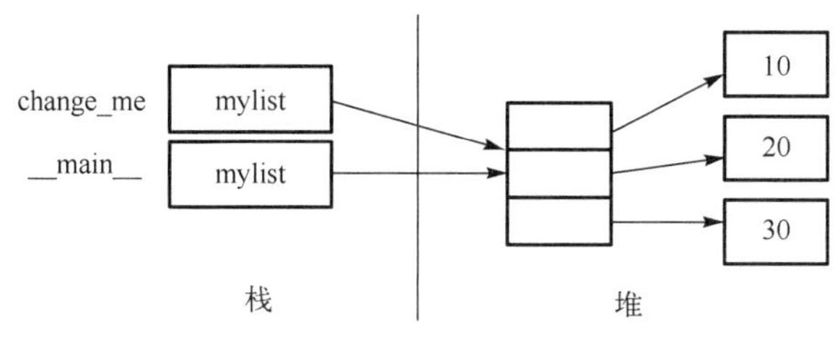

图 5.6　绑定 list 的变量压栈

当执行代码第6行时，列表的第2个元素(索引从0开始)被绑定对象100。如图5.7所示，现在在函数内和函数外输出的list其实会打印修改以后的值。

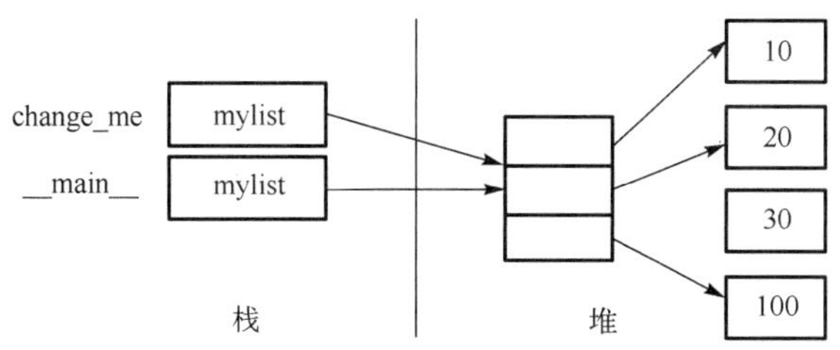

图 5.7　list 中的元素重新绑定

5.2.2　参数传递中的若干情形

1. 参数传递时指定参数名

如果函数定义的时候有多个参数，那么传递参数值的时候要严格按照定义时的顺序一一对应。例如，如果定义时的代码是 add_two_number(arg1, arg2)，那么传递时的代码就是 add_two_number(45,32)，45 只能传给 arg1，32 只能传给 arg2。但是在传递参数时也可以指定参数名，这样就不受顺序约束，如代码 5.6 所示。

代码 5.6 ch05/pass_arg_by_name.py

```
# -*- coding: utf-8 -*-

def sub(arg1, arg2):
    "第二个参数减第一个参数返回结果"
    result=arg2-arg1
    return result

# 调用函数
print(sub(arg2=45, arg1=32))
```

2. 默认参数

在进行函数定义时，还可以为某些参数指定默认值，调用函数传递参数值时，既可以传递数值，也可以不传递数值(使用默认值)。如代码 5.7 所示，由于 arg2 参数设置了默认值 25，所以调用函数传递参数值的时候就可以不传递数值，直接使用默认值。

代码 5.7 ch05/default_parameter.py.py

```
# -*- coding: utf-8 -*-

def add_two_number(arg1, arg2=25):
    "求两个参数的和并返回结果"
    total = arg1 + arg2;
    return total

# 调用函数
print(add_two_number(45))
# print(add_two_number(45,30))
# print(add_two_number(45,arg2=45))
```

3. 数量可变参数

如果参数的数量是不确定的，就可以使用可变参数。可变参数就是在参数前加一个“*”，这样就可以在调用函数时给予个数不确定的若干参数，如代码 5.8 所示。

代码 5.8 ch05/variable_parameter.py

```
# -*- coding: utf-8 -*-

def greet(*names):
    """问候参数 names 中所有人，参数的数量可变"""

    # 参数 names 其实是元组
    for name in names:
        print("Hello",name)

# 调用
greet("Monica","Luke","Steve","John")
```

4. 可变关键字参数

如果参数的数量是不确定的，又需要区分每个参数，就需要使用可变关键字参数，即定义时在参数前面加“**”。如代码 5.9 所示，在参数传递时，每个参数需要以 title='Effective Python'的形式进行传递，实际上形成了一系列键-值对，其中 title 是键(关键字)，'Effective Python'是值。

代码 5.9 ch05/variable_key_parameter.py

```
# -*- coding: utf-8 -*-

# 可变关键字参数
def printbook(**kargs):
  """显示书的详细信息."""

  for key in kargs :
    print(key,":", kargs[key])

# 调用
printbook(title='Effective Python',
          author="Brett Slatkin",
          publisher="Addison-Wesley Professional",
          paperback="256"
         )
```

5. 必须关键字参数

由于可变参数的数量是不确定的，所以跟在可变参数后面的参数就成了必须关键字参数(传递时必须指定关键字)，如代码 5.10 所示。

代码 5.10 ch05/keyword_only_arg.py

```
 1 # -*- coding: utf-8 -*-
 2 
 3 def our_percent(*numbers, total):
 4     sum = 0
 5     for number in numbers:
 6         sum +=int(number)
 7     return sum /int(total)
 8 
 9 # 函数调用
10 print(our_percent(1, 2, 3, total=50))
11 print(our_percent(1, 2, 3, 10 ))
```

代码 5.10 的运行会产生如下错误，这是因为代码第 11 行没有指定关键字。

```
TypeError: our_percent() missing 1 required keyword-only argument:
  'total
```

6. 必须位置参数

如果不允许用户使用关键字参数，就需要在该参数后面加“/”，如代码 5.11 中的 total 参数后面跟了“/”，在代码第 10 行调用函数时，total 参数不能使用关键字参数的形式，否则会出现第 12 行代码引发的报错。

代码 5.11 ch05/position_only_arg.py

```
1 # -*- coding: utf-8 -*-
2
3 def our_percent(total,/,*numbers):
4     sum = 0
5     for number in numbers:
6         sum +=int(number)
7     return sum /int(total)
8
9 # 必须这样
10 print(our_percent(50, 1, 2, 3))
11 # 函数调用不允许写 total=50，否则报错
12 print(our_percent(total=50, 1, 2, 3))
```

7. 部分必须关键字参数

如果想要让用户对某几个参数用位置参数，其他必须用关键字参数，就需要在可用位置参数后面加“*”。如代码 5.12 所示，total 可以用位置参数，number 必须用关键字参数。

代码 5.12 ch05/partial_position_arg.py

```
# -*- coding: utf-8 -*-

def our_percent(total,*,number):
    return number/total

# 接受两个参数，只有第一个参数可以使用位置参数，后面必须用关键字参数
print(our_percent(100, number=20))
```

5.3 递归函数

当人类面对一个复杂问题时，解决办法之一就是不断分解问题，直到将复杂问题分解为若干小而单纯的简单问题，然后反向集成，如果简单问题有解了，那么由简单问题组合而成的较大问题就可以解决，这样层层递推，最后解决了复杂问题。

例如，如果要算 100 的阶乘(100!)，显然这不容易，但是如果把问题分解成规模小一点的问题，解决起来可能就简单一些。假设知道 99!，那么就知道 100!，因为答案就是 100×99!。另外，当问题的规模足够小时就能够直接求解，如 1! = 1。

递归函数就是递归思想的体现，编写递归函数首先要找到递归式，如 $n! = n \times (n-1)!$ 就是递归式，其次要确定递归结束的条件和结果，如当 n 等于 1 时，$n!$为 1。

最后就可以编写出递归函数了，如代码 5.13 所示。

代码 5.13　ch05/calc_factorial.py

```
1 # -*- coding: utf-8 -*-
2
3 def calc_factorial(x):
4     """这是计算一个整数阶乘的递归函数."""
5
6     if x == 1:
7         return 1
8     else:
9         return (x * calc_factorial(x-1))
10
11 # 调用
12 num = 4
13 print(num,"的阶乘是",calc_factorial(num))
```

代码第 9 行就是递归式(问题的规模缩小了)，代码第 6、7 行说明当问题规模足够小时就可以直接给出结果。

为什么递归函数这样简单的结构可以完成类似于循环的程序呢？其实，递归函数的调用类似于子函数调用，在没有到达递归结束的条件时，子函数调用不会停止，而子函数的不断调用就伴随着不断压栈。在代码 5.13 的运行过程中，当参数 x 的值等于 1 时的栈图如图 5.8 所示。

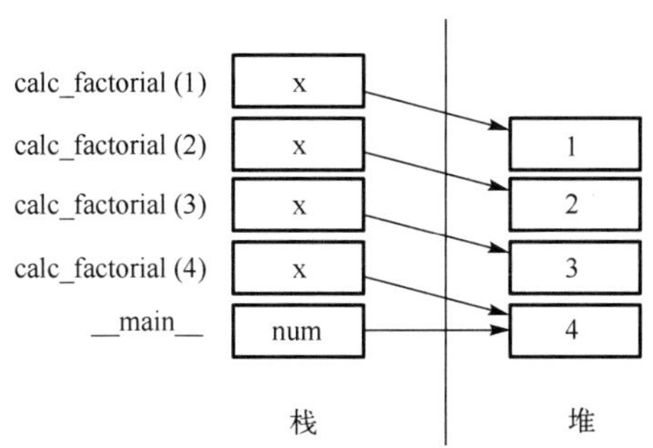

图 5.8　递归函数调用的栈图

从图 5.8 中可以看到，每一次 calc_factorial()函数的调用都会引起与之相关的上下文的压栈，当最后调用 calc_factorial(1)函数时，函数运行并获得返回值 1，然后与 calc_factorial(1)函数关联的栈顶弹出。栈顶与 calc_factorial(2)函数相关，这时 x 名称绑定的是 2，calc_factorial(1)函数的返回值是 1，所以 calc_factorial(2)函数运行返回的值是 2，以此类推。当栈顶重新回到__main__时，calc_factorial(4)函数的值就计算出来了。

递归函数符合人类的思维习惯，代码简洁。但是由于递归函数的运行伴随着不断压栈，所以当问题的规模很大时，有可能需要大量的空间，甚至超过栈空间的最大限制，导致程序无法运行。

如图 5.9 所示，Hanoi 塔是一个游戏，要求把 A 柱上的 *n* 个盘子借助 B 柱，移到 C 柱，要求在移动的过程中，不会出现小盘子在大盘子之下的情况。

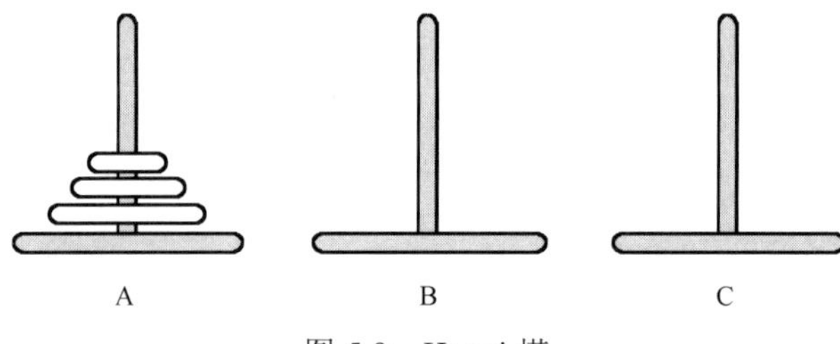

图 5.9　Hanoi 塔

递归思路：

(1) 当 n 是 1 时，可以直接将盘子从 A 柱移到 C 柱；

(2) 当 n 大于 1 时，需要进行如下操作：①将放在上面的 $n-1$ 个盘子从 A 柱借助 C 柱先移到 B 柱；②将最下面的第 n 个盘子从 A 柱移到 C 柱；③将 $n-1$ 个盘子从 B 柱借助 A 柱移到 C 柱。

有了递归思路，就可以将其变成代码，递归式需要用三条语句实现，如代码 5.14 所示。

代码 5.14　ch05/hanoi_tower.py

```
# -*- coding: utf-8 -*-

def hanoi_tower(n,A,B,C):
    if n==1:
        print(A,'-->',C)
    else:
        hanoi_tower(n-1,A,C,B)
        print(A,'-->',C)
        hanoi_tower(n-1,B,A,C)

# 函数调用
hanoi_tower(5,'A','B','C')
```

如果代码中把 n 设为 3，代码运行的结果如下，“A-->C”表示把 A 柱最上面的盘子移到 C 柱。

```
A --> C
A --> B
C --> B
A --> C
B --> A
B --> C
A --> C
```

如果移动 n 个盘子的时间是 $T(n)$，那么根据递归式可以得到：$T(n)=2T(n-1)+1$，设 $T(1)=1$，用递归式展开：

$$
\begin{aligned}
T(n) &= 2T(n-1)+1 \\
&= 2(2T(n-2)+1)+1 \\
&= 2(2(2T(n-3)+1)+1)+1
\end{aligned}
$$

$$\begin{aligned}
&\ldots \\
&= 2(2(2\ldots(2T(1)+1)+\ldots+1)+1 \\
&= 2^{n-1}+2^{n-2}+2^{n-3}+\ldots+1
\end{aligned}$$

令：$S = 2^{n-1}+2^{n-2}+2^{n-3}+\ldots+1$

$$2S = 2^{n}+2^{n-1}+2^{n-2}+\ldots+2$$

$$2S-S = S = 2^{n}-1$$

所以，用递归方法移动 n 个盘子的时间复杂度是 $O(2^n)$。对于指数级复杂度的问题，如果规模较大，可能会超过计算机的计算或存储能力，或者需要漫长的运算时间。

5.4　变量的作用范围

定义在函数内部的变量(包括函数的参数列表)称为局部变量，定义在函数外部的变量称为全局变量。

在代码 5.15 中，第 3 行的 balance 变量定义在 save()和 withdraw()两个函数之外，所以是全局变量。两个函数的参数 amount，分别是两个函数的局部变量。

代码 5.15　ch05/bank_balance.py

```
1 # -*- coding: utf-8 -*-
2
3 balance = 10000 # 资金余额，全局变量
4
5 def withdraw(amount) :
6     global balance # 需要更改余额
7     if balance >= amount :
8         balance = balance - amount
9
10 def deposit(amount) :
11     global balance # 需要更改余额
12     balance = balance + amount
13
14 # 存钱 500
15 deposit(500)
16 # 取钱 1000
17 withdraw(1000)
18 # 余额
19 print("余额：",balance)
```

局部变量是以栈的方式管理的，所以局部变量是在函数调用时创建、函数运行结束时清除的。

全局变量定义在函数的外部，在函数中可以访问全局变量，但是只限于读取，如果要在函数中修改全局变量，一定要使用“global”关键字进行声明，说明后面跟的变量不是局部变量，而是全局变量，否则不能修改。

如果在函数中定义了和全局变量同名的变量，那么就不能访问全局变量了。下面的代码定义了局部变量“balance=1000”，从这句以后即使使用“global”关键字也不能访问全局变量 balance(还会出现语法错误)。

```
def save(amount) :
    balance=1000 # 需要更改余额
    balance = balance + amount
```

在 Python 中，函数内部还能嵌套函数，所以还有非局部变量(Non Local)这样的概念。代码 5.16 定义了嵌套函数。

代码 5.16 ch05/nested_function.py

```
# -*- coding: utf-8 -*-

def outer_function():
    var = 20
    def inner_function():
        var = 30
        print('inner var =', var)

    inner_function()
    print('outer var =', var)

# 调用
var = 10
outer_function()
print('main var =', var)
```

代码 5.16 的运行结果如下。

```
inner var = 30
outer var = 20
main var = 10
```

函数的调用过程同样可以用栈图来分析。通过分析可以发现，所有的输出都打印了局部变量。这是因为在函数中声明了局部变量 var，这样全局变量就不能访问了。如果嵌套的内部函数要修改外部函数的变量，就需要使用“nonlocal”关键字。

代码 5.17 中的嵌套函数是用 nonlocal 关键字引用外层函数的变量的。

代码 5.17 ch05/nested_function_nonlocal.py

```
# -*- coding: utf-8 -*-

def outer_function():
    var = 20

```

```
    def inner_function():
        nonlocal var
        print('inner var =', var)

    inner_function()
    print('outer var =', var)

# 调用
var = 10
outer_function()
print('main var =', var)
```

代码 5.17 的运行结果如下。

```
inner var = 20
outer var = 20
main var = 10
```

5.5 匿名函数

用 def 关键字定义的函数有函数名。但有的时候，一些简单函数的使用场合可能并不需要一个显式的函数名，这时就可以使用匿名函数。使用匿名函数的场合将在后面章节中涉及。

在 Python 中，定义匿名函数的方法是使用 lambda 关键字。lambda 关键字定义函数的语法如下。

```
lambda 参数列表 : 函数体表达式
```

例如，定义一个加法函数：lambda a, b: a+b。

其实，这个匿名函数等价于：

```
def add(a, b):
    return a+b
```

在 Python 中，函数也是对象，同样可以绑定在一个名称上，只是这样就和直接定义一个有名函数没有区别了。

```
In [1]: # 函数定义:
   ...: add=lambda a,b:a+b
   ...:
   ...: # 函数调用:
   ...: print(add(5,6))
11
```

5.6 函数标注和变量标注

Python 有名称绑定机制，但是变量名是没有类型约束的，可以给一个变量名绑定数值，也可以绑定字符串，还可以绑定一个函数。

名称绑定机制在带来方便的同时，也存在一些弊端，如在定义函数时，可能预计传过来的是整数，但是也不能保证使用函数的人不传入一个字符串参数。于是 PEP 3107 提出了函数标注(Function Annotations)，或者翻译成函数注释。PEP 526 提出了变量标注(Variable Annotations)。

代码 5.18 就是函数标注的示例，参数后面的“:int”提示该参数应该传一个整数过来，函数头后面的“-> None”表示这个函数没有返回值。

代码 5.18 ch05/function_annotation.py

```
# -*- coding: utf-8 -*-

def deposit(amount: int) -> None:
    global balance
    balance += amount

def withdraw(amount: int) -> None:
    global balance
    balance -= amount

def overdrawn() -> bool:
    return balance < 0

balance=1000

deposit(200)
withdraw(1500)
# 是否透支
print(overdrawn())
```

然而到现在为止，这种标注只是给程序员的提示，系统并不检验类型，也不会自动转变类型。代码 5.19 的运行结果是 3.1415 吗？

代码 5.19 ch05/useless_function_annotation.py

```
# -*- coding: utf-8 -*-

def join_msg(msg:str)->str:
    return msg+15

print(join_msg(3.14))
```

事实上，其运行结果是 18.14。

变量标注的情况差不多，类型不会自动转变，可参见如下代码。

```
In [3]: a:int=10
   ...: b:str=2.7
   ...: print(a+b)
12.7
```

5.7　文档字符串

Python 增强提案(Python Enhancement Proposals，PEP)有如下三种类型。

(1)跟踪 Python 中的新特性。

(2)说明 Python 中的某个设计问题。

(3)关于 Python 的提案(不针对 Python 语言本身)。

其中，PEP 257 是文档字符串约定。文档字符串包括单行文档字符串和多行文档字符串。

1. 单行文档字符串

以下代码是单行文档字符串的示例。

```
def function(a, b):
    """Do X and return a list."""
```

单行文档字符串的写法主要遵循如下几条规则。

(1)虽然是单行文档字符串，也要用三引号，方便以后扩展。

(2)文档字符串前后没有空行。

(3)文档字符串以句号(.)结束。

(4)清晰简明地描述“做什么”和“返回什么”，不要重复函数头和 return 语句中的内容。

2. 多行文档字符串

以下代码是多行文档字符串的示例。

```
def complex(real=0.0, imag=0.0):
    """Form a complex number.

    Keyword arguments:
    real -- the real part (default 0.0)
    imag -- the imaginary part (default 0.0)
    """
    if imag == 0.0 and real == 0.0:
        return complex_zero
    …
```

多行文档字符串的写法主要遵循如下几条规则。

(1) 第一行是摘要行(类似前面的单行文档字符串)，可以直接跟在第一个三引号后面，也可以另起一行，但是缩进要和第一个三引号一样。

(2) 第二行是空行。

(3) 根据不同的情况编写详细的信息。

在编程实践中，可以参考谷歌风格的文档字符串(Google Style Python Docstrings)。

3. 文档字符串的访问方式

文档字符串的访问方式主要有如下两种。

(1) 使用__doc__属性。

(2) 使用 help()函数：自动排序、列出类的继承关系等。

所有的内置函数都有文档字符串，如可以通过如下代码获得幂函数 pow()的文档字符串。

```
In [5]: pow.__doc__
Out[5]: 'Equivalent to base**exp with 2 arguments or base**exp % mod with 3 arguments
        Some types, such as ints, are able to use a more efficient algorithm when
        invoked using the three argument form.'

In [7]: help(pow)
Help on built-in function pow in module builtins:

pow(base, exp, mod=None)
    Equivalent to base**exp with 2 arguments or base**exp % mod with 3 arguments

    Some types, such as ints, are able to use a more efficient algorithm when
    invoked using the three argument form.
```

显然，用 help()函数获得的文档可读性更好。

5.8 内置函数

Python 有大量的内置函数(Built-in Functions)，可以通过访问 Python 官网的文档获得这些函数的使用方法。

Python 并不限制用户把内置函数名绑定其他对象。在编程实践中，很有可能一不小心就把内置函数名绑定其他对象，导致除非重启 Python 内核否则无法使用内置函数。

例如，abs 是求绝对值的内置函数名，绑定其他对象也不会报错，但是这个函数就不能用了。需要特别注意，在第 7 章要用到的 list、set、tuple 等内置函数名，不要当作变量名使用。其实，Python 的设计者应该限制内置函数名的重新绑定。

```
In [9]: abs(-1)
Out[9]: 1

In [11]: abs=5

In [13]: abs(-1)
Traceback (most recent call last):

File "<ipython-input-96-e75166e9cd72>", line 1, in <module>
  abs(-1)

TypeError: 'int' object is not callable
```

在 Spyder 中，需要按快捷键“Ctrl+.”或单击菜单 consoles > Restart Kernal 重启内核，内核重启后才能正常使用该函数。

对于用户自定义的函数，其函数名可以自由绑定其他对象，但是自由的代价是在开发中非常容易导致错误。

```
In [15]: def add (a, b):
    ...:     return a+b
    ...:
    ...: add=100
```

5.9　本 章 习 题

1．在网上搜索“PEP Python”，了解什么是 PEP、什么时候需要阅读 PEP 文档。

2．将第 4 章计算个税的程序封装成函数。

3．定义函数 is_prime(n)，如果 n 是素数则返回 True，否则返回 False。用这个函数判断 10 000 以内的所有数，打印其中的所有素数。

4．如果已知三角形的三条边长，就可以计算三角形的面积(查找海伦公式)，但是有时三条边不能组成三角形。编程计算三角形的面积，要求用函数判定三条边能否组成三角形，并用函数计算三角形的面积。

5．用递归函数求数列 1，2，3，…，1000 的各项元素之和。

6．将正整数写成几个素数的乘积称为因子分解，如 36 = 2 × 2 × 3 × 3。编程实现一个函数，通过参数传递一个数，输出该数的所有因子。尽可能将重复的工作封装成函数。

7．斐波那契数列(Fibonacci Sequence)的递归式为：

$$F(0)=0,\ F(1)=1,\ F(n)=F(n-1)+F(n-2),\ n \geqslant 2,\ n \in N$$

形成的数列为 0，1，1，2，3，5，8，13，21，…，编程实现一个递归函数 fibs(n)，返回第 n 项元素。

8．如果要计算图 5.10 中阴影部分的面积，可以用蒙特卡洛方法(平均值法)计算模拟值。这个方法相当于在曲线上均匀抽取 n 个点，然后每个点的 $f(x_i)$乘以区间长度$(b\text{-}a)$的 n 分之一，再求和 $\frac{1}{n}\sum_{i=1}^{n} f(x_i)(b-a)$，抽样次数越多结果会越接近理论值。

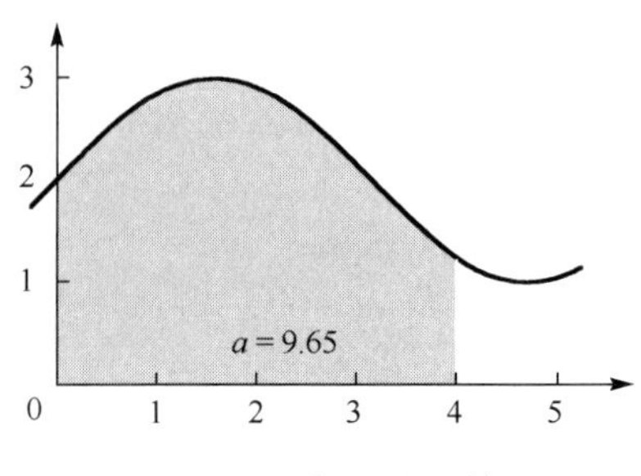

图 5.10 定积分计算

编程实现求定积分的函数，函数头为 def definite_integral(f,a,b,n)，其中参数 f 是需要求积分的函数，a、b 定义了区间，n 表示抽样多少次。想要获得 x_i 的随机浮点数，可以先使用 import random 模块，然后通过 random.uniform(a，b)获得一个区间[a，b]的随机数。图 5.10 的函数是 math.sin(x)+2，图 5.10 积分的理论值是 9.65，要求函数调用的方法必须是这样的：print(definite_integral(my_func,0,4,10000))。

9．一个房间长宽各为 1680cm 和 640cm，现在要在房间里铺同样大小的正方形地砖，要求如下：①不能切割地砖；②地砖尽可能大，选择合适尺寸的地砖。

输入格式：

请输入房间的长度：1680

请输入房间的宽度：640

输出格式：80

第 6 章　模 块 和 包

本章要点

- 标准模块的导入；
- 名称空间和名称的作用域；
- 自定义模块。

学习目标

- 掌握标准模块的使用；
- 掌握自定义模块和包的使用。

6.1　模块和包的作用

模块(Module)和包(Package)其实是 Pyhton 的文件组织方式，模块对应的是程序文件，包对应的是目录。

如果只是编写一个小程序，也许一个文件就行了，但是如果是一个较大的项目，那么它必然会由很多程序文件组成，这时如果没有目录分类，程序文件就会杂乱无章，很难管理。

Python 开发效率比较高的原因是，开发人员大多数情况下不需要自己造“轮子”，而是基于大量的标准模块和第三方模块编写程序，充分发挥其“胶水语言”的优势。

所以，用到模块和包的场景主要有三种：①使用标准模块；②使用第三方模块；③使用自己编写的模块。

6.2　导入和使用标准模块

Python的标准模块位于Python安装目录下的Lib目录，标准模块的官方文档可以通过Pyhton官网查阅。

导入模块的方法是使用 import 语句。将模块导入后，可以重新命名。下面的示例代码将 math 模块导入，并命名为 m，然后就可以用“.”引用模块中的变量或函数，如示例中引用了 pi 变量。

```
import math as m
print("pi 的值是", m.pi)
```

import 语句完成了如下两个步骤。

(1) 找到 math 模块，在必要时加载并初始化。

(2)在名称空间定义名称 m，并把模块绑定到 m。

在模块引入前，通过函数 dir()可知名称空间内有没有名称 m；在模块引入后，从下面的代码可以知道，名称 m 已经存在了。

```
In [1]: import math as m

In [3]: dir()
Out[3]:
['In',
 'Out',
 …
 '_builtin_',
 '_builtins_',
 …
 'm',
 'quit']
```

如果想要同时引入多个模块，模块名之间用“,”分隔，如 import sys, math。

也可以用下面的方式，直接将模块内的指定的变量或函数名称引入当前名称空间，导入所有变量或函数名称可以用通配符“*”实现。

```
In [5]: # 只从 math 模块导入 pi,e, 如果是全部导入则用*
    ...: from math import pi,e
    ...: print("pi 的值是", pi)
    ...: print(" e 的值是", e)
pi 的值是 3.141592653589793
 e 的值是 2.718281828459045
```

6.2.1 Python 如何找到标准模块文件

模块名和 Python 程序文件名是一致的。标准模块在特定的目录中，所以导入的时候不需要指定模块文件在哪个目录。事实上，Python 是在 sys.path 路径中搜索模块名的，这其中也包含了程序当前的文件夹，也就是说和当前程序同一目录的模块也可以像标准模块一样用模块名导入(见如下代码)。

```
In [7]: import sys
    ...: sys.path
Out[7]:
['D:\Anaconda3\python38.zip',
 'D:\Anaconda3\DLLs',
 'D:\Anaconda3\lib',
 'D:\Anaconda3',
 '',
 …
```

标准模块可以直接使用模块名进行导入，如果要将某个包含模块的目录加入搜索路径，就可以像使用标准模块一样，直接使用模块名进行导入，这个过程可以通过执行下面的语句完成。

```
In [9]: sys.path.append("D:\\WorkSpace\\MyProject")
或者：
In [9]: sys.path.append(r"D:\WorkSpace\MyProject")
```

第一种写法是路径字符串中包含反斜杠，“\”是 Windows 系统的路径分隔符，UNIX、Linux、macOS 的路径分隔符是“/”。但是在字符串中，反斜杠代表转义字符，所以需要再加一个反斜杠来输出一个反斜杠，UNIX、Linux、macOS 的路径就不需要这样。

第二种写法是在字符串前面加一个“r”，使得字符串中反斜杠没有转义的含义。

不过，现在 Python 对路径字符串的反斜杠已经能自动识别，可以直接写成如下形式：

```
sys.path.append("D:\WorkSpace\MyProject")
```

我们建议使用上述第二种写法。

6.2.2　模块的加载

Python 的程序是由 Python 解释器解释执行的。程序执行的过程是先由编译器将其翻译成字节码，然后在虚拟机上运行，如果程序引用了其他模块，在运行的时候会加载该模块，如果模块是第一次被调用，就会先被编译成字节码，如图 6.1 所示。

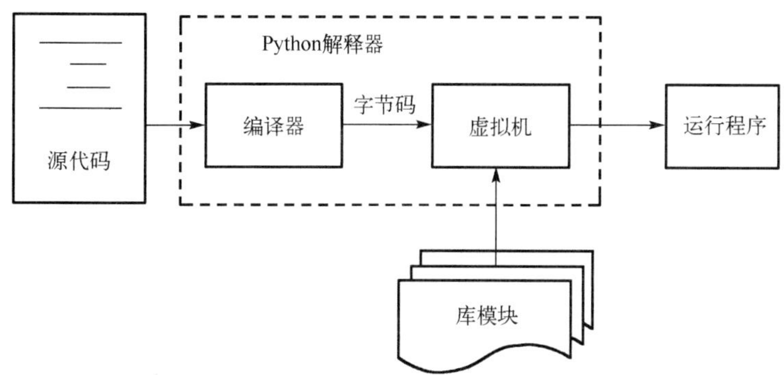

图 6.1　模块的加载和调用

查看 Anaconda 的库模块目录 Lib 就会看到根目录和子目录中都有“__pycache__”目录(见下面代码)，且该目录里面有很多扩展名为“.pyc”的文件，这些文件就是对应模块被编译成的字节码。

```

D:\ANACONDA3\LIB
├─asyncio
│  └─_pycache_
├─collections
│  └─_pycache_
...
├─distutils
│  ├─command
│  │  └─_pycache_
│  ├─tests
│  │  └─_pycache_
```

```
│   └─_pycache_
├─email
│   ├─mime
│   │   └─_pycache_
│   └─_pycache_
…
│
└─_pycache_
        abc.cpython-38.pyc
        aifc.cpython-38.pyc
        antigravity.cpython-38.pyc
        …
```

6.3 名称空间和名称作用域

上文介绍了导入模块的方法：使用 import 语句将模块导入名称空间。那什么是名称空间？还有哪些名称空间？

名称空间就是一堆名称的集合，变量、函数、类、模块都有名称(Name)，将这些名称集合在一起的空间就叫名称空间。

Python 有三种类型的名称空间。

(1)内置名称空间(Built-in Namespace)。

(2)全局名称空间(Global Namespace)。

(3)局部名称空间(Local Namespace)。

三种类型的名称空间的生命周期如下。

(1)Python 解释器从启动到关闭，内置名称空间一直存在。

(2)从模块加载到 Python 解释器关闭，全局名称空间一直存在。

(3)局部名称空间和函数的生命周期相同。

如果 import 语句是在函数外执行的，那么引入的模块名在全局名称空间内；如果 import 语句是在函数内执行的，那么引入的模块名在局部名称空间内。这个规则对变量、函数、类的定义同样有效。定义在函数外的变量是全局变量，定义在函数内的变量是局部变量。

当程序语句中使用一个名称时，如 x_name，Python 解释器以如下次序对其进行查找。

(1)查找局部名称空间有没有定义 x_name。

(2)如果没有，查找全局名称空间有没有定义 x_name。

(3)如果没有，查找内置名称空间有没有定义 x_name。

(4)如果没有，抛出异常：NameError: name 'x_name ' is not defined。

所以名称空间从可访问性上构成了图 6.2 所示的包含关系，内层空间可以访问外层空间的名称，反之则不可以。

图 6.2 名称空间的可访问性

名称的可访问性构成了名称的作用域(Scope)，定义在局部名称空间的名称，只在函数内可以访问。模块中(文件中)定义的变量、函数或类名称在模块内可以访问。所有代码均可访问内置名称空间的名称。

代码 6.1 展示了不同名称空间中的内容及局部名称空间的生命周期。

代码 6.1　ch06/name_space.py

```
 1 # -*- coding: utf-8 -*-
 2
 3 def enclosing_function():
 4     c = 3
 5     def nested_function():
 6         d = 5
 7         print('嵌套函数内的名称集->', dir())
 8     nested_function()
 9     print('包围函数的名称集->', dir())
10
11
12 a,b = 1,2
13 import builtins
14 print( 'builtin 的名称集->', dir(builtins),'\n')
15 print( 'Global 的名称集->', dir(),'\n')
16 enclosing_function ()
17 print( 'Global 的名称集->', dir())
```

代码 6.1 的执行结果如下。

```
builtin 的名称集-> ['ArithmeticError', ..., 'UnicodeError',
 'UnicodeTranslateError', 'UnicodeWarning', ..., '__build_class__',
 '__debug__', '__doc__', '__import__', '__loader__','__name__', ...,
 'type', 'vars', 'zip']

Global 的名称集-> ['__builtins__', '__file__', '__name__', '__nonzero__',
 'a', 'b', 'builtins', 'enclosing_function']

嵌套函数内的名称集-> ['d']
包围函数的名称集-> ['c', 'nested_function']
Global 的名称集-> ['__builtins__', '__file__', '__name__', '__nonzero__',
 'a', 'b', 'builtins', 'enclosing_function']
```

代码 6.1 的第 13、14 行是为了输出内置名称空间中的名称。如果没有第 13 行，而将第 14 行改为：print('builtin 的名称集->', dir(__builtins__), '\n')，输出的就是内置名称空间的子集。但在 IPython 的交互式命令窗口中，执行 dir(__builtins__)可以输出内置名称空间中的名称。所以在模块内(在程序文件中)，__builtins__并不包括全部内置名称空间中的名称，这就是要引入 builtins 模块的原因。

代码 6.1 都放在一个文件内，也可以认为在一个模块内，所以这些代码的当前环境是全局名称空间。代码第 15 行输出了当前的全局名称空间中的名称，如第 12 行代码定义的 a、b，第 3 行代码定义的 enclosing_function 函数名，第 13 行引入的 builtins 名称。

代码第 16 行调用 enclosing_function 函数，接着代码第 8 行调用 nested_function()，然后代码第 7 行输出 nested_function 函数内部的名称“d”。

从代码第 9 行可以看到，enclosing_function 函数中的名称集包含了变量名“c”和函数名“nested_function”。

代码第 17 行，enclosing_function 函数运行结束，输出全局名称空间中的名称。

6.4 自定义模块

模块和包是程序项目的文件组织形式，如果用户将一些函数、类放在一个文件中，其实就自定义了一个模块。

将代码 6.2 放在 my_module.py 这个文件中，就构建了一个名为 my_module 的模块。

代码 6.2 ch06/my_module.py

```
# -*- coding: utf-8 -*-

# Python 模块实例
def add(a, b):
    """求和"""
    return a + b


if __name__ == "__main__":
    print(add(5,6))
```

如果想要使用这个模块，可以在与 my_module.py 文件相同的目录中新建 test_module.py 文件，用 import 语句引入 my_module 模块，就可以使用里面的函数了，如代码 6.3 所示。

代码 6.3 ch06/test_module.py

```
# -*- coding: utf-8 -*-

import my_module

print(my_module.add(5,6))
```

模块中为什么有 if __name__ == " __main__"?

Python 程序文件有如下两种作用。

(1) 作为程序，可以直接执行。

(2) 作为模块，被其他 Python 文件引用(import)。

当 Python 程序文件作为程序执行时，不管该文件的文件名是什么，它的模块名都变成了“__main__”，所以__name__属性的值就是“__main__”。

当 Python 程序文件作为模块被其他 Python 文件引用时，该文件的模块名就是文件名（__name__属性的值就是文件名 my_module）。

主函数是整个程序的入口，一个程序的基本执行序列是由主函数规定的。前面说到，Python 没有显式的主函数(main 函数)，但是有隐式的主函数，利用该特征，可以判断哪段程序属于主函数。当一个 Python 程序文件作为程序被执行时，这个文件中的代码(排除函数、类定义代码)就处于隐式的主函数中。

代码 6.2 第 9 行的作用是判定程序是否以主函数规定的方式运行。如果把代码 6.2 的第 9 行注释掉，并将第 10 行的缩进删除，那么运行的结果就会有两个 11，见以下代码。也就是说在代码 6.2 中，本不应该被执行的第 10 行代码反而被执行了。

```
 9 # if __name__ == "__main__":
10 print(add(5,6))
```

```
11
11
```

所以在编写模块程序的单元测试代码时，应当让测试代码作为 if __name__== "__main__:"为真时执行的语句块，而且这些语句不需要在交付时删除，因为在这个文件作为模块被引用时，这些测试程序是不会运行的。

6.5　包

Python 中的包是存放模块文件的分层文件目录，用于对多个模块的分类，可以避免模块的名称冲突，因为同一目录下的两个文件的文件名是不能一样的。

xml 是一个包，内部还有多层、多个包和模块，xml 的目录结构如下。

```
\xml
│  __init__.py
├─dom
│  │  domreg.py
│  │  expatbuilder.py
│  │  minicompat.py
│  │  minidom.py
│  │  NodeFilter.py
│  │  pulldom.py
│  │  xmlbuilder.py
│  │  __init__.py
│  └─__pycache__
├─etree
│  │  cElementTree.py
│  │  ElementInclude.py
│  │  ElementPath.py
│  │  ElementTree.py
```

```
│  │  __init__.py
│  └─__pycache__
├─parsers
│  │  expat.py
│  │  __init__.py
│  └─__pycache__
├─sax
│  │  expatreader.py
│  │  handler.py
│  │  saxutils.py
│  │  xmlreader.py
│  │  _exceptions.py
│  │  __init__.py
│  └─__pycache__
└─__pycache__
```

如果想要使用 ElementTree 模块的 ElementTree 函数，就可以采用如下方法。

(1) 把整个路径写出来：tree=xml.etree.ElementTree.ElementTree(file="book.xml")。

(2) 引入模块，再用名称调用：

```
from xml.etree import ElementTree as ET
tree=ET.ElementTree(file='book.xml')
```

可以看出，目录的层次关系映射成“包”的包含关系，包含关系用“.”表示，xml.etree 表示 xml 包含了 etree。写在 from 子句中的目录层次是包，如果模块在搜索路径中，也可以直接写模块(不包含包)。写在 import 子句中的大多是模块、包，如果 from 子句中是模块，那么 import 子句中也可能是类、函数、变量。

在 Python 中，包对应目录，而且可以是多层目录。观察 xml 的目录结构，会发现每一层目录都有一个“__init__.py”文件，这个文件的作用就是将某个目录定义为包，如果引入这个包(目录名)，就会执行该文件。打开该文件，可以看到这行代码：__all__= ["dom", "parsers", "sax", "etree"]。

也就是说，如果引入包的全部成员：from xml import *，那么就会引入"dom" "parsers" "sax" "etree" 这些包。所以以如下方式执行代码也是可以的，和前面相比少了 xml。

```
In [11]: from xml import *
    ...: tree=etree.ElementTree.ElementTree(file="book.xml")
```

“__init__.py”这个文件中可以没有任何内容，仅仅表示这个目录是个包。也可以在里面引入一系列的模块，这样在引入这个包时，“__init__.py”中引入的模块也会同时被引入。

现在通过一个例子来说明如何使用包和模块。这个例子将用 ElementTree 模块解析一个 xml 文件。该 xml 文件可以通过网址https://docs.microsoft.com/en-us/previous-ve rsions/windows/desktop/ms762258(v=vs.85)找到，并且该文件已保存为附送源代码中第 6 章的 book.xml 文件。

可以把 xml 的标签，如<x:books>、</x:books>、<book>、</book>等看成括号。这些标签会把文档的内容组织成树形结构，其中 books 是根，book 是 books 的后代，多个 book 之间构成兄弟关系，author、title 是 book 的后代，如以下代码所示。

```
<?xml version="1.0"?>
<x:books xmlns:x="urn:books">
  <book id="bk001">
     <author>Hightower, Kim</author>
     <title>The First Book</title>
     <genre>Fiction</genre>
     <price>44.95</price>
     <pub_date>2000-10-01</pub_date>
     <review>An amazing story of nothing.</review>
  </book>
…
</x:books>
```

代码 6.4 就是用包管理模块的引入方法。

代码 6.4 ch06/package_module.py

```
# -*- coding: utf-8 -*-

import xml.etree.ElementTree as ET
# tree = ET.parse('book.xml')
tree=ET.ElementTree(file='book.xml')
root = tree.getroot()
for child in root:
   print(child.tag, child.attrib)
   for children in child:
      print(" ",children.tag,"->", children.text)
```

6.6 本章习题

1．下面哪个是错误的引入模块方法？（　　）

A．import module　　B．import module as m

C．from module import x　　D．import x from module

2．下面的哪种描述是不对的？（　　）

A．Python 只能引入 sys.path 目录中模块

B．一个 Python 程序文件就是一个模块

C．任何目录对应的是包，文件对应的是模块

D．作为包的目录中有__init__.py

3．引入模块或包会导致名称空间发生什么变化？不同层次的名称空间一旦创建就不能清除吗？

4．sum 是内置函数，名称 sum 在内置名称空间中，如果将新的对象绑定 sum 名称，现在是否还可以使用这个内置函数？如何才能重新恢复？

5．企业期初有现金余额 10 000 元，在经营过程中需要记录成本、收入，并计算各种税金，还要随时查询企业还有多少现金。创建一个企业经营计算的模块，将上面的工作都编写成函数，然后在另一程序文件中调用模块中的这些函数完成下面的操作，最后给出期末的现金余额。

(1) 成本开支：5000。

(2) 营业收入：7500。

(3) 计算增值税：营业收入的 6%。

(4) 计算所得税：利润的 20%。

第 7 章　数据类型和操作

本章要点

- Python 的数值类型和容器类型；
- 容器类型对象的创建方法；
- 序列类型的索引；
- 序列类型的操作；
- 浅拷贝和深拷贝；
- 可迭代和迭代器；
- 列表、字典、集合推导式；
- 生成器和生成器表达式；
- 拆包操作符。

学习目标

- 掌握容器类型对象的使用；
- 掌握可迭代对象和迭代器的使用。

7.1　Python 的数据类型

前面已经陆续涉及了一些数据类型，总的来说 Python 有两种数据类型：数值类型、容器类型。本章主要介绍容器类型，包括各种容器类型对象的创建、操作函数、元素遍历、可迭代对象的操作特点等。之所以称为容器类型是因为这种数据类型把一系列数据组织在一起，可以完成针对整个容器中数据的操作。

Python 的数值类型在第 3 章已有介绍，主要有如下四种。

(1) 整数(Int)：例如，6，5，4，3，2，1。

(2) 布尔型(Bool)：例如，True，False，0，1。

(3) 浮点型(Float)：例如，2.71828。

(4) 复数(Complex)：例如，6+3j。

需要注意的是，浮点数有最大值和最小值的限制，下面讨论的是正浮点数，负浮点数的最小值是下面的 max 的负数。

max=1.7976931348623157e+308。

min=2.2250738585072014e-308。

下面的代码展示了浮点数的最大值和最小值。

```
In [1]: import sys
   ...: sys.float_info
```

```
Out[1]: sys.float_info(max=1.7976931348623157e+308, max_exp=1024, max_10_exp=308, min=2.2250738585072014e-308, min_exp=-1021, min_10_exp=-307, dig=15, mant_dig=53, epsilon=2.220446049250313e-16, radix=2, rounds=1)

In [2]: sys.float_info.min
Out[2]: 2.2250738585072014e-308
```

但是整数是没有大小限制的，也就是说使用 Python 时不用考虑整数数值过大而超过最大字节限制的问题。最大整数的唯一限制是 Python 解释器能处理的存储空间地址数，它不但限制了可表达的最大整数，其实也限制了列表、字符串、字典和其他容器的最大元素个数。这个数值可以通过 sys.maxsize 获取，如在 64 位计算机系统上获得的值是 $2^{63}-1$。

容器类型包括序列类型和无序类型。

(1)序列类型(元素有次序)。

①可变序列(元素可以更改)。

- 列表(List)：例如，["you","I","he","she"]，[1, 2, 3, 4, 5]。
- 字节列表(Byte Arrays)：例如，bytearray([1,2,3])。

②不可变序列(元素不可以更改)。

- 字符串(String)：例如，"Hello My friend"。
- 元组(Tuple)：例如，('Python', 'Java', 1980, 2000)，("a", "b", "c", "d")。
- 字节对象(Bytes)。

(2)无序类型(元素无次序)。

①可变(元素可以更改)。

- 字典(Dictionary)：例如，'ob1':'computer'，'ob2':'mouse'，'ob3':'printer'。
- 集合(Set)：例如，1, 2, 3，"Hello"，(1, 2, 3)。

②不可变(元素不可以更改)。

- 冻结集合(Frozen Set)。

7.2 容器类型对象的创建

7.2.1 序列类型的创建

7.2.1.1 列表的创建

列表是可变序列，列表的字面量是用方括号“[]”括起来的，里面的元素用“,”分隔。创建列表可以通过字面量实现，也可以用 list 函数从其他序列转换过来，见如下代码。

```
# 列表 List 的创建

# 直接用字面量
a = ["I","you","he"]

# 用 list 函数转变创建 [1,2,3,4]
```

```
ln = list(range(1,5))

# 用 list 函数转变其他序列创建 ['H', 'e', 'l', 'l', 'o']
ls = list("Hello")
```

7.2.1.2　字节列表的创建

字节列表是可变序列。一个字节包含 8 个位(Bit)，字节(Byte)是可以用地址寻址的最小单位的存储空间，所以计算机系统存储空间大小的度量单位是字节。可以用 bytearray 函数转换的方式来创建字节对象，函数的参数可以是 range()产生的生成序列，整数的取值范围是[0, 255]，也可以是整数序列、字节对象、字符串，或者用指定字节列表的字节数(整数)的方式生成全 0 的字节列表。下面是示例代码。

```
1  In [5]: r = [1, 2, 3, 4, 255]
2      ...: ba1 = bytearray(r)
3      ...: ba1
4      ...:
5  Out[5]: bytearray(b'\x01\x02\x03\x04\xff')
6
7  In [7]: ba2 = bytearray(5)
8      ...: ba2
9  Out[7]: bytearray(b'\x00\x00\x00\x00\x00')
10
11 In [9]: strg = "hello"
12     ...: ba3= bytearray(strg, 'utf-8')
13     ...: ba3
14 Out[9]: bytearray(b'hello')
15
16 In [11]: [i for i in ba3]
17 Out[11]: [104, 101, 108, 108, 111]
```

为了理解字节列表中的内容，需要了解编码的含义。把现实世界的数值、字符转变成计算机中的特定二进制表达的映射称为编码。

正整数的编码比较容易理解，整数 0 映射成一个字节表示的二进制数是 0000 0000，整数 1 的二进制数是 0000 0001。二进制数也可以表示成十六进制数，如“\x01”就是整数 1，其实就是把 4 个 Bit 的二进制数缩写成一个十六进制数，其中 x 后面的第一个 0 表示 0000，第二个 1 表示 0001。一个字节有 8 个 Bit，所以能表示 256 个数，即如果从 0 开始计数，那么最大数就是 255。

所以，上述代码第 1 行定义了一个包含 5 个整数(1, 2, 3, 4, 255)的列表，列表绑定在名称 r 上。代码第 2 行把绑定在名称 r 上的列表用 bytearray 函数转换成字节列表，该字节列表绑定在名称 ba1 上。代码第 5 行输出字节列表 ba1 的内容，每一个十六进制数表示列表 r 中对应的整数转换后的结果。代码第 7 行给 bytearray 函数传递了参数 5，得到一个包含 5 个元素的字节列表 ba2，ba2 的每个元素都是 0。

在计算机发展的早期，采用的是 ASCII 编码(美国标准信息交换码，American Standard Code for Information Interchange)，利用了一个字节的 7 个 Bit，共有 128(2^7)个字符，其中有些字符是不可见的。ASCII 码表很容易从网上搜索到。

随着计算机的普及，母语不是英语的国家遇到了字符编码的问题。我国先后出现过 GB 2312、GB 18030 两种标准，其中 GB 18030 标准采用单字节、双字节和四字节三种方式对字符进行编码，其中双字节部分就是 GBK 编码的 21 003 个汉字，Windows 中文系统的 CP936(Code Page 936)编码非常接近 GBK。

由于世界上文字符号很多，所以国际标准化组织制定了 unicode 标准(ISO/IEC 10646)。unicode 标准的最新版本信息可以在网上查到。

unicode 的编码空间包含一百多万个字符，从 0x0 到 0x10FFFF。中日韩统一表意文字的码表，范围为[\u4E00,\u9FFF]。常用的编码实现方式有 utf-8(最少 1 字节，变长)、utf-16(最少 2 字节，变长)、utf-32(4 字节，固定)。

utf-8 是现在最常用的 unicode 编码方式。在早期计算机系统中，英语字符只需要 1 个字节就可以存储，如果为了国际化全面升级字符编码，变成 2 个、3 个字节，不但要改变原来的系统程序，而且需要更大的存储空间，成本是巨大的。utf-8 避免了这种问题，它是一种变长的编码方式，一个英语字符依然占一个字节的存储空间，也就是完全兼容 ASCII，其他语言的字符，则采用更多的字节。unicode 到 utf-8 的转换如表 7.1 所示。

表 7.1 unicode 到 utf-8 的转换

unicode 码表范围	对应的 utf-8 编码(X 是 Bit)
U+0000～U+007F	0XXXXXXX
U+0080～U+07FF	110XXXXX 10XXXXXX
U+0800～U+FFFF	1110XXXX 10XXXXXX 10XXXXXX
U+10000～U+10FFFF	11110XXX 10XXXXXX 10XXXXXX 10XXXXXX

表 7.1 的第 1 行，unicode 编码范围“U+0000～U+007F”其实就是 0～127，也就是 ASCII 码的字符范围，将其转换成 utf-8 编码，就是 7 个 Bit 前面加一个 0，和 ASCII 码一样。

表 7.1 的第 2 行，unicode 编码范围“U+0080～U+07FF”的字符就只需要两个字节了，将其转换成 utf-8 编码，第 1 个字节前面是 110，第 2 个字节前面是 10，其余 Bit 就是 unicode 编码直接移过来的。其他转换以此类推。

例如，可以查到“模”的 unicode 编码是“U+6A21”，在表 7.1 第 3 行的范围内，转换的过程如下。

(1)6A21 变成二进制：0110 1010 0010 0001。

(2)将二进制数套用到模板 1110XXXX 10XXXXXX 10XXXXXX 里，得到：1110 0110 1010 1000 1010 0001。

(3)结果变成十六进制：E6 A8 A1。

下面是代码的执行结果，和预想的完全一致。

```
In [13]: bytearray('模', 'utf-8')
Out[13]: bytearray(b'\xe6\xa8\xa1')
```

7.2.1.3 字符串的创建

字符串是不可变序列，这就意味着字符串对象一旦创建就不能改变里面的内容。如何改变字符串的内容？表面上看有办法(通过后面将要学到的一些函数)修改字符串的内容，但实际上改变字符串内容的办法是重新创建了一个新的字符串，绑定在原来的名称上，原来的字符串对象的内容是不能改变的。

字符串的字面量可以用单引号、双引号、两个单引号、两个双引号、三个单引号、三个双引号定义，如下列代码所示。如果字符串内部包含引号，那么可以用转义符“\'”，也可以在字符串两边用与包含的引号不同的引号表示，如下所示。

```
# 单引号，双引号，三个引号
str1='Hello my friend'
str2="Hello my friend"
str3='''Hello my friend'''
str3="""It's me.""" # 不需要在单引号前加反斜杠
```

7.2.1.4 元组的创建

元组和列表很像，但是元组是不可变序列，一旦创建就不能修改里面的内容。元组的字面量用圆括号“()”括起来，里面的元素用“,”分隔。创建元组可以直接用字面量，也可以用 tuple 函数从其他序列转换过来，如下列代码所示。

```
t1 = ('a', 'b','c', 'd')

# 得到 (1, 3, 5, 7, 9)
t2 = tuple(range(1, 10, 2))

# 得到 ('H', 'e', 'l', 'l', 'o')
t3 = tuple("Hello")
```

7.2.1.5 字节对象的创建

字节对象和字节列表很像，但是字节对象是不可变序列，一旦创建就不能修改里面的内容。可以用 bytes 函数将其他序列类型转换成字节对象，如下列代码所示。

```
In [15]: li = [1, 2, 3, 4, 255]
     ...: bs1 = bytes(li)
     ...: bs1
Out[15]: b'\x01\x02\x03\x04\xff'

In [17]: ba2 = bytes(5)
     ...: ba2
Out[17]: b'\x00\x00\x00\x00\x00'

In [19]: greetings = "hello"
     ...: ba3= bytes(greetings, 'utf-8')
     ...: ba3
```

```
Out[19]: b'hello'

```

7.2.2 无序类型的创建

7.2.2.1 字典的创建

字典是可变的无序类型。和序列类型不同，字典内部的元素没有次序和位置，字典对象创建以后可以改变里面的元素。字典的字面量用“{}”括起来，每个元素都是键值对(key-value)，元素之间用“,”分隔。

创建字典可以直接用字面量，也可以先创建一个空字典，然后再添加元素，如下列代码所示。

```
In [21]: # 用字面量
    ...: d = {'k1':'computer',
    ...:       'k2':'mouse',
    ...:       'k3':'printer'}
    ...: # 先创建空字典，再添加
    ...: d = {}
    ...: d ['k1']= 'computer'
    ...: d ['k2']= 'mouse'
```

还可以通过合并两个序列的方法来创建字典，合并的两个序列，一个作为 key，一个作为 value，如下列代码所示。zip 函数可以将两个序列的元素进行一一对应的构建，每个元素是元组的可迭代对象，dict 函数将 zip 对象转换成字典。

```
In [23]: s1=list("abcde")
In [25]: s2=list(range(5))
In [27]: x=dict(zip(s1,s2))
In [29]: x
Out[29]: {'a': 0, 'b': 1, 'c': 2, 'd': 3, 'e': 4}
```

7.2.2.2 集合的创建

集合也是可变的无序类型。集合的字面量用“{}”括起来，元素之间用“,”分隔。

创建集合可以直接用字面量，也可以用 set 函数将序列、非序列对象转为集合，还可以用 set 函数先创建一个空集，然后再添加元素(用集合操作函数)。如果源是字典，那么 set 函数转换后的结果中只有 key，如下列代码所示。

```
# 字面量
s1={1, 2, 3}

# set 函数转换
s2=set(['k',1,'m'])

# 空集
```

```
s3=set()

# 如果源是字典
d = {'k1':'computer',
     'k2':'mouse',
     'k3':'printer'}
# 集合中只会有 key：{'k1', 'k2', 'k3'}
s4=set(d)
```

7.2.2.3　冻结集合的创建

冻结集合是不可变的无序类型。可以用 frozenset 函数将其他序列、非序列类型转换成冻结集合。

```
# 得到 frozenset({1, 2, 3})
s1 = {1, 2, 3}
fs1=frozenset(s1)

# 得到 frozenset({1, 'k', 'm'})
fs2=frozenset(['k',1,'m'])
```

7.3　对序列类型对象的操作

7.3.1　序列类型对象元素的引用

序列类型对象的元素是有次序的，次序通过索引来表示。

一个序列类型对象，可以是字符串“abcdefgh”，或者列表['a','b','c','d','e','f ','g','h']，或者元组('a','b','c','d','e','f ','g','h')，或者字节列表和字节对象，这些序列类型对象的索引和元素之间的关系如表 7.2 所示。索引分为正索引和逆索引，正索引从头至尾，从 0 开始计数不断递增，逆索引从尾至头，从–1 开始计数不断递减。

表 7.2　序列类型对象的索引和元素之间的关系

元　素	'a'	'b'	'c'	'd'	'e'	'f '	'g'	'h'
正 索 引	0	1	2	3	4	5	6	7
逆 索 引	–8	–7	–6	–5	–4	–3	–2	–1

序列类型对象元素的引用是通过“[]”和索引值确定的。在下面的代码中，s1[3]就是字符串序列中第 3 个元素'd'。

```
In [31]: s1="abcdefgh"

In [33]: s1[3]
Out[33]: 'd'
```

对于多维数据的引用，Python 采用的是多级名称绑定的方法，如图 7.1 所示。

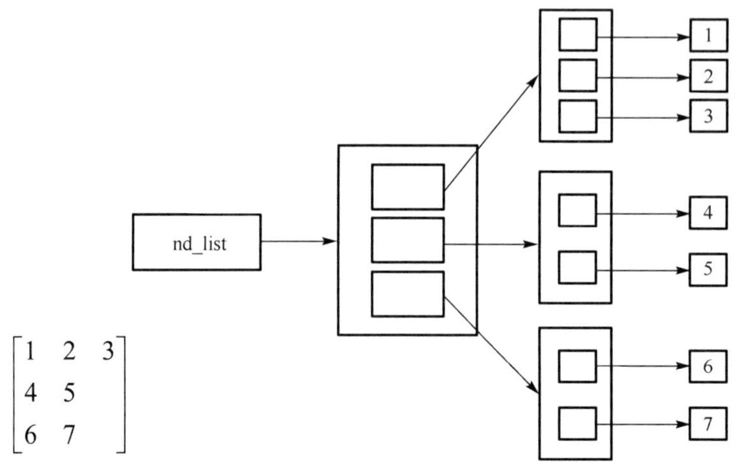

图 7.1　多维数据的名称绑定

在下列代码中，nd_list[1]表示的是第 1 行，得到列表[4,5]，nd_list[1][1]表示第 1 行的第 1 个成员，即表示的是 5。

```
In [35]: nd_list=[[1,2,3],[4,5],[6,7]]

In [37]: nd_list[1]
Out[37]: [4, 5]

In [39]: nd_list[1][1]
Out[39]: 5
```

7.3.2　序列类型对象的切片

所有的序列类型对象(列表、字节列表、元组、字符串、字节对象)都可以进行切片(Slice)操作，操作的方法完全一样，所以这里只给出了字符串的切片操作，如下列代码所示。

```
In [41]: alphabet="abcdefgh"
    ...: slice=alphabet[1:6:2]
    ...: slice
Out[41]: 'bdf'
```

字母表里有顺序排列的字符"abcdefgh"，切片运算“[1:6:2]”的三个数值分别表示［开始索引:结束索引:步长值］。

(1)开始索引：序列从左向右排列，第一个值的索引(下标）为 0，最后一个为–1。

(2)结束索引：切片操作结束的位置，不包含该索引的元素，前一个位置就结束。

(3)步长值：若步长值为 2，则表示进行隔一取一操作。若步长值为正，则表示从左向右取；若为负，则表示从右向左取。步长值不能为 0，可以不写，如“[1:6]”，不写时取默认值 1。

以下列代码来定义序列 alphabet。

```
alphabet = "abcdefgh"
```

表 7.3 展示了序列类型对象的各种切片操作，注意结束索引和切片结果。

表 7.3　序列类型对象的各种切片操作

例	代　码	解　释
1	slice1 = alphabet[1:5]	序列中下标 1 到下标 4 的元素，slice1 = 'bcde'
2	slice2 = alphabet[:5]	序列中下标 0 到下标 4 的元素，slice2 = 'abcde'
3	slice3 = alphabet[1:]	序列中下标 1 到最后一个元素，slice3 = 'bcdefgh'
4	slice4= alphabet[:]	序列中下标 0 到最后一个元素，slice4 = 'abcdefgh'
5	slice5 = alphabet[-2:]	序列中最后一个元素，slice5 = 'gh'
6	slice6 = alphabet[:-2]	序列中下标 0 到倒数第二个元素，slice6 = 'abcdef '
7	slice7 =alphabet[::-2]	倒数，步长值为 2，slice7= 'hfdb'

切片可以用于取数据和改数据，这个和引用很像。切片本身不会改变原序列数据，能改变原序列数据的操作是对切片赋值。在取数据和改数据的过程中需要注意下面的特点，避免操作错误。

(1) 如果是可变序列，那么可以通过引用或切片改变序列的部分内容，这时切片在赋值运算符的左侧，如下列代码所示。

```
In [43]: week = ['Monday', 'Tuesday', 'Wednesday', 'Thursday',
'Friday', 'Saturday', 'Sunday']
    ...: # 把 Monday 改成 Workday
    ...: week[0]='Workday'
In [45]: week
Out[45]: ['Workday', 'Tuesday', 'Wednesday', 'Thursday', 'Friday',
'Saturday', 'Sunday']
In [47]: # 如果是切片，那么可以同时改若干个
    ...: week[1:3]=['Workday','Workday']
In [49]: week
Out[49]: ['Workday', 'Workday', 'Workday', 'Thursday', 'Friday',
'Saturday', 'Sunday']
```

在对切片赋值时，元素个数可以不一样，这可能导致序列类型对象的元素个数发生变化，如下列代码所示。

```
In [51]: # 如果是切片赋值，那么赋值运算符左右的元素个数可以不一样
    ...: week[1:3]=['Workday','Workday','Workday']
In [53]: week
Out[53]:
['Workday','Workday','Workday','Workday','Thursday','Friday',
'Saturday','Sunday']
```

(2) 如果将切片的结果绑定到名称，也就是说切片在赋值运算符的右侧，就可以引用切片产生的拷贝。原序列的改变不会引起拷贝的变化。相关操作如下列代码所示。

```
In [55]: week = ['Monday', 'Tuesday', 'Wednesday', 'Thursday',
'Friday', 'Saturday', 'Sunday']
```

```
   ...: # 拷贝绑定到名称
   ...: day1=week[0]
   ...: # 改变  week[0] 的值，不会引起  day1 的值发生变化
   ...: week[0]='Workday'
   ...:
In [57]: week
Out[57]: ['Workday', 'Tuesday', 'Wednesday', 'Thursday', 'Friday',
'Saturday', 'Sunday']

In [59]: day1
Out[59]: 'Monday'
```

要注意：“day1=week[0]”，其中 day1 引用的是拷贝。但是序列的名称绑定，如“w=week”，不会产生拷贝，所以看上去修改其中一个会引起另一个的变化，其实它们绑定的是同一个序列，如下列代码所示。

```
In [61]: w=week
    ...: w[1]='Workday'

In [63]: week
Out[63]: ['Workday','Workday','Wednesday','Thursday','Friday',
'Satur day','Sunday']
```

(3) 不可变序列的切片不会产生拷贝，因为没有必要。字符串是不可变序列，下面的代码证实切片其实没有产生拷贝。

```
In [65]: s1="hello"
In [67]: s2=s1[:]

In [69]: id(s1)
Out[69]: 2185650585264

In [71]: id(s2)
Out[71]: 2185650585264
```

Python 多维数据的切片是链式的，也就是后面的切片“[]”是在前一个切片结果的基础上操作的，所以前面的多维数据不能产生下面这样的切片。

$$\begin{bmatrix} 1 & 2 \\ 4 & 5 \end{bmatrix}$$

如果企图以下面代码这样的方式做切片，结果是不能如愿的。

```
In [73]: nd_list[0:2][0:2]
Out[73]: [[1, 2, 3], [4, 5]]
```

上面的代码其实是在 nd_list[0:2]切片的结果上再做一次切片。如果一定要达成前面的结果，那么可以通过如下代码实现。

```
In [75]: [nd_list[0][0:2],nd_list[1][0:2]]
Out[75]: [[1, 2], [4, 5]]
```

7.3.3　适用序列的常见运算符

适用序列的常见运算符有如下四种。

(1) 切片：[]。

(2) 乘法：*。

(3) 加法：+。

(4) 成员：in 或 not in。

如下面的代码实例所示，乘法可以产生原序列元素重复 *n* 次的新序列，加法可以合并两个序列。in 或 not in 可以判断一个元素是不是在序列中。这些操作对原序列没有影响，如果要使用运算结果，就需要将其绑定到名称上。

```
In [77]: nl=[1,2,3]
    ...: nl*3
Out[77]: [1, 2, 3, 1, 2, 3, 1, 2, 3]

In [79]: 'Python'*2
Out[79]: 'PythonPython'


In [81]: nl+nl
Out[81]: [1, 2, 3, 1, 2, 3]

In [83]: 3 in nl
Out[83]: True
```

7.3.4　字符串的编码和解码

前面已经了解了编码和解码的含义，计算机系统中数据的最小存储单位是字节，所以编码就是把字符变成字节序列。这种变化有许多标准，Python3 默认支持 utf-8，但是也支持其他大约 100 种不同的编码标准。也就是说，Python 可以实现不同编码数据的读写、转换。

字符和 unicode 码表序号之间可以通过 chr()和 ord()函数相互转换，这个其实对 ASCII 码比较有用。相关操作如下列代码所示。

```
In [85]: print("a-z:%d-%d"%(ord('a'),ord('z')))
    ...: print("A-Z:%d-%d"%(ord('A'),ord('Z')))
a-z:97-122
A-Z:65-90

In [87]: chr(65)
Out[87]: 'A'
```

bytearray 函数和 bytes 函数都可以用指定的编码标准对字符串进行编码，如下列代码所示。

```
In [89]: bytes('汉', 'utf-8')
Out[89]: b'\xe6\xb1\x89'

In [91]: bytearray('汉', 'utf-8')
Out[91]: bytearray(b'\xe6\xb1\x89')
```

对于英语字符串，可以通过在字符串前加“b”前缀获得字节对象，如 b'hello' 可以获得字节对象。

编码和解码经常发生在需要进行转换的场景。例如，如果从文件读进来的数据是 GBK 编码的，或是 ASCII 编码的，那么需要将其转成 utf-8 编码的。若编码函数是 encode()，则操作对象是字符串；若解码的函数是 decode()，则操作对象是字节对象。编码和解码是对应的，用某种编码标准进行编码，就需要用这种编码标准进行解码，否则就会出错。相关操作如下列代码所示。

```
In [93]: '汉'.encode('utf-16')
Out[93]: b'\xff\xfeIl'

In [95]: b'\xff\xfeIl'.decode('utf-16')
Out[95]: '汉'

In [97]: '汉'.encode('utf-16').decode('utf-16')
Out[97]: '汉'

In [99]: '汉'.encode('gbk').decode('utf-8')
Traceback (most recent call last):

  File "<ipython-input-39-01332e201808>", line 1, in <module>
    '汉'.encode('gbk').decode('utf-8')

UnicodeDecodeError: 'utf-8' codec can't decode byte 0xba in position 0:
invalid start byte
```

7.3.5 字符串和数值的转换

字符串和数值的相互转换是比较常见的操作，如表 7.4 所示。

表 7.4 字符串和数值的相互转换

函　数	描　述	实　例
int([x]) int(x, base=10)	将 x 转换为一个整数	int('10') int('10',16) 16 表示十六进制
float(x)	将 x 转换为一个浮点数	float("3.14159") –> 3.14159
str(object)	将对象 object 转换为字符串	str(562) –> "562"

7.3.6 与序列类型对象相关的函数

Python 中的许多事物都被包装成对象。对象是数据和操作数据的函数的统一体。所以，想要了解和一个对象相关的函数很容易。任何一个序列对象都可以用 help 函数查到它的操作函数。

序列类型对象相关函数文档查询方法如表 7.5 所示。

表 7.5 序列类型对象相关函数文档查询方法

序 列 对 象	最 小 对 象	查询对象的方法(函数)
列表	[]	help([])
字节列表	bytearray()	help(bytearray())
字符串	"	help(")
元组	()	help(())
字节对象	b"	help(b")

例如，如果使用 help([])查询列表的函数，就可以看到列表的文档。文档说明了如何用 list 函数构造一个列表对象，但是其实在文档中并不能找到和类名相同的构造函数。和 Java 这些语言不同的是，Python 使用专用方法(Special Methods，就是前后都有双下画线的那些方法，有时又被称为魔法方法 Magic Methods)构造函数和类的名称。专用方法__new__和__init__共同完成了类似构造函数的功能，__new__在内存中创建了对象，__init__方法为该对象设置了一些属性值。这些专用方法的特点就是可以不用定义的函数名来使用这些方法，当然一定要用也是可以的。就像构造一个列表 list(range(5))，实际上使用的是列表的__new__函数和__init__函数。类似的情况还有很多，很多内置函数看上去很强大，原因就是它们调用了作为参数传过来的对象。例如，通过 len(alist)可以知道 alist 列表的元素个数，其实是调用了 alist 的__len__()函数。运算符+、–、*、/等都有对应的专用方法，如__add__、__sub__、__mul__、__truediv__等，在使用 x+y 时，实际上是使用 x.__add__(y)。相关操作如下列代码所示。

```
In [101]: help([])
Help on list object:

class list(object)
    # 构造一个列表的方法
 |  list(iterable=(), /)
 |
 |  Built-in mutable sequence.
…
 |  Methods defined here:
 |  # 前后有两个下画线的是专用方法(Special methods)
 |_add_(self, value, /)
 |     Return self+value.
 …
 |
 |_init_(self, /, *args, **kwargs)
```

```
17   |      Initialize self. See help(type(self)) for accurate signature.
18   |
19   |   # 下面这些方法可以操作列表对象
20   |   # 主要就是列表元素的增删查改、排序等
21   |   append(self, object, /)
22   |      Append object to the end of the list.
23   |
24   |   count(self, value, /)
25   |      Return number of occurrences of value.
26   ...
```

文档的 11 行之后的内容是方法(函数的定义)，包括专用方法和普通方法。如果只是为了处理列表的数据，那么只需查看普通方法。这些方法基本就是对列表数据的增删查改、排序、计数等。

7.3.6.1 列表常用函数示例

列表函数主要完成增、删、查、改、排序等工作。相关操作如下列代码所示。

```
In [103]: # 空列表
     ...: example_list=[]
     ...:
     ...: # 添加元素 1
     ...: example_list.append(1)
     ...:
     ...: # 把另一个列表合并到本列表
     ...: example_list.extend([2,3,4,5,6,7,8,9,10])
     ...: example_list
Out[103]: [1, 2, 3, 4, 5, 6, 7, 8, 9, 10]

In [105]: # 列表中的值为 5 的元素个数
     ...: example_list.count(5)
Out[105]: 1

In [107]: # 数值为 8 的索引值
     ...: example_list.index(8)
Out[107]: 7

In [109]: # 列表的长度
     ...: len(example_list)
Out[109]: 10

In [111]: # 删除索引为 5 的元素，若没有参数，则删除最后一个
     ...: example_list.pop(5)
Out[111]: 6

In [113]: # 删除值为 9 的元素
     ...: example_list.remove(9)
     ...: example_list
```

```
Out[113]: [1, 2, 3, 4, 5, 7, 8, 10]

In [115]: # 列表逆序，正序用 sort()
     ...: example_list.reverse()
     ...: example_list
Out[115]: [10, 8, 7, 5, 4, 3, 2, 1]
```

7.3.6.2　字符串常用函数示例

字符串是不可修改的序列，所有的修改其实是产生了新的副本。字符串函数主要完成查找、拆分、合并、大小写转换、判断字符串包含的字母还是数字等工作。相关操作如下列代码所示。

```
In [117]: # 新建一个字符串，两侧有空格
     ...: example_str=" #Simple is better than complex.# "
     ...:
     ...: # S.find(sub[, start[, end]]) -> int
     ...: # 查找子串的开始索引，可以设置查找的范围，start 是开始索引，end 是结束索引
     ...: example_str.find("complex",5)
Out[117]: 24

In [119]: # 找到子串的个数
     ...: example_str.count("e")
Out[119]: 4

In [121]: # 大小写转换 upper()、lower()、swapcase()
     ...: example_str.upper()
Out[121]: ' #SIMPLE IS BETTER THAN COMPLEX.# '

In [123]: # 删除两边的空格
     ...: stripped_str=example_str.strip()
     ...: # 删除两边的#号
     ...: stripped_str=stripped_str.strip('#')
     ...: stripped_str
Out[123]: 'Simple is better than complex.'

In [125]: # 将字符串用空格切分成一个列表，保存结果需要绑定到名称
     ...: result_list=stripped_str.split(' ')
     ...: result_list
Out[125]: ['Simple', 'is', 'better', 'than', 'complex.']

In [127]: # 将列表中的成员拼接成字符串，用逗号连接
     ...: new_str=','.join(result_list)
     ...: new_str
Out[127]: 'Simple,is,better,than,complex.'

In [129]: # 替换子串，max 表示次数，replace(old, new[, max])
     ...: new_str=stripped_str.replace('Simple','simple')
```

```
   ...: new_str
Out[129]: 'simple is better than complex.'
```

7.3.6.3 元组常用函数示例

元组是不可修改的序列，所有的修改其实是产生了新的副本。元组函数完成计数和定位工作。相关操作如下列代码所示。

```
In [131]: example_tuple=('White','Grey','Black','Bone','Rose','Yellow','Grey')
     ...:
     ...: # 计数
     ...: example_tuple.count('Grey')
Out[131]: 2

In [133]: # 定位
     ...: example_tuple.index('Bone')
Out[133]: 3
```

7.3.7 序列类型对象的循环遍历

序列类型对象可以用循环的方式遍历枚举。循环遍历的方法有以下三种。

(1)用 for each 语句循环。

(2)用索引引用。

(3)用 enumerate()函数获得序列的“索引-值”对的可迭代对象。

相关操作如下列代码所示。

```
In [135]: example_list = ['Mysql', 'Linux', 'Excel', 'Python']
     ...: # 方法 1
     ...: for i in example_list:
     ...:     print(" 索引: %d 值: %s" % (example_list.index(i) , i))
     ...:
索引: 0 值: Mysql
索引: 1 值: Linux
索引: 2 值: Excel
索引: 3 值: Python

In [137]: # 方法 2
     ...: for i in range(len(example_list)):
     ...:     print(" 索引: %d 值: %s" % (i, example_list[i]))
     ...:
索引: 0 值: Mysql
索引: 1 值: Linux
索引: 2 值: Excel
索引: 3 值: Python

In [139]: # 方法 3
     ...: for i, val in enumerate(example_list):
```

```
    ...:     print(" 索引: %d 值: %s" % (i, val))
    ...:
索引: 0 值: Mysql
索引: 1 值: Linux
索引: 2 值: Excel
索引: 3 值: Python

In [141]: # 改变索引计数的值
...: for i, val in enumerate(example_list , 1):
...:     print (" 索引: %d 值: %s" % (i, val))
...:
索引: 1 值: Mysql
索引: 2 值: Linux
索引: 3 值: Excel
索引: 4 值: Python
```

7.4　无序类型容器对象的操作

7.4.1　与无序类型容器相关的函数

与无序类型相关的函数包括字典相关函数和集合相关函数。

7.4.1.1　字典相关函数示例

字典是可变对象，即字典中的成员是可以修改的。字典相关函数主要完成字典的增、删、查、改。相关操作如下列代码所示。

```
In [143]: # 新建字典
     ...: s1=[18,168,'F']
     ...: s2=[19,178,'M']
     ...: s3=[18,170,'M']
     ...: s4=[18,175,'M']
     ...: students={}
     ...: students['张三']=s1
     ...: students['李四']=s2
     ...: students['王五']=s3
     ...: students['赵六']=s4

In [145]: # 另一字典
     ...: students_1={}
     ...: students_1['张三']=[19,175,'M']

In [147]: # 查找
     ...: students['李四']
Out[147]: [19, 178, 'M']

```

```
In [149]: # 用 get 函数查找
     ...: students.get('王五')
Out[149]: [18, 170, 'M']

In [151]: # 删除某 key 对应的成员，若没有该 key，则抛异常
     ...: students.pop('李四')
     ...: students
Out[151]: {'张三': [18, 168, 'F'], '王五': [18, 170, 'M'], '赵六': [18, 175, 'M']}

In [153]: # 后进先出 LIFO 方式删除成员，若已空，则抛异常
     ...: students.popitem()
     ...: students
Out[153]: {'张三': [18, 168, 'F'], '王五': [18, 170, 'M']}

In [155]: # 更新字典，张三的数据修改了
     ...: students.update(students_1)
     ...: students
Out[155]: {'张三': [19, 175, 'M'], '王五': [18, 170, 'M']}

In [157]: # 更新字典，添加元素，注意关键字没有引号
     ...: students.update(钱二=[18,175,'M'])
     ...: students
Out[157]: {'张三': [19, 175, 'M'], '王五': [18, 170, 'M'], '钱二': [18, 175, 'M']}

In [159]: # 复制，修改副本不会影响原字典
     ...: new_students=students.copy()
     ...: new_students
Out[159]: {'张三': [19, 175, 'M'], '王五': [18, 170, 'M'], '钱二': [18, 175, 'M']}
```

7.4.1.2 集合相关函数示例

集合是可变对象，集合中的成员是可以修改的。集合相关函数主要完成增删改、并集、交集、差集、判断子集和超集的运算。相关操作如下列代码所示。

```
In [161]: # 集合
     ...: set_1={1,2,3,4,5,6}
     ...: set_2={5,6,7,8,9,10}

In [163]: # 是否子集
     ...: set_1.issubset(set_2)
Out[163]: False

In [165]: # 添加一个元素
     ...: set_1.add(7)
     ...: set_1
Out[165]: {1, 2, 3, 4, 5, 6, 7}
```

```
In [167]: # 删除成员，如果没有这个成员，什么都不做
     ...: set_1.discard(7)

In [169]: set_1
Out[169]: {1, 2, 3, 4, 5, 6}

In [171]: # 删除成员，若没有这个成员，则抛异常
     ...: set_1.remove(7)
Traceback (most recent call last):

  File "<ipython-input-71-abcbf1509f5b>", line 2, in <module>
    set_1.remove(7)

KeyError: 7

In [173]: # 并集，不改变原集合，或者 s1 | s2
     ...: set_1.union(set_2)
Out[173]: {1, 2, 3, 4, 5, 6, 7, 8, 9, 10}

In [175]: set_1
Out[175]: {1, 2, 3, 4, 5, 6}

In [177]: set_1 | set_2
Out[177]: {1, 2, 3, 4, 5, 6, 7, 8, 9, 10}

In [179]: # 交集 s1.intersection(s2)，或者 s1 & s2
     ...: set_1 & set_2
Out[179]: {5, 6}

In [181]: # 差集 s1.difference(s2)，或者 s1 - s2
     ...: set_2 - set_1
Out[181]: {7, 8, 9, 10}

In [183]: # 对等差分，s1.symmetric_difference(s2)，或者 s1 ^ s2
     ...: set_1 ^ set_2
Out[183]: {1, 2, 3, 4, 7, 8, 9, 10}

In [185]: # 把本集合改为交集
     ...: set_1.intersection_update(set_2)
     ...: set_1
Out[185]: {5, 6}

In [187]: # 将另一集合并入
     ...: set_1.update(set_2)
     ...: set_1
Out[187]: {5, 6, 7, 8, 9, 10}
```

```
In [189]: # 获得一个集合的浅拷贝
     ...: new_set=set_1.copy()
     ...: new_set
Out[189]: {5, 6, 7, 8, 9, 10}

```

7.4.2 无序类型对象的循环遍历

字典和集合这两种无序类型对象的循环遍历都可以采用 for each 语句循环。字典的循环通过 key 来枚举。相关操作如下列代码所示。

```
In [191]: # 字典的循环遍历
     ...: d = {'x':1, 'y':2, 'z':3}
     ...: for key in d:
     ...:     print(key, '->', d[key])
     ...:
x -> 1
y -> 2
z -> 3

In [193]: # 集合的循环遍历
     ...: months = set(['Jan','Feb','Mar','Apr','May','Jun','Jul',
'Aug','Sept','Oct','Nov','Dec'])
     ...:
     ...: for m in months:
     ...: print(m,end=' ')
Feb Jun Nov Sept Mar Oct Jul Aug Dec Jan May Apr
```

7.5 浅拷贝和深拷贝

容器类型对象的切片或者 copy 函数产生的是浅拷贝(Shallow Copy)。如果想要用深拷贝(Deep Copy)，就需要使用 copy 模块的 deepcopy 函数。深拷贝和浅拷贝的区别是什么？先来看如下代码示例。

```
In [195]: l1=[[1,2,3],[4,5],[6,7]]

In [197]: # 深拷贝的 l2
     ...: import copy
     ...: l2=copy.deepcopy(l1)

In [199]: # 浅拷贝的 l3
     ...: l3=l1[:]

In [201]: # 改变 l3 的内容
     ...: l3[0][1]=4
```

```

In [203]: l3
Out[203]: [[1, 4, 3], [4, 5], [6, 7]]

In [205]: l2
Out[205]: [[1, 2, 3], [4, 5], [6, 7]]

In [207]: l1
Out[207]: [[1, 4, 3], [4, 5], [6, 7]]
```

列表 l1 产生了两个拷贝，l2 是通过 copy 模块的 deepcopy 函数建立的深拷贝，l3 是通过切片产生的浅拷贝。从代码可以知道，如果改变浅拷贝 l3 的内容，会引起原列表 l1 的变化，但是不会引起深拷贝 l2 的变化。

是不是浅拷贝一定会产生修改的联动呢？其实也不一定，下面的例子就不会产生修改的联动，即修改 l5 没有引起 l4 的变化。

```
In [209]: l4=[1,2,3,4]

In [211]: l5=l4[:]

In [213]: l5[2]=10

In [215]: l4
Out[215]: [1, 2, 3, 4]

In [217]: l5
Out[217]: [1, 2, 10, 4]
```

所以如果容器对象中的数据是简单数据，那么深拷贝和浅拷贝是一样的，但是如果容器中的成员还是容器，那么浅拷贝只是为最外层的容器建立了拷贝，内层的容器还是原来的，但是深拷贝就是对整个容器进行了递归复制。如图 7.2 所示，图中的列表其实也是名称绑定的方式，这里做了简化。

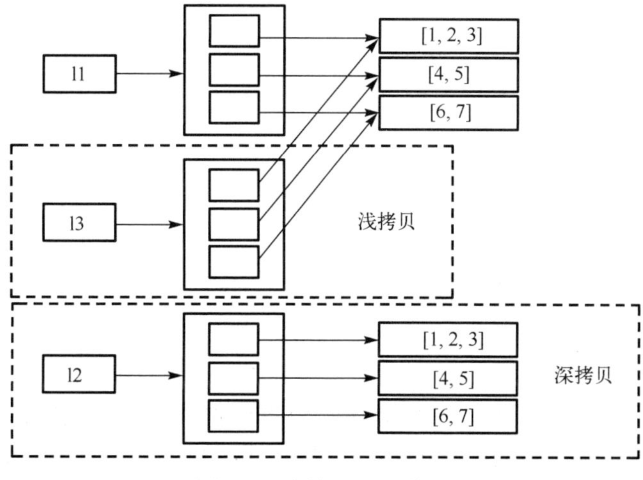

图 7.2　浅拷贝和深拷贝

浅拷贝和深拷贝的问题是由名称的多级绑定引起的，只会在可变容器类型中出现，如列表、字典、集合等。因为如果不改变元素的值，其实深拷贝、浅拷贝、不拷贝行为方式是一样的。元组和字符串的切片不会产生拷贝。

浅拷贝是默认的拷贝类型，产生浅拷贝的方法有很多。

(1) 切片操作，如 arr2=arr1[:]。

(2) 利用可变容器类型的函数，如 list(another_list)、dict(another_dict)等。

(3) 可变容器类型本身的 copy()函数，列表、字典和集合有 copy()函数，如 arr.copy()。

(4) 使用 copy 模块中的 copy()函数，如 import copy; copy.copy(arr)。

7.6 可迭代和迭代器

7.6.1 什么是可迭代和迭代器

所有的容器类型对象(列表、元组、字符串、字典、集合等)，包括后面将要学到的文件都是可迭代(Iterable)对象。可迭代就是可以枚举容器的每个元素，这就是使用 for each 语句可以实现循环的原因，如代码 7.1 所示。

代码 7.1 ch07/container_foreach.py

```
# -*- coding: utf-8 -*-

# 列表
for i in [1, 2, 3, 4, 5]:
  print(i, end='\t'),

print()
# 字符串
for c in "Python":
  print(c, end='\t')

print()
# 字典
d={"a": 1, "b": 2}
for key in d:
  print(key,d[key])

# 文件
for line in open("phone_book.csv"):
  print(line,end='')
```

这样的循环之所以可以实现，是因为这些对象中都有__iter__()函数，可以获得迭代器(Iterator)。而迭代器中有__next__()方法，可以枚举容器中的每个元素，如代码 7.2 所示。

代码 7.2　ch07/iterator_next_method.py

```
1 # -*- coding: utf-8 -*-
2
3 # 从一个 Iterable 对象获得 iterator 对象，然后用 next() 枚举成员
4 a_iterator=iter([1,2,3])
5 # 通过 next() 函数枚举
6 print(next(a_iterator))
7 print(next(a_iterator))
8 # next() 函数等同于 obj.__next__()
9 print(a_iterator.__next__())
10 # 元素枚举完了再执行__next__() 会抛出异常 StopIteration
11 print(next(a_iterator))
```

代码 7.2 的第 11 行之前已经执行了 3 次 next 函数，所以这一行的执行会抛出 StopIteration 异常，具体如下。

```
1
2
3
Traceback (most recent call last):

  File "D:\PythonBookTex\src\ch07\iterator_next_method.py", line 11, in <module>
    next(a_iterator)

StopIteration
```

一个对象如果既有__iter__()函数又有__next__()函数，那么这个对象就是迭代器，如果只有__iter__()函数，那么它就是可迭代对象。从代码 7.3 可以知道，前面的容器类型对象都是可迭代的，但都不是迭代器，因为它们都没有__next__()函数。

代码 7.3　ch07/iterator_or_iterable.py

```
# -*- coding: utf-8 -*-

from collections.abc import Iterable, Iterator

container_list=[[1,2],(1,2),"Python",{1,2},{'a':1,'b':2}]

for dt in container_list:
   print(type(dt),"is Iterable ->",isinstance(dt, Iterable))

print()
for dt in container_list:
   print(type(dt)," is Iterator ->",isinstance(dt, Iterator))

print()
```

```
for dt in container_list:
    print (type(dt)," has method __iter__ ->",hasattr(dt, "__iter__"))

print()
for dt in container_list:
    print (type(dt)," has method __next__ ->",hasattr(dt, "__next__"))
```

执行的结果如下，列表、元组、字符串、字典、集合都不是迭代器，都没有__next__()函数。

```
<class 'list'> is Iterable -> True
<class 'tuple'> is Iterable -> True
<class 'str'> is Iterable -> True
<class 'set'> is Iterable -> True
<class 'dict'> is Iterable -> True

<class 'list'> is Iterator -> False
<class 'tuple'>is Iterator -> False
<class 'str'>  is Iterator -> False
<class 'set'>  is Iterator -> False
<class 'dict'> is Iterator -> False

<class 'list'> has method _iter_-> True
<class 'tuple'>has method _iter_-> True
<class 'str'>  has method _iter_-> True
<class 'set'>  has method _iter_-> True
<class 'dict'> has method _iter_-> True

<class 'list'> has method _next_-> False
<class 'tuple'>has method _next_-> False
<class 'str'>  has method _next_-> False
<class 'set'>  has method _next_-> False
<class 'dict'> has method _next_-> False
```

7.6.2 推导式

如果要生成一个包含 100 以内所有奇数的列表，那么可以用代码 7.4 所示的方法。

代码 7.4 ch07/odds_list.py

```
# -*- coding: utf-8 -*-

# 如果要生成一个包含 100 以内所有奇数的列表
odds = []
for i in range(101):
    if i%2!=0:
        odds.append(i)
```

但是 Python 有更简单的方法，即列表推导式(List Comprehensions)。从下面的代码可以看到，它就是把代码 7.4 的循环摊平了，把需要加到空列表中的值 i 放到表达式的最前面，然后在外面加上表示列表的方括号“[]”。

```
odds =[i for i in range(101) if i%2!=0]
```

列表推导式是一个 Iterable 对象，而不是 Iterator，但用户不用自己实现__iter__()方法。相关操作如下列代码所示。

```
In [219]: from collections.abc import Iterable, Iterator
     ...: odds =[i for i in range(101) if i%2!=0]

In [221]: isinstance(odds,Iterable)
Out[221]: True

In [223]: isinstance(odds,Iterator)
Out[223]: False
```

用以下方法也可以实现字典的推导式。

```
In [225]: from math import sin,pi
     ...: # 把角度[0,90]和对应的 sin 函数的值组成字典,参数是弧度
     ...: x_sins={x:sin(x*pi/180) for x in range(91)}

In [227]: isinstance(x_sins,Iterable)
Out[227]: True

In [229]: isinstance(x_sins,Iterator)
Out[229]: False
```

用以下方法也可以实现集合推导式。

```
In [231]: even_set = { 2*x for x in range(1,101)}

In [233]: isinstance(even_set,Iterable)
Out[233]: True

In [235]: isinstance(even_set,Iterator)
Out[235]: False
```

7.6.3 生成器表达式

推导式可以不用写循环构建列表和字典。但是列表、元组、字符串、字典等数据类型的对象会占用内存空间。当一个容器对象的数据量很大时，自然占用的空间也很大，但程序每次运算只能处理一条数据，所以并不需要在内存中一直维持庞大的数据量。

如果能够实现只有使用的时候才实际产生数据(Lazy Evaluation)，而且每次只产生一个数据，那么可以节省大量空间。生成器表达式(Generator Expressions)就是这样的对象，它是迭代器，所有的迭代器既有__iter__()函数又有__next__()函数，所以同时也是可迭代对象。

生成器表达式的构建非常简单，就是将列表推导式的方括号变成圆括号。

```
In [237]: # 把列表推导式的方括号改成圆括号就得到生成器，生成器是迭代器
     ...: odds =(i for i in range(101) if i%2!=0)

In [239]: from collections.abc import Iterable,Iterator
     ...: isinstance(odds,Iterator)
Out[239]: True

In [241]: isinstance(odds,Iterable)
Out[241]: True
```

字典的推导式不能直接转成生成器表达式，但是可以把每个键值对(Key:Value)转成元组的形式(Key,Value)。

```
#((Key,Value),(Key,Value)...)
x_sins=((x,sin(x*pi/180)) for x in range(91))
```

7.6.4 生成器

生成器表达式用最简单的方式实现了 Iterator。函数也可以变成一个 Iterator，需要做的是把 return 语句变成 yield 语句，每次执行到 yield 语句时，会返回 yield 语句中表达式的值，但此时函数只是在这行代码结束处暂停，并没有结束执行，当下次继续执行时，会从上次 yield 语句后暂停的位置继续执行。代码 7.5 中的函数是一个生成器。

代码 7.5 ch07/my_range.py

```
 1 # -*- coding: utf-8 -*-
 2
 3 def my_range():
 4     """生成函数的 yield 语句有点像 return 语句，但是会保持上次 yield 语句后的
       状态."""
 5     n = 1
 6     yield n
 7
 8     n += 1
 9     yield n
10
11     n += 1
12     yield n
13
14
15  # 枚举
16  for i in my_range():
17     print(i)
```

代码 7.5 的第 6、9、12 行有三条 yield 语句，函数的每次调用只会顺序执行一条 yield 语句。每次执行 yield 语句前，n 的值会发生变化，这个 n 的值不会因为函数结束而清除。所以，代码执行的结果是输出“1 2 3”。

把函数变成生成器，同样不用手工实现__iter__()和__next__()方法，但是并不表明这个对象没有这两个函数。相关验证操作如下列代码所示。

```
In [243]: from collections.abc import Iterable,Iterator
     ...: isinstance(my_range(),Iterable)
Out[243]: True

In [245]: isinstance(my_range(),Iterator)
Out[245]: True
```

如果要把函数变成可以生成无限数据的生成器，只需要将 yield 语句放在死循环中。代码 7.6 的执行不会停止，如果要强行终止执行，就按快捷键 Ctrl+C。

代码 7.6　ch07/infinite_range.py

```
# -*- coding: utf-8 -*-

def infinite_range():
    n = 1
    # 可以生成无限的元素
    while True:
        yield n
        n+=1

# 枚举
for i in infinite_range():
    print(i)
```

7.7　拆包操作符

函数的参数有可变参数“function(*arguments)”和可变关键字参数“function(**kw_arguments)”，参数中的“*”和“**”是拆包操作符(Unpacking Operator)。其中，“*”是可迭代对象的拆包操作符，“**”是字典拆包操作符。

除了把输入的不定数目的实际参数打包成可迭代对象和字典，还可以在下面的场合使用拆包操作符。

(1) 批量赋值，如下列代码所示。

```
In [247]: a, *b, c = range(5)

In [249]: a
Out[249]: 0

In [251]: b
Out[251]: [1, 2, 3]

```

```
In [253]: c
Out[253]: 4
```

如果是多维数据，那么遍历的时候不要第一列，如下列代码所示。

```
In [255]: data_list=[[1,2,3],[4,5,6],[7,8,9]]
       ...:for a,*b in data_list:
       ...:    print(b)
       ...:
[2, 3]
[5, 6]
[8, 9]
```

(2)扩充原来的容器，如下列代码所示。

```
In [257]: [*range(2),100,200]
Out[257]: [0, 1, 100, 200]
```

(3)更新原来的容器，集合会去重，字典会更新关键字的值，如下列代码所示。

```
In [259]: {*{5,6,7},7,8,9}
Out[259]: {5, 6, 7, 8, 9}

In [261]: {'a':1,'b':2,'c':3,**{'c':5}}
Out[261]: {'a': 1, 'b': 2, 'c': 5}
```

若需要更详细的信息，则可以查阅文档 PEP 448 和 PEP 3132。

7.8 迭代对象使得代码更简洁

Python 的很多内置函数，如 max、sum 等，支持可迭代对象作为参数，使得代码极为简洁，下面列举几个例子。

(1)对列表求和。例如，1+4+9+16+…+100：sum(x*x for x in range(10))。

(2)求列表的最大值、最小值。例如，max([45,31,78,65,82])。

(3)求一个文件中最宽的行的字数。例如，max([len(line) for line in file if line.strip()])。

(4)求一篇文章中不重复单词的集合。例如，set([word for line in file for word in line.split(' ')])。

7.9 本章习题

1. 运行下面的代码，出现的结果是什么？如果把代码中的“+1”去掉，那么又会出现什么结果？为什么？

```
import sys
l=range(sys.maxsize+1)
print(len(l))
```

2．下面的代码正确吗？有什么错误和潜在的风险？如何修改？

```
list=[1,2,3,4]
set={5,6,7,8}
set.add(list)
```

3．下面各项哪些是错的？（　　）

A．n_l=[1, 2, 3,]　　B．n_l=[1, , 3,]

C．n_d= {'a':1, 'b':2,}　　D．n_d={'a':1, 'b':}

4．下面各项哪些是错的？（　　）

A．{'a':1, 'b':2}['a']=10　　B．[1, 2, 3, 4, 5][5]=10

C．(1, 2, 3, 4)[3]=10　　D．'abcde' [3]= 'h'

5．[1,2,3,4,5][1:4:2] 得到的结果是什么？（　　）

A．[1, 2, 3, 4]　　C．[2,4]

B．[1,2]　　D．[1,3]

6．杨辉三角形描述的是二项式 $(x+y)^n$ 展开时各项系数的规律：

$$(x+y)^n=\sum_{k=0}^{n}\binom{n}{k}x^{n-k}y^k$$

可以用较为形象的方式来理解二项式的含义，即相当于把 n 个有区别的球分成两堆：x 堆和 y 堆，其中可能的方案数就是展开后的项数，每项的系数就是每个方案的可能数，如 $\binom{n}{k}$ 就是 $n-k$ 个球分在 x 堆，剩余的 k 个球分在 y 堆的可能组合数。用多维列表编程实现杨辉三角形的打印，输出的样式如下。可以发现，从第 3 行开始，中间的数是上一行相邻两个数的和，如 3 是 1 与 2 的和。

```
                  1
                1   1
              1   2   1
            1   3   3   1
          1   4   6   4   1
        1   5   10  10  5   1
      1   6   15  20  15  6   1
    1   7   21  35  35  21  7   1
  1   8   28  56  70  56  28  8   1
1   9   36  84 126 126  84  36  9   1
```

7．如果合法密码必须由 12 个字母或数字字符组成，并且必须有至少 3 个数字和 2 个大写字母，编程实现一个函数，接受密码字符串作为参数，若密码符合规则，则返回 True，否则返回 False。

8．生成一个包含 1000 个随机整数的列表[可以用 random.randint(1,10000)]。统计列表元素的最大值、最小值、平均数、中位数、上 4 分位数、下 4 分位数、众数，并要求借助集合和字典。

9．Python 的库目录 Lib 中有 this 模块，里面的 s 字符串用凯撒密码加密了，这个密码极容易破解。以下代码就是模块自带的破解方法，代码已经完成了把单词分出来的工作，下面需要统计每个单词的词频，但是通过观察，有些单词似乎有问题，需要进行处理。chr 函数可以把 ASCII 编码变成字符，如 chr(97)可以得到'a'。

```
import this
s=this.s
d = {}
for c in (65, 97):
    for i in range(26):
        d[chr(i+c)] = chr((i+13) % 26 + c)

zen_of_python = "".join([d.get(c, c) for c in s])

distinct_words = set([word for line in zen_of_python.split('\n')
                           for word in line.split(' ')])
print(distinct_words)
```

第 8 章　函数式编程

本章要点

- 函数式编程的相关概念；
- 高阶函数的概念；
- 闭包的概念和应用。

学习目标

- 掌握 Python 高阶函数的含义和使用；
- 掌握闭包的使用。

8.1　函数式编程的含义

1930 年，为了解决“可判定”或“可计算”问题，阿伦佐 • 丘奇(Alonzo Church)提出一种形式系统——λ 演算(λ-calculus)。λ 演算是和艾伦 • 图灵(Alan Turing)的图灵机(Turing Machine)等价的计算模型，图灵机就是现代计算机系统的理论模型。λ 演算也影响了很多计算机语言，如 Haskell 语言，其他主流的编程语言也有函数式编程的影子。

λ 演算仅用函数就描述了计算机程序的主要元素：表达式、函数、应用程序(Application)、逻辑量、逻辑运算、关系运算、if-else 结构、算术运算、递归等。所以，λ 演算是纯函数程序风格的理论基础。

函数式编程的思想就是把问题的解决方法变成一系列纯函数的组合，纯函数获得输入，产生输出，输出的结果只依赖于输入，确定的输入只会产生唯一确定的结果，函数内部不存在影响输出结果的状态。

函数式编程(Functional Programming)和命令式编程(Imperative Programming)［或过程式编程(Procedural Programming)］都是编程的范式。

命令式编程需要程序员关注结构、对象的状态和语句执行的次序，所以前面学习的程序控制结构(顺序、选择、循环)、变量数据的变化都是典型的命令式编程的风格。

函数式编程不关心状态变化，也不关心语句执行的次序，只是将程序的流程控制转变成函数的调用和递归。在函数式编程中，应用程序就是纯函数的组合。

但是函数式编程这种范式其实只是针对编写程序的方法而言的，由于计算机系统本身就是命令式的，所以如果要进行函数式编程，就需要为用户提供函数式编程的接口，在系统内部实现函数到过程的映射。

8.2 纯 函 数

纯函数是自包含的，无副作用、不依赖外部环境，函数之间相互隔离，使得程序的调试、测试变得简单。

纯函数是无状态的，所以不需要判定函数的状态和设计控制流程，构建应用程序只需要声明函数的调用。

函数式编程的程序就是函数的组合，纯函数才使得函数的组合成为可能，所以纯函数是函数式编程的基础。

8.2.1 纯函数的反例

代码 8.1 就是纯函数的反例。因为每次运算的结果，不但依赖于输入的 x、y，还依赖于全局变量 current_value 的当前状态，而且函数的每次运行都会改变内存变量的值，所以相同的输入，会有不同的结果。函数运行改变了内存状态，这就是函数的副作用，纯函数是不应该有副作用的。

代码 8.1 ch08/impure_add.py

```
# -*- coding: utf-8 -*-

current_value = 0
def impure_add(x,y):
    """这是一个纯函数的反例.

    因为计算的结果不但依赖于输入 x,y，还依赖于全局变量 current_value 的当前状态。
    """
    global current_value
    current_value = x+y+current_value
    return current_value


print(impure_add(3,5))
print(impure_add(3,5))
```

8.2.2 纯函数的正例

代码 8.2 就是纯函数的正例。每次运算的结果，只依赖于输入的 x、y，相同的输入一定有相同的输出，结果是可再现的。而且程序的运行不会对外部环境造成影响。

代码 8.2 ch08/pure_add.py

```
# -*- coding: utf-8 -*-

def pure_add(x, y):
```

```
    """求和运算的结果只依赖于输入 .
    """
    return x + y


print(pure_add(3, 5))
```

8.3 高阶函数

所谓高阶函数(Higher-order Function)就是这样的函数：可以接收一个或多个函数作为参数或把函数作为返回值，或者两者兼有；可以动态绑定到任何名称，甚至存放(其实是绑定)在容器中。

在代码 8.3 中，calcurator 函数可以接收函数作为参数，并使用接收的函数进行运算。

代码第 13 行，calcurator 函数接收 sum 函数作为参数，sum 函数是内置函数，可以接收可迭代对象作为参数，并计算累加值。

代码第 15 行，calcurator 函数接收 product 函数作为参数，product 函数是代码第 3 行自定义的函数，可以接收可迭代对象作为参数，并计算累积值。

代码 8.3　ch08/accept_function_as_argument.py

```
1 # -*- coding: utf-8 -*-
2 
3 def product(x):
4     product=1
5     for i in x:
6         product*=i
7     return product
8 
9 def calcurator(calcu_func,data):
10     return calcu_func(data)
11 
12 # 累加结果 15
13 print(calcurator(sum,[1,2,3,4,5]))
14 # 累积结果 120
15 print(calcurator(product,[1,2,3,4,5]))
```

列表的乘法会得到元素个数是原来数倍的列表。但是现在要让列表的每个元素都乘以某个值。当然编写一个函数，同时接收两个参数也可以完成这个任务。代码 8.4 采用了函数中嵌套函数的方法，而且每一层的函数都只有一个参数，这种方法称为柯里化(Currying，由 H.B.Curry 引入)。柯里化后，函数的参数是一层层传入的，一次只传入一个，内层函数的参数需要在调用时传入，所以 list_each_multiply 函数是偏函数(Partial Function)。

代码 8.4 ch08/function_as_return_value.py

```
1 # -*- coding: utf-8 -*-
2
3 def list_each_multiply(list_data):
4     def multiply(n):
5         return [i*n for i in list_data]
6     return multiply
7
8
9 # 返回的函数已传入参数[1,2,3,4,5]
10 result=list_each_multiply([1,2,3,4,5])
11 # 再为函数传入参数 5
12 print(result(5))
```

代码 8.4 中的 list_each_multiply 函数是一个返回函数的函数，所以是个高阶函数。代码第 10 行展示了偏函数调用时传入参数的方式。

应该说柯里化后的函数是偏函数，但偏函数并不一定是柯里化函数，因为偏函数不严格限制一次传一个参数，一次传多个也可以。

Python 的 functools 模块有一个高阶函数 partial(偏函数)，可以把作为第一个参数传入的函数偏函数化。由于函数式编程要求传入的参数是不可更改的，所以如果有默认关键字参数(已有初始值，不能更改)，那么这个参数就不能再传入值了。通过这个方式，返回的函数就变成了偏函数。例如，下例中如果给 f 函数传值，就会抛出异常。

```
In [3]: import functools

In [5]: f=functools.partial(lambda x,y:x*y, x=2, y=3)

In [7]: f()
Out[7]: 6
```

8.4 闭　　包

8.4.1 闭包的含义

代码 8.5 会输出“How are you, Bob”，但是在代码第 6、7 行定义的嵌套函数(Nested Function)的局部名称空间中并没有 promt 和 name 名称，这两个名称属于包围函数(Enclosing Function) greeting_message。而且代码第 11 行的函数 greeting_message 运行结束后，greeting_message 函数的局部变量 promt、name 应该会被清除，为什么代码第 12 行还能输出绑定在 promt 和 name 名称上的字符串呢？因为 greeting_message 函数返回的名称不仅绑定了函数 send_msg，还绑定了 promt 和 name 名称。而且不管 gm 函数调用多少次，promt 和 name 名称及绑定的对象一直都存在。

代码 8.5 ch08/function_closure.py

```
# -*- coding: utf-8 -*-
# 定义包围函数
def greeting_message(name):
    promt="How are you"
    # 定义嵌套函数
    def send_msg():
        return '{0:}, {1:}'.format(promt,name)
    # 返回嵌套函数
    return send_msg

gm = greeting_message("Bob")
print(gm())
```

闭包(Closures)就是返回的函数和这个函数依赖的包围函数中的名称。一个函数的局部变量受到函数边界的约束，其作用域只在该函数内，称为约束变量(Bound Variables)。一个函数依赖的不受该函数边界约束的变量称为自由变量(Free Variables)。即使这个函数运行结束，这些自由变量也会一直存在，函数再次运行，还可以访问上次结束时自由变量的状态。闭包是函数和它依赖的自由变量的集合。

8.4.2 闭包的应用

照理说闭包就是有状态的函数，这和纯函数概念不一致，纯函数的概念规定函数应该是没有状态的，或者说函数的每次运行都和函数的运行历史及历史留下的结果没有关系，只和函数运行时输入的参数有关系。闭包可以视为一种特殊的函数，这种函数的运行历史会影响它下次的运行结果。当然，闭包的内部状态在闭包外是无法访问的。

闭包在编程中可以实现一些特别有用的功能。斐波纳契数列是一种整数数列，除了第 1、2 项是 1，其他项都是前两项的和。利用闭包可以实现获得任意多的斐波纳契数列项，而且不需要多占内存空间。

代码 8.6 在每次执行后可以给出新的斐波纳契数列项，而且自由变量 index、f1、f2 的值可以一直保存。代码 8.6 看上去和前面的生成器很像，而且也是迟延求值的。

代码 8.6 ch08/infinite_fibonacci.py

```
# -*- coding: utf-8 -*-
# 定义包围函数
def infinite_fibonacci():
    index=0
    f1,f2=1,1
    # 定义嵌套函数
    def current_value():
        nonlocal index,f1,f2
        index+=1
        if index<=2:
            return 1
        else:
```

```
            fn=f1+f2
            f1,f2=f2,fn
            return fn
    # 函数作为返回值
    return current_value

# 调用函数
fib=infinite_fibonacci()
for i in range(20):
    print(fib())
```

8.4.3 闭包探究

Python 提供必要的工具探究闭包的内容，举例如下(代码 8.6 运行后，才可以运行下面的代码)。

```
In [9]: # fib 的自由变量有哪些
    ...: fib._code_.co_freevars
Out[9]: ('f1', 'f2', 'index')

In [11]: # fib 闭包中值有哪些
     ...: fib._closure_[0].cell_contents
Out[11]: 4181

In [13]: fib._closure_[1].cell_contents
Out[13]: 6765

In [15]: fib._closure_[2].cell_contents
Out[15]: 20
```

通过 inspect 模块的方法也可以探究闭包的内容。

```
In [17]: import inspect
     ...: inspect.getclosurevars(fib)
Out[17]: ClosureVars(nonlocals='f1': 4181, 'f2': 6765, 'index': 20,
globals=, builtins=, unbound=set())
```

8.5 尾 递 归

递归函数的思想非常符合人类的思维习惯，所以其代码简洁、直观。但是递归函数的执行效率较低，而且当递归层次较多时可能导致栈溢出。

例如，用递归函数求阶乘，当数值较大时，程序会报递归深度过大的错误。这是由于每次递归函数的调用都伴随着变量压栈，而 Python 私有栈的空间有限，当栈的层次过大时，程序就不能运行了，详见下列代码。

```
In [19]: # 用递归函数求阶乘
    ...: def fact(n):
```

```
   ...:     if n==1:
   ...:       return 1
   ...:     else:
   ...:       return n*fact(n-1)
   ...:
   ...: print(fact(8000))

   ...
RecursionError: maximum recursion depth exceeded in comparison
```

对于递归函数的返回“return n*fact(n-1)”，除 fact(n-1)外还有变量 n，所以返回函数是表达式的一部分，正是变量 n 导致需要不断压栈。

也就是说，调用者 fact(n)的计算，不但依赖于被调者 fact(n-1)，还依赖于状态 n。这不符合函数式编程的思想，函数式编程的返回函数应该是纯函数。如果将其改造成没有状态 n 的样子，就符合尾调用(Tail Call)。当递归调用是函数最后执行的语句，且被调用函数的返回值不是表达式的一部分时，这个递归调用就是尾递归。代码 8.7 就是阶乘的尾递归改造。

代码 8.7　ch08/tail_call_fact.py

```python
# -*- coding: utf-8 -*-

def tail_call_fact(n,result=1):
    if n==1:
        return result
    else:
        return tail_call_fact(n-1,n*result)

print(tail_call_fact(4))
```

在这个递归函数的执行过程中，参数值的变化如表 8.1 所示，同样可以得到正确的结果。遗憾的是，Python 似乎并没有实现尾递归的优化，所以这样做其实没有什么用。

表 8.1　递归过程的参数值变化

	n	result
1	4	1
2	3	4
3	2	12
4	1	24

但是既然编译器对尾递归的优化就是执行时不再需要压栈而类似循环，所以按照尾递归的思路将其改成循环也很容易，如代码 8.8 所示。由于 Python 的整数是没有最大值限制的，所以可以求的阶乘最大值取决于计算机的存储限制和愿意等待的时间。

代码 8.8　ch08/loop_fact.py

```python
# -*- coding: utf-8 -*-

```

```
def loop_fact(n,result=1):
    while True:
        if n==1:
            return result
        n,result=n-1,n*result

# 调用，轻松算出 10000!
print(loop_fact(10000))
```

用闭包也可以避免压栈，所以可用闭包实现大数的阶乘，如代码 8.9 所示。

代码 8.9 ch08/closure_fact.py

```
# -*- coding: utf-8 -*-
# 基于闭包的乘法
def product_by_closure():
    result,n=1,1
    def product():
        nonlocal result,n
        result*=n
        n+=1
        return result

    return product

# 基于闭包乘法的阶乘
def closure_fact(n,multiplier=product_by_closure()):
    for i in range(1,n+1):
        factorial_result=multiplier()
    return  factorial_result


# 调用，轻松算出 10000!
print(closure_fact(10000))
```

Python 的 math 模块其实提供了计算阶乘的函数 factorial()，可以用这个函数验证上面程序的正确性。

8.6 Python 内置的高阶函数

Python 内置的 map、reduce、filter、sorted 函数是高阶函数，它们可以接收函数、可迭代对象作为参数。通过这些函数可以避免用循环来处理可迭代对象，代码非常简洁，是 Python 风格的代码(Pythonic Code)。map、filter 函数处理的结果还是可迭代对象，所以可以使用函数的组合调用，看上去就像数学里的复合函数。

(1) map 函数的调用语法：map(function, iterable, ...)，其中参数 function 是处理函数，参数 iterable 是操作的可迭代对象。相关操作如下列代码所示。

```
In [21]: # 函数可以先定义
     ...: def foreach_add2(x):
     ...:     return x+2
     ...: print(list(map(foreach_add2,[1,2,3,4,5,6,7,8,9,10])))
[3, 4, 5, 6, 7, 8, 9, 10, 11, 12]

In [23]: # 用匿名函数也可以
     ...: print(list(map(lambda x,y:x+y,[1,2,3,4,5],[6,7,8,9,10])))
[7, 9, 11, 13, 15]
```

(2) reduce 函数的调用语法：reduce(function, iterable[, initializer])，Python 3.0 以后 reduce 函数在 functools 模块中，使用前要引入该模块。相关操作如下列代码所示。

```
In [25]: from functools import reduce
    ...: def iter_add(x,y):
    ...: return x+y
    ...: # 累加 (((((((((1+2)+3)+4)+5)+6)+7)+8)+9)+10)
    ...: print(reduce(iter_add,[1,2,3,4,5,6,7,8,9,10]))
    55

In [27]: # 用匿名函数也可以
    ...: from functools import reduce
    ...: print(reduce(lambda x, y: x+y, [1, 2, 3, 4, 5]))
    15

In [29]: # 序列变为整数
    ...: from functools import reduce
    ...: def iter_to_int(x,y):
    ...: return x*10+y
    ...: print(reduce(iter_to_int,[1,2,3,4,5,6,7,8]))
    12345678
```

(3) filter 函数的调用语法：filter(function, iterable)。相关操作如下列代码所示。

```
In [31]: # 找偶数
     ...: def isEven(x):
     ...:      return x%2==0
     ...: print(list(filter(isEven,range(101))))
[0, 2, 4, 6, 8, 10, 12, 14, 16, 18, 20, 22, 24, 26, 28, 30, 32,
34, 36, 38, 40, 42, 44, 46, 48, 50, 52, 54, 56, 58, 60, 62,
64, 66, 68, 70, 72, 74, 76, 78, 80, 82, 84, 86, 88, 90, 92,
94, 96, 98, 100]

In [33]: # 或者匿名函数
     ...: print(list(filter(lambda x: x%2==0,range(101))))
[0, 2, 4, 6, 8, 10, 12, 14, 16, 18, 20, 22, 24, 26, 28, 30, 32,
34, 36, 38, 40, 42, 44, 46, 48, 50, 52, 54, 56, 58, 60, 62, 64,
66, 68, 70, 72, 74, 76, 78, 80, 82, 84, 86, 88, 90, 92, 94, 96,
98, 100]
```

(4) sorted 函数的调用语法：sorted(iterable[, key[, reverse]])，如果是多维数据、字典，就可以通过参数 key 指定排序的列或 key，参数 reverse 表示是否降序，取值是 True 和 False。可变序列类型也有自己的 sort 函数，但自有 sort 函数会改变原序列，而内置 sorted 函数返回的是排序后的拷贝，不改变原序列。相关操作如下列代码所示。

```
In [35]: dict_data=list(zip("bacd",[2,1,3,4]))
    ...: #('b',2),('a',1),('c',3),('d',4)
    ...: sorted(dict_data, key=lambda x:x[1]) # 按字典 key 排序
Out[35]: [('a', 1), ('b', 2), ('c', 3), ('d', 4)]

In [37]: students = [('Alice', 'A', 19), ('Bob', 'B', 20), ('David', 'B', 18)]
    ...: sorted(students, key=lambda s: s[2])  # 按索引 2 排序
Out[37]: [('David', 'B', 18), ('Alice', 'A', 19), ('Bob', 'B', 20)]

In [39]: sorted(students, key=lambda s: s[2], reverse=True) # 降序
Out[39]: [('Bob', 'B', 20), ('Alice', 'A', 19), ('David', 'B', 18)]
```

8.7 本章习题

1．有一个列表[1,2,3,4,5,6,7,8]，现在要分别计算这个列表的每个元素加 5、减 5、乘以 5、除以 5 的结果，如果用函数式编程，能想到的最简洁、清晰的实现方法是什么？请编程实现。函数能放在容器中吗？函数可以匿名吗？

2．闭包是一个有状态的函数，这个函数是不是纯函数？

3．用闭包实现 1 到 10 000 的累加。

4．第 6 章代码 6.4 解析了 book.xml 这个文件。能否在代码 6.4 的基础上，构建一个二维的列表，构建方法：将每一本书的信息都放在一个列表中，然后将每本书的列表依次加入总列表中。若 book.xml 中信息不全，则可以自己设法补全。然后选用 map、filter、reduce 函数等完成下面的工作：①将作者、标题大写；②按照标题排序；③筛选价格大于 30 元的书；④对所有书的价格求和。

第 9 章　文件和文件系统操作

本章要点

- 文件系统的相关概念；
- 不同操作系统的文件系统在使用上的一些差异；
- 绝对路径和相对路径；
- 文件的打开、读写、关闭操作；
- 和目录相关的操作。

学习目标

- 掌握文件的打开、读写、关闭操作；
- 掌握文件作为可迭代对象的操作。

9.1　文件和文件系统

文件系统是操作系统的一部分，有了文件系统，用户组织信息的方式大大简化了：可以分门别类，可以按名称存取，不用担心因为系统的原因导致数据错误和丢失，可以持久保存。也就是说，文件系统可以按照人类的思维方式存取信息，而不用考虑在硬件系统上存取信息带来的复杂性。

如果计算机系统中的信息都是以硬件系统原生的方式组织的，那么就会涉及磁道、扇区、地址、缓冲、索引、链表等复杂的问题，显然这对人类来说是极不友好的。后来操作系统作为系统软件隔离了硬件和用户，使得用户不能、也不需要直接使用硬件，而是将使用硬件的复杂问题封装在操作系统内部，并为用户提供了简单的接口。

9.1.1　不同操作系统的一些差异

操作系统多种多样，但现代操作系统的使用大同小异，因为一般都符合 POSIX 标准。但不同操作系统上文件系统和文件的使用方式还是有些差异的。

9.1.1.1　路径的分隔符不同

Windows 的路径用“\”分隔。例如，D:\Anaconda3\Lib\tkinter\ ttk.py 就是 Windows 的路径，其中“D:”代表磁盘，反斜杠之间的是一个个文件夹，ttk.py 是文件。

UNIX、Linux、MacOs 的路径中没有盘符概念，“/”代表根目录，路径也是用“/”分隔的。例如，/home/tom/.bashrc 就是 Linux 的路径表示，其中/home/tom/表示根目录下的 home 目录中的 tom 目录，.bashrc 是这个目录中的文件。

9.1.1.2 文本文件的换行符不同

如果在文本编辑器中看到以下文字，那么其中的换行是如何实现的？

```
The Zen of Python, by Tim Peters

Beautiful is better than ugly.
Explicit is better than implicit.
Simple is better than complex.
Complex is better than complicated.
…
```

UNIX、Linux 的换行，是在行末添加一个不显示的字符，可以用转义字符“\n”表示。Windows 的换行通过两个不显示的字符实现，可以用转义字符“\r\n”表示，“\r”即回车符。MacOs 9 以前的换行是通过不显示的字符“\r”实现的，MacOs X 以后也使用“\n”。

9.1.2 绝对路径和相对路径

D:\Anaconda3\Lib\tkinter\ttk.py、/home/tom/.bashrc 是从根目录到文件的路径表示方法，被称为绝对路径。

另外，还有一种路径表示方法称为相对路径。相对路径就是相对当前工作路径的文件路径。例如，打开命令行窗口或终端窗口，Windows 打开命令行窗口的方法是：按组合键“Win+R”，输入“cmd”并按回车键。Win 是键盘上的窗口键，一般是键盘最下行的左数第 2 个有窗口图标的键。

已经知道 Anaconda 安装在“D:\Anaconda3”中，如果目录结构如下所示：

```
D:\Anaconda3
├─bin
…
├─pkgs
…
```

那么现在要进入这个目录中的 pkgs 子目录，然后从这个子目录进入“D:\Anaconda3\ bin”目录，具体操作如下。

```
Microsoft Windows [版本 6.1.7601]
版权所有 (c) 2009 Microsoft Corporation。保留所有权利。

C:\Users\Chen>D:

D:\>cd Anaconda3\pkgs

D:\Anaconda3\pkgs>cd .\alabaster-0.7.12-py_0

D:\Anaconda3\pkgs\alabaster-0.7.12-py_0>cd ..\..\bin

```

```
12  D:\Anaconda3\bin>
13
14  D:\Anaconda3\bin>cd /
15
16  D:\>
```

打开命令行窗口后可以看到光标在 C:\Users\Chen>后面闪烁。C:\Users\Chen>就是当前工作路径。输入“D:”，然后按回车键，当前工作路径就变成了“D:\”。

代码第 6 行，用“cd”命令将当前工作路径改为“Anaconda3\pkgs”，命令结束后可以看到当前工作路径改变为“D:\Anaconda3\pkgs>”。

代码第 8 行，“.\”表示当前目录，当然这里没有“.\”效果也是一样的。

代码第 10 行，“..\”表示上级目录，“..\..\”表示上级目录的上级目录，也就是“D:\Anaconda3”，所以这个命令就把“D:\Anaconda3\bin”目录变成了当前工作目录。

代码第 14 行，“/”表示根目录，所以当前工作路径就变成了“D:\>”。

9.2 文件操作

9.2.1 打开文件

程序在打开文件时，其实需要通过操作系统的应用程序接口(API)。操作系统会在内存中创建一个和进程控制的数据结构关联的文件管理数据结构，里面会记录文件在磁盘中位置、文件在内存的缓冲区等信息。用户并不需要了解这个数据结构，只需要知道这个数据结构其实虚拟了一个程序和磁盘文件之间的管道，文件的数据就像是管道中的“水流”(Stream)，程序能操纵的就是这个“水流”。

打开文件的函数是 open，语法如下。

```
open(file, mode ='r', buffering = -1, encoding = None, errors = None,
     newline = None, closefd = True, opener = None )
```

open 函数的参数设置如表 9.1 所示。

在大部分场景下，只有 file、mode、encoding 是需要设置的参数。

(1) file 的路径设置。参看下面的代码示例，Windows 的路径分隔符是反斜杠(示例第 1 行)，但是在字符串中反斜杠表示转义字符，按道理说需要取消转义，保持输出反斜杠，Python 可以通过在字符串前加“r”前缀实现这一要求(示例第 2 行)，也可以通过“\\”实现(示例第 3 行)，或者像类 UNIX 系统一样用斜杠实现(示例第 4 行)。但是现在 Python 似乎针对这个问题做了改进，下面的 4 种方法都没有问题，不过还是建议使用第 2 行和第 4 行的方法。

```
1   f=open("D:\PythonWorks\output.txt",'r')
2   f=open(r"D:\PythonWorks\output.txt",'r')
```

```
f=open("D:\\PythonWorks\\output.txt",'r')
f=open("D:/PythonWorks/output.txt",'r')
```

表 9.1　open 函数的参数设置

参　数	含义和设置
file	文件的路径或文件描述符(File Descriptor)，路径可以是绝对路径、相对路径，文件描述符是操作系统给一个 I/O 流分配的整数
mode	可选参数，打开文件的模式：只读、写入、二进制、文本等。默认值是“rt”，r 表示只读，t 表示字符。所以，mode 是 r 或 w 决定了是输入流还是输出流，mode 是 t 或 b 决定了是字符流还是字节流
buffering	可选参数，默认值是-1，缓冲区的大小会根据操作系统自动确定，通常为 4096 或 8192 字节(import io; io.DEFAULT_BUFFER_SIZE)。交互式文本模式下使用行缓冲 如果设置 0，关闭缓冲，仅二进制模式下有效 如果设置 1，选择行缓冲，仅文本模式下有效 如果设置大于 1 的整数，该整数值指定的是缓冲区大小
encoding	可选参数，文本模式时有效，文本的编码默认是操作系统的编码，可通过代码“import locale;locale.getpreferredencoding()”获取，也可设置为 Python 支持的其他编码方式
errors	可选参数，设置当字符串的编码和解码出现错误时如何处理： 默认是 None，其实等同于“strict”，就是抛出 ValueError 异常； 如果设置“ignore”，表示忽略错误，编码和解码出错的地方就会丢失； 如果设置“replace”，错误的地方用“?”替换
newline	可选参数，通用换行(Universal Newlines)的工作方式。为了应对不同操作系统中文本的不同换行方式 默认是 None，如果是输入流，就会把“\n”“\r\n”“\r”三种换行都转为“\n”，然后返回给调用者。如果是输出流，就会把换行替换成当前操作系统的默认方式(os.linesep)
closefd	默认是 True，如果 file 参数设置为路径，那么这个参数是不可更改的，这时 Python 关闭文件，操作系统会立即关闭文件 如果 file 参数设置为文件描述符，那么参数可设置为 False，这时 Python 文件关闭，操作系统不关闭文件

(2) mode 参数的设置如表 9.2 所示。选择 mode 参数的方法如图 9.1 所示，覆盖会删除原文件里面的内容。

表 9.2　mode 参数的设置

mode	描　述
'r'	打开文件模式为“读”，默认的模式
'w'	写，文件不存在就创建，如果存在，那么先覆盖里面的内容
'x'	创建新文件，如果已存在，抛出 FileExistsError
'a'	在已存在的文件末尾添加，如果文件不存在就创建
't'	以文本方式打开，默认的模式
'b'	以二进制方式打开
'+'	打开已经存在的文件，可读可写(可修改)，如果文件不存在，抛出 FileNotFoundError

(3) encoding 参数的设置。文本文件中的字符可能用许多方式编码，常见的有 ASCII、GBK、utf-8。一些功能较强的文本编辑器可以识别、转换文件的编码，常用的有 Notepad++、Sublime Text 等。如果参数设置的编码和文件实际的编码不一致，那么在读入数据解码时可能会出错。

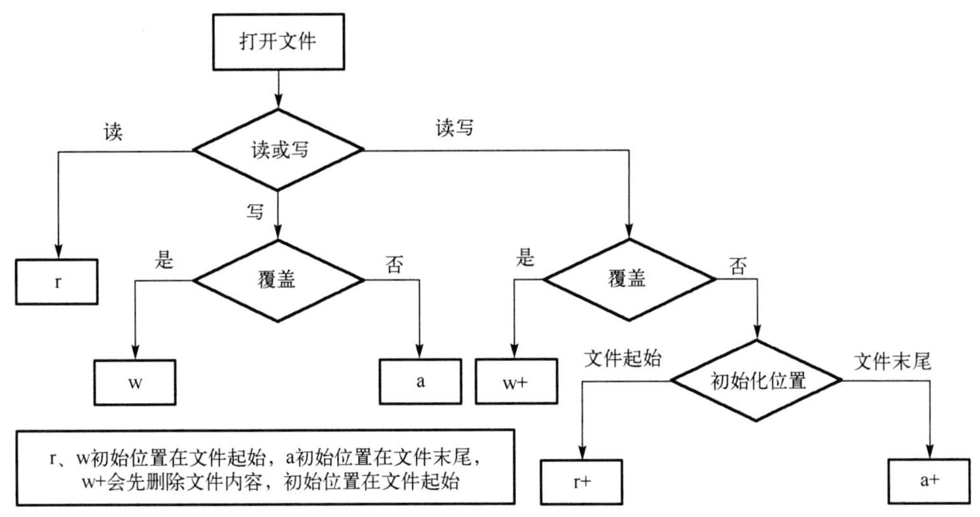

图 9.1　选择 mode 参数的方法

9.2.2　关闭文件

文件的打开就是在内存中建立了文件管理的数据结构，那么文件的关闭就是清除了这个数据结构，也就是拆除了“管道”。如果文件关闭了，但是数据结构没有清除，那么就会导致内存泄露，意思就是可用的内存减少了。

文件关闭的另一个作用是消除由于缓冲区引起的文件不一致。文件多存放在硬盘、U 盘等介质上，这些设备的读、写速度相对于内存和 CPU 来说是极其慢的。所以会在内存中建立缓冲区，文件的操作大多在缓冲区上进行，这个时候内存中的文件和硬盘上的文件就会不一致。关闭文件的操作可以迫使系统将缓冲区中的内容回写到硬盘，从而保证了文件的一致性。

关闭文件的函数为 close()，示例如下。

```
In [3]: # 打开文件获得文件对象
    ...: file_handler=open('datafile1','r')
    ...: # 从文件对象读取 19 个字符
    ...: data_in_file = file_handler.read(19)
    ...: # 打印 19 个字符
    ...: print(data_in_file)
    ...: # 关闭文件对象
    ...: file_handler.close()
price
58.10
58.28
```

使用 with 语句可以让系统自动关闭文件，不用显式地调用 close 函数，示例如下。

```
In [69]: # 打开文件获得文件对象
     ...:with open('datafile1','r') as file_handler:
     ...:     # 从文件对象读取 19 个字符
     ...:     data_in_file = file_handler.read(19)
```

```
5      ...:  # 打印 19 个字符
6      ...:  print(data_in_file)
7      ...:  print(file_handler.closed)
8   price
9   58.10
10  58.28
11
12  True
```

代码第 7 行的执行结果是 True，也就是说文件已经关闭。

9.2.3 文件操作的常用函数

文件操作函数的功能主要包括打开和关闭文件、读、写、移动读写位置、冲刷缓冲区等。文件操作的常用函数如表 9.3 所示。

表 9.3 文件操作的常用函数

方 法	含 义
close()	关闭打开的文件
flush()	冲刷已打开文件在内存中的缓冲区，存于缓冲区的已被改写的文件内容将被同步到磁盘
read(size)	从文件中最多读取 size 个字节/符，read()从当前位置一直读到末尾
readable()	如果文件流可读，那么返回 True
readline(size=-1)	从文件读取并返回一行
readlines(hint =-1)	从文件读取并返回行列表
seekable()	如果文件流支持随机访问，那么返回 True
seek(offset, whence = seek_set)	改变读写的位置，offset 是偏移量，whence 是当前位置，用(0,1,2)表示(开始，当前，末尾)，如果 whence 是 2，那么 offset 可能是负数，表示反向偏移；seek(10,0)表示从文件当前位置偏移 10 字符/字节；如果以文本方式打开，就只允许从文件开始位置偏移；whence 是当前、末尾时，偏移量只能为 0
tell()	返回文件当前读写位置
truncate(size=None)	把文件大小改为 size 指定的大小；如果 size 没有设定，那么文件当前位置后面的部分都会被删除
writable()	如果文件流可写，就返回 True
write(text)	字符串 text 写到文件并返回写入的字符数
writelines(lines)	写一个行列表到文件

9.2.4 文本文件访问

文本文件的内容是由某种编码(如 ASCII、utf-8、GBK 等)表达的字符构成的，这种文件用文本编辑软件打开后可以看到能被人类解读的文字，当用 Python 打开时会形成虚拟的字符流。

9.2.4.1 顺序访问

所谓顺序访问，就是每次读写一定数目的字符/字节，读写的位置就会向前移动这么多数目的字符/字节。由于文件已经被虚拟化为“流”，所以读写是在流上进行的。在本书配套的源代码目录中有 datafile1 文件，其中有下面这样一列数据，第一行是“price”。

```
price
58.28
49.58
83.14
43.63
3.10
…
```

如果用 read(n)函数读取指定数量的字符/字节，可以发现读取位置是一直向前移动的，每次都是从当前位置向前偏移，如下列代码所示。

```
In [5]: f=open("datafile1",'r',encoding='utf-8')

In [7]: f.read(1)
Out[7]: 'p'

In [9]: f.read(2)
Out[9]: 'ri'

In [11]: f.read(2)
Out[11]: 'ce'
```

例 9.1　在本书配套的源代码目录中有 datafile1 文件，对 datafile1 文件中 price 列数据求平均价格。读入数据可以用 readline()，一次读入一行；也可以用 readlines()，一次读入所有行，并返回一个列表，如代码 9.1 所示。

代码 9.1　ch09/average_price_1.py

```
# -*- coding: utf-8 -*-

# 输入文件名
in_filename = input("获得数据的文件名：")
out_filename = input("输出数据的文件名：")

# 打开输入和输出文件,输出文件用 utf-8 编码
infile = open(in_filename, "r")
outfile = open(out_filename, "w",encoding="utf-8")

# 初始化变量
total = 0.0
count = 0
# readline 两次，因为第一行是 price，不是数据
line=infile.readline()
line=infile.readline()
while line:
    value = float(line)
    outfile.write("%12.2f\n" % value)
    total = total + value
```

```
21     count = count + 1
22     line=infile.readline()
23
24 # 输出平均价格
25 outfile.write("%20s\n" % ("*"*20))
26 avg = total / count
27 outfile.write("平均: %6.2f\n" % avg)
28 outfile.write("%20s\n" % ("*"*20))
29 # 关闭文件.
30 infile.close()
31 outfile.close()
```

代码 9.1 第 15～22 行采用 readline()的方法读入数据，一次读入一行，只要读入的不是空行(第 17 行)就不断循环读入。

如果采用 readlines()读入数据，一次读入所有行，那么代码就是如下这样的。

```
lines = infile.readlines()
for line in lines:
    value = float(line)
    ...
```

例 9.2 datafile2 文件中有如下一列数据，每一行数据的格式是“品名: 价格”，对这列数据求平均价格。

```
item:price
NWTB-1:13.50
NWTCO-3:7.50
NWTCO-4:16.50
NWTO-5:16.01
NWTJP-6:18.75
NWTDFN-7:22.50
...
```

由于文件是可迭代对象，所以遍历文件各行可以用更简单的方法，如代码 9.2 所示。

代码 9.2 ch09/average_price_2.py

```
# -*- coding: utf-8 -*-

# 输入文件名
in_filename = input("获得数据的文件名: ")
out_filename = input("输出数据的文件名: ")

# 打开输入和输出文件,输出文件用 utf-8 编码
infile = open(in_filename, "r")
outfile = open(out_filename, "w",encoding="utf-8")

total = 0.0
```

```
12 count = 0
13 # 文件是可迭代对象 Iterable,next(infile)去掉一行不用
14 next(infile)
15 for line in infile :
16     # 冒号分割
17     if ":" in line :
18         parts = line.split(":")
19     # 获得两个数据域
20     item = parts[0]
21     price = float(parts[1])
22
23     total += price
24     count += 1
25     # 转写到输出文件.
26     outfile.write("%-20s%10.2f\n" % (item, price))
27
28 # 输出平均价格
29 outfile.write("%30s\n" % ("*"*30))
30 avg = total / count
31 outfile.write("平均: %24.2f\n" % avg)
32 outfile.write("%30s\n" % ("*"*30))
33
34 # 关闭文件.
35 infile.close()
36 outfile.close()
```

代码 9.2 第 14 行读取第 1 行，这时读写位置就移到第 2 行开头，相当于丢弃第 1 行，后面就是可迭代对象遍历的 for each 循环。代码第 17、18 行用“:”分隔字符串，得到的结果是列表。

9.2.4.2　随机访问

与顺序访问一直向前偏移不同，随机访问可以根据需要前后移动读写位置。所以，它需要用到两个重要的函数：seek()，移动到设定的位置；tell()，获取当前位置。

例 9.3　有一个虚拟的电话簿文件“phone_book.csv”，数据如下，每行的数据项之间是用逗号分隔的。现在要实现以下功能：①可以按姓名查号码；②可以添加新的姓名和号码；③可以查到某人的记录并删除。

```
fake_names,phone_numbers
Mariah Dickens,1-555-939-9761
Weldon Ritchie,1-555-768-8664
Loraine DuBuque,1-555-575-425
Kiley Ritchie,1-555-549-9405
…
```

(1)按姓名查号码。需要在字符串中定位姓名，然后根据姓名位置切片电话号码，如代码 9.3 所示。

代码 9.3 ch09/get_phone.py

```
1 # -*- coding: utf-8 -*-
2
3 def get_phone(name,phone_book):
4     # 每次函数的调用，需要把读写位归零，否则只能顺序向前
5     phone_book.seek(0,0) # 可以只有一个参数
6     is_found = False
7     while line:=phone_book.readline():
8         location_of_name = line.find(name)
9         if location_of_name
10            is_found = True
11            loc_start = location_of_name + len(name) + 1
12            return line[loc_start:loc_start +15]
13    if is_found == False:
14        return 'No such person found'
15
16
17 if __name__=="__main__":
18    phone_book = open(r"./phone_book.csv",'r',encoding='utf-8')
19    print(get_phone('Madonna Reilly',phone_book))
20    print(get_phone('Mariah Dickens',phone_book))
21    phone_book.close()
```

代码 9.3 第 7 行，用赋值运算符“:=”构建表达式，表达式可以求值，所以可以在 while 语句中判断真假。代码 9.3 比例 9.1 和例 9.2 的代码更简洁。

代码 9.3 第 8 行，用 find 函数定位姓名，如果没有这个姓名，就会返回–1。

代码 9.3 第 5 行，让读写位归零，即读写位回到文件开始位置。如果注释掉第 5 行代码，那么程序只能从文件当前位置继续向后顺序访问数据，这个程序就不能再次从文件开始位置查人了，就会找不到第 2 个人。seek 函数的相对位置（开始，当前，末尾）可以用（0,1,2）表示，也可以用（os.SEEK_SET,os.SEEK_CUR,os.SEEK_END）表示，如果使用后者，那么使用前须引入 os 模块（import os）。

（2）添加新的姓名和号码。姓名和号码需要添加到文件的末尾，如代码 9.4 所示。

代码 9.4 ch09/add_new.py

```
# -*- coding: utf-8 -*-

def add_new(name, phone, phone_book):
    # 把读写位设置为文件末尾
    phone_book.seek(0,2)
    phone_book.write("\n")
    phone_book.write(f"{name},{phone}")


if __name__=="__main__":
    phone_book = open(r"./phone_book.csv",'r+',encoding='utf-8')
```

```
12     add_new('John D. Schott','1-555-836-6861',phone_book)
13     phone_book.close()
```

代码 9.4 第 5 行的 seek(0,2)，读写位置设置为文件末尾。当文件以文本文件模式打开，且 seek 的第 2 个参数不是 0 时，那么第一个参数必须是 0。

代码 9.4 第 7 行，f"{name},{phone}"字符串的前缀 f 表示字符串中花括号里面是表达式。这也是一种格式化字符串，称为 f-string。

(3) 查到某人的记录并删除，如代码 9.5 所示。

代码 9.5　ch09/find_and_delete.py

```
 1 # -*- coding: utf-8 -*-
 2
 3 def find_and_delete(name, phone_book):
 4     # 初始位置为 0
 5     phone_book.seek(0,0)
 6     # 前一次的位置，第一次为 0，后面每次 readline()会到新的位置
 7     previous_location=0
 8     while line:=phone_book.readline():
 9         location_of_name = line.find(name)
10         if location_of_name
11             phone_book.seek(previous_location + len(line)+1,0)
12             subsequence=phone_book.read()
13             phone_book.seek(previous_location,0)
14             phone_book.truncate()
15             phone_book.seek(previous_location,0)
16             phone_book.write(subsequence)
17             phone_book.seek(previous_location,0)
18         # previous_location 获取新的位置
19         previous_location =phone_book.tell()
20
21 if __name__=="__main__":
22     phone_book = open(r"./phone_book.csv",'r+',encoding='utf-8')
23     find_and_delete('Emmett Rodriguez',phone_book)
24     phone_book.close()
```

代码 9.5 第 10 行表示如果在读入的这行中有要找的人的记录，就执行在文件中删除这行的工作。代码第 11 行表示读写位置移动到当前行之后，由于 Windows 的文本文件段落是以\r\n 结束的，但是读入的数据是以\n 结束的，所以偏移量加了 1。代码第 12 行 read()复制了从当前行的下一行开始到文件末尾的全部数据。代码第 13 行，读写位置重新移动到当前行开始的位置。代码第 14 行截掉了当前行后面的所有数据。代码第 15 行，读写位置移动到文件末尾。代码第 16 行，写入前面复制的数据。代码第 17 行，读写位置重新回到当前行开始的位置，以便查找后面同名的人的记录。

9.2.5　二进制文件访问

使用文本文件的访问方式，会根据编码自动识别里面的字符。例如，依据 utf-8 编码，

每个中文字符可能是 2～3 个字节，每个英文字符是 1 个字节，但是读写操作是以字符为单位的，并不会因为字节的多少就识别错误。

以二进制模式访问文件，将不会识别里面的字符。例如，图片文件，里面本来就没有字符，如果强行以文本文件的模式访问，就只会看到一堆乱码。

9.2.5.1 读入二进制文件的数据

例 9.4 jpg 文件的开头会有固定的 3 个字节，用十六进制表示为“ff d8 ff”，文件的最后是“ff d9”，表示文件结束(见如下代码)。

```
1  In [13]: file=open('lena.jpg', 'rb')
2      ...:
3      ...: head_tree_bytes = file.read(3)
4      ...: print(head_tree_bytes)
5      ...:
6      ...: file.seek(-2,2)
7      ...: tail_two_bytes = file.read(2)
8      ...: print(tail_two_bytes)
9  b'\xff\xd8\xff'
10 b'\xff\xd9'
```

代码第 1 行，文件打开模式是'rb'，b 表示二进制，r 表示读。文本文件用 t 表示，但是因为默认就是 t，所以前面用文本文件模式访问时，就可以不写了。

代码第 3 行，文件打开模式是二进制，所以 read(3)表示读入的是 3 个字节，而不是 3 个字符。

代码第 6 行，在二进制模式下，当起始位置是末尾时，函数 seek()的偏移量可以设置为负数，但在文本文件模式下是不可以的，偏移量只能是 0。seek(-2,2)表示读写位置移动到末尾倒退 2 字节。

从输出的结果看，文件确实是 jpg 文件。

9.2.5.2 使用 struct 模块处理二进制数据

许多二进制文件来源于其他程序或设备，如 C 语言就可以把一个结构体直接写入文件，文件里面的数据可能是二进制的。浮点数 3.14159 和字符 3.14159 的表达方式是不一样的，前者在计算机系统中常常占 4 个字节，后者每个字符占一个字节，共 7 个字节。

struct 模块有 pack 函数，可以将各种数据类型的数据打包成字节对象。unpack 函数可以从打包的字节对象中将数据解包出来。相关操作如下列代码所示。

```
In [15]: import struct
    ...: format_str = '<iif{0}s'.format(len('天地玄黄'.encode('utf-8')))
    ...: bytes_data = struct.pack(format_str,109,108,20.23458564,'
天地玄黄'.encode('utf-8'))
    ...: items=struct.unpack(format_str,bytes_data)
    ...: items
Out[15]:
(109,
```

```
 8 108,
 9 20.23458480834961,
10 b'\xe5\xa4\xa9\xe5\x9c\xb0\xe7\x8e\x84\xe9\xbb\x84')
```

代码第 3 行，使用 struct 模块的 pack 函数，将两个整数、一个浮点数和一个字符串打包成字节对象。pack 函数的第一个参数是格式字符串，在代码第 2 行定义，后面依次是要打包的数据，其中“'天地玄黄'.encode('utf-8')”是把字符串编码成字节对象，作为参数的'utf-8'可以不写，因为默认就是这种编码。

代码第 2 行定义格式字符串。这行代码运行后，字符串是“'<iif12s'”。

(1)<表示字节顺序，多字节的数据，存在数据在高、低位字节的放置次序的问题，不同的处理器会不一样。主动定义可以避免在不同系统上出现识别错误。<是 little-endian，就是低位字节放在内存的低地址空间。

(2)iif12s 中，i 表示整数，所以是两个整数，f 表示一个浮点数，12s 表示 12 个字节的字符串。常用的格式字符如表 9.4 所示。

表 9.4　常用的格式字符

格　式	C 类型	Python 类型	字 节 数
c	char	bytes of length 1	1
b	signed char	integer	1
B	unsigned char	integer	1
?	_Bool	bool	1
h	short	integer	2
H	unsigned short	integer	2
i	int	integer	4
I	unsigned int	integer	4
l	long	integer	4
L	unsigned long	integer	4
q	long long	integer	8
e		float	2
f	float	float	4
d	double	float	8
s	char[]	bytes	

例 9.5　利用 struct 模块，将文本文件中的数据转为二进制形式，并保存到文件中，然后打开该文件，将其中的二进制数据还原为整数、浮点数和字符串数据。

文本文件中的数据的形式如下，前面两个是整数，然后是一个浮点数，再后面是一个中文字符串。

```
182,109,49.24621458, 天地玄黄
117,168,55.51893898, 宇宙洪荒
195,126,10.40049147, 日月盈昃
123,117,67.54407978, 辰宿列张
...
```

转换程序，如代码 9.6 所示。

代码 9.6 ch09/struct_file_convertor.py

```
# -*- coding: utf-8 -*-
import struct

def struct_to_file(in_file,out_file,format_str):
    for line in in_file:
        parts=line.split(',')
        bytes_data = struct.pack(format_str,int(parts[0]),int(parts[1]),
                        float(parts[2]),parts[3].rstrip('\n').encode
                        ('utf-8'))
        out_file.write(bytes_data)


def file_to_struct(in_file,format_str):
    items =[]
    unit_size=struct.calcsize(format_str)
    while bytes_data := in_file.read(unit_size):
        parts = list(struct.unpack(format_str,bytes_data))
        parts[3]=parts[3].decode('utf-8')
        items.append(parts)
    return items

# # file_to_struct version 1.1 , 用 unpack_from 函数的先构建带格式的解包函数
# def file_to_struct(in_file,format_str):
#     items =[]
#     unit_size=struct.calcsize(format_str)
#     format_unpack = struct.Struct(format_str).unpack_from
#     while bytes_data := in_file.read(unit_size):
#         parts = list(format_unpack(bytes_data))
#         parts[3]=parts[3].decode('utf-8')
#         items.append(parts)
#     return items

# file_to_struct version 1.2 , 更加 Pythonic 的方法
# from functools import partial
# def file_to_struct(in_file,format_str):
#     unit_size=struct.calcsize(format_str)
#     format_unpack = struct.Struct(format_str).unpack_from
#     items =[format_unpack(item) for item in
#                 iter(partial(in_file.read, unit_size), b'')]

#     items=list(map(lambda part:[part[0],
#                            part[1],
#                            part[2],
```

```
43 #                                 part[3].decode('utf-8')],items))
44 #     return items
45
46
47 if __name__ == "__main__":
48     # 字符串需要确定编码后的字节数
49     format_str = '<2if{0}s'.format(len('天地玄黄'.encode('utf-8')))
50
51     source_file = open('qianzi.txt','r',encoding='utf-8')
52     struct_file = open('struct.bin','wb')
53     # struct_file.truncate()
54     struct_to_file(source_file,struct_file,format_str)
55     source_file.close()
56     struct_file.close()
57
58     to_struct_file = open('struct.bin','rb')
59     print(file_to_struct(to_struct_file,format_str))
60     to_struct_file.close()
```

代码第 8 行，用 readline 和 readlines 函数读取文本文件，读入的字符串的末尾会保留换行符“\n”，所以需要用 rstrip 函数删除“\n”，再将字符串用'utf-8'编码转为字节对象。

代码第 14 行，用 struct 模块的 calcsize 函数计算每个结构的大小，参数是格式字符串。这样就可以让 read 函数读规定大小的字节数。

代码第 16 行，struct 模块的 unpack 函数返回的是元组，因为里面的字符串要解码为 utf-8 的字符，所以先变为列表。

代码第 25 行，可以用 struct 模块的 unpack_from 获得带格式字符串的解包函数。这样解包的时候就不需要再提供格式字符串了。

代码第 38 行，partial(in_file.read,unit_size)用偏函数，在调用时提供部分参数，使用偏函数需要先引入 partial 模块(from functools import partial)。

iter 函数可以构造一个迭代器，第一个参数是可调用对象(Callable)，第二个参数是哨兵(Sentinel)，第一个参数每被调用一次就判断其是否等于第二个参数，如果是就停止调用。在这里，iter 函数就是不断读规定数量的字节，直到读到空的字节对象"b"。

代码第 37 行，使用了列表推导式。

代码第 40 行，使用高阶函数 map 将前面得到的列表中的字符串解码为'utf-8'。

9.2.5.3　使用 pickle 模块处理二进制数据

一个程序在运行过程中会创建一系列的对象，如前面看到的列表、字典，以及后面学到的用户自定义类产生的对象。在实际应用中可能会出现这样的场景，程序运行结束了，但是在下次运行时，要恢复这些对象继续运行，或者本地程序的对象要发送给远程程序，远程程序要基于这些对象来运行。那么，这些对象如何持久保存，以及如何通过网络传送？

网络传送的其实是无格式的数据流，这个和文件的访问颇为相似，打开的文件对象也是数据流。所示对象需要能被序列化(Serialization)，变成字节流。

所示对象变成字节流以后，就可以保存成文件，称为对象持久化(Persistence)。当然对象持久化不一定只是将字节流变成文件，也可以保存在数据库中。

pickle 模块可以轻松实现对象的序列化和持久化，并且可以实现从文件或字节对象重新变为对象。

代码 9.7 使用 dumps 和 loads 这对函数，实现了字典对象的序列化和还原。注意，还原的时候不是覆盖原对象，而是产生拷贝。

代码 9.7 ch09/object_serialize.py

```
# -*- coding: utf-8 -*-

import pickle
# 建立一个字典
dict_object = dict(zip('abcde',[1,2,3,4,5]))
# 将字典序列化成字节对象
dict_string = pickle.dumps(dict_object)
# 字节对象重新变成字典
new_dict = pickle.loads(dict_string)
# 两个字典里的内容完全一样，打印 True
print(new_dict == dict_object)
# 在内存中其实产生了原字典的拷贝，打印 False
print(new_dict is dict_object)
```

代码 9.8 使用 dump 和 load 这对函数，实现了字典对象的持久化和还原。

代码 9.8 ch09/object_persist.py

```
# -*- coding: utf-8 -*-

import pickle
# 建立一个字典
dict_object = dict(zip('abcde',[1,2,3,4,5]))

with open('dict_object_20210223','wb+') as f:
    # 将字典持久化到文件
    dict_string = pickle.dump(dict_object,f)

    # 从文件重新变成字典
    f.seek(0)
    new_dict = pickle.load(f)
    # 两个字典里的内容完全一样，打印 True
    print(new_dict == dict_object)
    # 在内存中其实产生了原字典的拷贝，打印 False
    print(new_dict is dict_object)
```

实际的情况可能会是在不同的程序中分别完成保存和还原的工作。

pickle 模块可以实现大部分对象的序列化和持久化，但是不能对文件对象做序列化和持久化。

另外，marshal 是更早的序列化工具模块，也能完成类似的工作。根据 Python 官方文档，不要对来路不明的文件用 pickle 模块反序列化，因为在 unpickle 的过程中，恶意程序可能危害计算机系统。

9.3 目录操作

目录的操作需要引入 os 模块，主要的操作代码如下所示。

```
# 引入模块 os
import os

# 获取当前工作目录
os.getcwd()
# Out[2]: 'D:\\PythonWorks'

# 新建目录
os.mkdir('测试目录')
os.mkdir('测试目录/A 项目')
os.mkdir('测试目录/B 项目')
os.mkdir('测试目录/A 项目/需求阶段')

# 列出目录中的文件和文件夹
os.listdir("./测试目录/")
# Out[4]: ['A 项目', 'B 项目']

# 在'测试目录'新建文件
f=open(r"./测试目录/A 项目/测试文件 1.txt",'w')
f.close()

# 改变当前工作目录
os.chdir("./测试目录/A 项目/")
os.getcwd()
# Out[8]: 'D:\\PythonWorks\\测试目录\\A 项目'

# 改变当前工作目录
os.chdir("../")
os.getcwd()
# Out[10]: 'D:\\PythonWorks\\测试目录'

# 列出目录中的文件和文件夹
os.listdir("./")
# Out[11]: ['A 项目', 'B 项目']

# 改变目录名称
os.rename('B 项目','C 项目')
os.listdir()
```

```
# Out[12]: ['A 项目', 'C 项目']

# 改变文件名称
os.rename(r'./A 项目/测试文件 1.txt',r'./A 项目/测试文件 2.txt')
os.listdir(r'./A 项目/')
# Out[13]: ['测试文件 2.txt', '需求阶段']

# 路径变成列表
os.path.split(os.getcwd())
# Out[14]: ('D:\\PythonWorks', '测试目录')

# 列表变成路径
os.path.join('D:\\PythonWorks', '测试目录', 'A 项目')
# Out[15]: 'D:\\PythonWorks\\测试目录\\A 项目'

os.getcwd()
# Out[16]: 'D:\\PythonWorks\\测试目录'

# 判断路径是否存在 (目录)
os.path.exists('./A 项目/')
# Out[17]: True

# 判断路径是否存在 (文件)
os.path.exists('./A 项目/测试文件 2.txt')
# Out[18]: True

# 判断是不是目录
os.path.isdir('./A 项目')
# Out[19]: True

# 判断是不是目录
os.path.isdir('./A 项目/测试文件 2.txt')
# Out[20]: False

# 遍历路径和文件
for roots,dirs,files in os.walk(r'D:/PythonWorks/测试目录'):
    print(roots)
    print(dirs)
    print(files)

D:/PythonWorks/测试目录
['A 项目', 'C 项目']
[]
D:/PythonWorks/测试目录\A 项目
['需求阶段']
['测试文件 2.txt']
D:/PythonWorks/测试目录\A 项目\需求阶段
```

```
[]
[]
D:/PythonWorks/测试目录\C 项目
[]
[]

# 删除文件
os.remove(r'./A 项目/测试文件  2.txt')
os.listdir(r'./A 项目/')
# Out[21]: ['需求阶段']

os.chdir('测试目录')

# 删除目录
os.rmdir('C 项目')
os.listdir(r'./')
# Out[22]: ['A 项目']

os.chdir('../')

# 删除非空目录
import shutil
shutil.rmtree('./测试目录')
```

9.4 本章习题

1．在网上查找关于“Python sys.stdin sys.stdout”的信息，标准输入stdin和input有什么关系？标准输出stdout和print、write有什么关系？

2．本书配套源代码的目录中有一个文件 BostonHousing.txt，编写程序打开这个文件，读取其中的价格表，筛选房价中位数 MEDV 不在 20～30(千美元)之间的数据，并写入另一个文件。

3．本书配套源代码的目录中有一个文件 BostonHousing.txt，编写程序打开这个文件，读取其中的价格表，将最后两列 LSTAT、MEDV 写入另外一个文件，计算房价中位数 MEDV 的平均值、最大值、最小值，并写在新的文件的末尾。

4．新建多个文本文件，将这些文件中的内容合并，并写到另一文件中。

5．在本书配套源代码的目录中打开文件“笠翁对韵.txt”，统计不重复的中文字数。

第10章 异常处理

本章要点

- 程序的三种错误；
- 异常捕获的方法；
- 异常的追溯；
- 用户自定义异常。

学习目标

- 掌握异常捕获的方法；
- 掌握用户自定义异常的使用。

10.1 程序错误

在编程过程中免不了出现各种各样的错误，错误可以分为以下三种。

(1) **语法错误**。语法错误(Syntax Error)在编程的时候就能发现，编译器或解释器会阻止程序的运行，并给出错误信息。在下面的代码中，open 函数的参数间需要用逗号分隔，实际情况是程序员误用了“.”。语法错误一般不会成为最终交付的程序的问题，因为在编程阶段就解决了。

```
In [3]: f=open("myfile".'r')
File "<ipython-input-1-41c4565288e5>", line 1
f=open("myfile".'r')
^
SyntaxError: invalid syntax
```

(2) **逻辑错误**。对于逻辑错误的程序，其语法没有错误，也能运行，但是运行的结果是错误的，如(a+b)*c 和 a+b*c 在计算逻辑上完全不同。有时候逻辑错误是很难发现的，因为很多人都会偏执地认为自己的想法是没有错的，所以在程序测试的时候，最好让不同的人评审、测试代码。

(3) **运行时错误**。运行时错误(Runtime Error)不是语法错误或逻辑错误，而是程序在运行的时候，可能因为某些原因而破坏正常的执行流程，如网络不通、要访问的文件不存在、字典中没有这个键、无效的索引、引用空间中没有的名称、除数为零等。这些错误常常是程序外部的因素、数据错误引发的，在程序运行时偶然出现。当 Python 程序运行中遇到这些无法处理的情况时，就会引发运行时错误，如下列代码所示。

```
In [5]: f=open("myfile",'r')
Traceback (most recent call last):
```

```
File "<ipython-input-2-a15237623a3d>", line 1, in <module>
f=open("myfile",'r')
FileNotFoundError: [Errno 2] No such file or directory: 'myfile'
In [7]: d={'a':1,'b':2}
In [9]: d['c']
Traceback (most recent call last):
File "<ipython-input-4-05ba6e0488c7>", line 1, in <module>
d['c']
KeyError: 'c'
```

10.2 异常捕获

运行时错误被称为异常(Exception)，发生异常必须立即处理，否则程序就会崩溃并终止执行。为了避免程序直接崩溃，需要使用异常捕获等异常处理机制。异常处理机制可以增强程序的健壮性与容错性。

异常捕获的代码采用 try-except 结构，语法如下所示。其中，方括号表示可选，也就是里面的内容可以有也可以没有，尖括号表示必选，也就是不能为空。

```
try:
    < 有可能产生异常的代码>
except [异常类型]:
    < 异常处理代码>
[except < 异常类型> [as < 变量名>]:
    < 异常处理代码> # 常常通过 as 子句绑定的<变量名> 输出异常信息
[else:
    < 没有发生异常执行的代码>]
[finally:
    < 不管有没有异常都会执行的代码>]]
```

例 10.1 对于一个字典，如果试图用不存在的键(key)去访问数据，就会出现异常，并且程序会立即崩溃，如下列代码所示。

```
In [11]: d=dict(zip(list('abdfg'),list(range(1,6))))
    ...:
    ...: for key in 'abcdefg':
    ...:     print(d[key],end='\t')
    ...:
1 2 Traceback (most recent call last):

File "<ipython-input-56-90dc1e6dfa8b>", line 4, in <module>
print(d[key],end='\t')

KeyError: 'c'
```

从异常的调用栈追溯(Traceback)信息中可以看到，由于键“c”不存在而引起“KeyError: 'c'”。如果程序的逻辑是“如果没有这个键就要继续运行”，那么应该将其改成代码 10.1。

代码 10.1　ch10/try_except_pass.py

```
# -*- coding: utf-8 -*-

d=dict(zip(list('abdfg'),list(range(1,6))))

for key in 'abcdefg':
    try:
        print(d[key],end='\t')
    except KeyError:
        pass
```

代码 10.1 正常输出了“1　2　3　4　5”，程序并没有崩溃。这就是异常捕获的意义所在。处理异常的代码只有一句“pass”，意味着发现错误什么都不做。由于整个 try-except 结构是在循环里的，所以出现异常还可以继续下一次循环。

如果觉得这样默默地“pass”不符合要求，也可以输出异常信息，这时就用到了 as 子句，如代码 10.2 所示。

代码 10.2　ch10/try_except_print_e.py

```
1 # -*- coding: utf-8 -*-
2
3 d=dict(zip(list('abdfg'),list(range(1,6))))
4
5 for key in 'abcdefg':
6     try:
7         print(d[key],end='\t')
8     except KeyError as e:
9         print(f'{e}不存在',end='\t')
```

代码 10.2 第 8 行“as e”，将异常对象绑定在名称 e 上，第 9 行就可以输出异常信息，现在输出信息变成了“1　2　'c'不存在 3　'e'不存在　4　5”。

该异常对象包含的信息还有 errno、strerror、filename、winerror 等，可以通过“e.”引用。

有时候程序执行可能产生多种异常，这时异常处理程序就可能需要包含多个 except 分支，也可能在一个 except 子句中捕获多个异常，多个异常之间用逗号分隔，并将它们放在圆括号中，如 except (ValueError,TimeoutError)。

例 10.2　打开用户提供文件名的文件，然后计算里面的字符数。可能出现“文件不存在”异常，如果要避免程序崩溃，应该让用户再次输入，直到文件能打开为止，或者用户按下快捷键“Ctrl+C”强行终止程序。为了提高程序的容错性，可以采用异常的嵌套，并使用 finally 子句，保证不管有没有发生异常都能关闭文件，如代码 10.3 所示。

代码 10.3　ch10/except_nested_else_finally.py

```
1 # -*- coding: utf-8 -*-
2 import sys
3 def get_char_num_of_file(file_name):
4     char_count=0
5     f=None
6     while True:
7         try:
8             f=open(file_name,'r')
9         except FileNotFoundError:
10            try:
11                file_name=(input('文件名不存在,请重新输入:')).strip()
12            except EOFError:
13                file_name=(input('未获得任何输入,请重新输入:')).strip()
14            except KeyboardInterrupt:
15                print('谢谢使用，下次再见！')
16                sys.exit()
17        else:
18            for line in f:
19                char_count += len(line.rstrip('\n'))
20            break
21        finally:
22            if f is not None:
23                f.close
24    return char_count
```

代码 10.3 第 10～16 行是发生“文件找不到”异常时的处理程序，代码第 11 行让用户不断输入正确的文件名(如 ZenofPython)，如果用户放弃输入，按下“Ctrl+C”快捷键，就会触发 KeyboardInterrupt 异常，如果用户按下“Ctrl+D”快捷键，就会触发 EOFError 异常。由于使用了嵌套的多路异常捕获，代码可以分别处理这两个异常。

“Ctrl+D”快捷键表示文件结束，input 函数获得这个输入，相当于在输入流中没有获得任何数据就到了 EOF(End of File)，于是就抛出 EOFError，捕获这个异常后，代码第 13 行的处理程序让用户重新输入。

“Ctrl+C”是通用的在命令行状态下结束程序的快捷键，既然用户要结束程序，这时可以先做一些善后的工作，然后结束程序的执行(代码第 16 行)，并抛出 SystemExit 异常，这个异常不再捕获。

如果找到文件并成功打开，就会执行代码第 17～20 行的 else 子句，计算字符数。

代码第 23 行确保在发生异常或不发生异常的情况下都能关闭文件。代码第 5 行之所以要在循环之外定义 f 变量，是因为定义在循环中的变量，当循环终止时，变量就会被清除，这样 f 变量就不能在代码第 19 行引用了。

总之，异常捕获的着眼点在于让程序更健壮，免于运行时直接崩溃，或者做好异常的善后工作，如保存重要信息、记入日志文件、关闭文件等。所以语法错误是不需要捕获的，因为在编程阶段就可以解决。逻辑错误也不能捕获。单纯地输出错误信息意义不大，异常捕获的主要目的是尽可能挽救程序，让它恢复正常执行。

10.3 异常的层次关系

Python 官网中关于异常的文档描述了各种异常的层次关系。理解这个层次关系可能需要较多的计算机背景知识，以及一些面向对象编程的知识，所以这里不讨论每种异常的含义。事实上，可以在编程中遇到问题时逐步学习。

异常的层次关系可以构成一棵树。这棵树的根是 BaseException，它是所有错误、异常、警告的基类(父类)。如果用概念抽象的方法来理解层次关系，那么上层的概念是更加抽象的概念，就像白马、黑马都是马，因为马是更加抽象的概念。主要需要关注的是第二层的 Exception，它是所有内置异常的基类，如果用户要自定义异常类，那么应该以这个类或这个类的子类为基类。既然 Exception 是所有内置异常的基类，那么是否可以用“except Exception:”来捕获所有可能的内置异常？

在代码层面上肯定是可以的，但是程序可能发生多种异常，处理程序就没有了针对性。这对于编写一个健壮、用户体验良好的程序来说肯定不是一个最佳实践。下面的代码第 5 行，还会发生一个除零异常，导致原来的处理程序完全没有了意义。

```
 1 In [13]: d=dict(zip(list('abdfg'),list(range(1,6))))
 2     ...:
 3     ...: for key in 'abcdefg':
 4     ...:     try:
 5     ...:        5/0
 6     ...:        print(d[key],end='\t')
 7     ...:     except Exception as e:
 8     ...:        print(f'{e} 不存在',end='\t')
 9     ...:
10 division by zero 不存在 division by zero 不存在 division by zero 不存在
   division by zero 不存在 division by zero 不存在 division by zero 不存在
   division by zero 不存在
```

如果使用多路的异常捕获，那么当两个异常存在概念上的层次关系时，需要注意捕获的先后次序。如果 A 异常是 B 异常的基类，或者说 B 异常是更特殊的 A 异常，那么应该先捕获 B 异常再捕获 A 异常，否则 B 异常永远都不可能被捕获。因为异常捕获是选择结构的，一旦匹配了，就走这一条的处理程序，后面的就不管了。例如，ZeroDivisionError(除零异常)是 ArithmeticError(算术异常)的子类，如果先捕获 ArithmeticError，那么 ZeroDivisionError 永远不能被捕获。相关操作见如下代码。

```
In [15]: try:
    ...:    5/0
    ...: except ArithmeticError as e:
    ...:    print('算术错误处理程序')
```

```
...: except ZeroDivisionError as e:
...:     print('除以 0 错误处理程序')
...:
算术错误处理程序
```

10.4 抛出异常和异常的调用栈追溯

10.4.1 抛出异常

异常一般是系统触发的，但是用户也可以自己用 raise 语句抛出异常，并定制输出的信息。抛出异常共有 4 种方式，其中的“异常类型”必须是已经定义的，包括用户自定义的，如代码 10.4 所示。

(1) raise 异常类型。

(2) raise 异常类型(参数列表)。

(3) raise 异常类型(参数列表) from 源异常。

(4) raise。

代码 10.4 ch10/raise_exception.py

```
# -*- coding: utf-8 -*-

import math
def area_of_circle(radius):
    try:
        if radius<0:
            raise AssertionError("半径不能小于 0", radius)
        elif radius > 20:
            raise AssertionError("半径不能大于 20", radius)

        return math.pi*radius**2
    except AssertionError as e:
        print(e.args)

if __name__ == "__main__":
    print(area_of_circle(-5))
    print(area_of_circle(25))
    print(area_of_circle(15))
```

代码 10.4 的执行结果如下。

```
('半径不能小于 0', -5)
None
('半径不能大于 20', 25)
None
706.8583470577034
```

代码 10.4 第 7 行和第 9 行使用前述第 2 种方式抛出 AssertionError，并给出了相应错误描述的参数列表。然后代码第 12 行捕获异常，代码第 13 行通过“e.args”输出错误描述的参数。如果使用第 1 种方式，那么输出的参数就是空的元组。

10.4.2 异常的调用栈追溯

由函数组成的模块化程序，会形成函数之间的调用关系，当被调函数产生异常时，可以选择以下几种处理方式。

(1) 在本地什么都不做，异常会自动上抛给调用者。

(2) 在本地捕获处理，在被调函数中编写 try-except 结构。

(3) 在本地捕获处理的基础上继续向上抛出新的异常，需要使用前面的第 3、4 种抛出异常的方式。

在下面的代码中，funct3 调用 funct2，funct2 调用 funct1，在 funct1 中触发了异常。由于所有的函数都不捕获异常，所以这个异常一路向上(调用者)抛出，直到 Python 解释器，最后在终端输出 Traceback 信息。Traceback 信息的最下面是最早出现异常的函数，最上面是最初调用的函数。

```
In [17]: def funct1():
    ...:     raise Exception
    ...:
    ...: def funct2():
    ...:     funct1()
    ...:
    ...: def funct3():
    ...:     funct2()
    ...:
    ...: funct3()
Traceback (most recent call last):

File "<ipython-input-112-e337012132f7>", line 10, in <module>
funct3()

File "<ipython-input-112-e337012132f7>", line 8, in funct3
funct2()

File "<ipython-input-112-e337012132f7>", line 5, in funct2
funct1()

File "<ipython-input-112-e337012132f7>", line 2, in funct1
raise Exception

Exception
```

如果 raise 语句后面没有表达式，那么有以下两种可能。

(1) 如果当前已经发生异常，就继续向上抛出异常，此时 raise 语句在 except 子句中。

(2) 如果当前没有发生异常，那么抛出运行时异常（RuntimeError），此时 raise 语句在正常程序中。在下面的代码中，funct2 函数捕获 funct1 函数抛过来的异常，但是 funct2 的异常处理程序会继续抛出异常。

```
def funct1():
    raise Exception(" 发生异常!")

def funct2():
    try:
        funct1()
    except Exception as e:
        print(e)
        raise

def funct3():
    funct2()

funct3()
```

或者像下面这样，抛出新的异常。

```
def funct1():
    raise Exception(" 发生异常!")

def funct2():
    try:
        funct1()
    except Exception as e:
        print(e)
        raise ValueError from e
def funct3():
    funct2()

funct3()
```

10.5 用户自定义异常类

用户自定义异常类需要用到一点面向对象编程的知识，可以等学完后面的面向对象编程知识再来看这一节。

最简单的用户自定义异常类，其实只要指定继承的父类就可以了。

```
In [19]: # 一般会把用户自定义的异常放到一个文件中构建一个模块
    ...: class CustomException(ValueError):
    ...:     pass
    ...:
    ...: # import 用户自定义的异常模块
```

```
   ...: # 然后在代码中抛出异常
   ...: raise CustomException
Traceback (most recent call last):

File "<ipython-input-122-ea74a5d95243>", line 7, in <module>
raise CustomException

CustomException


In [21]: # 在抛出时定义消息
   ...: raise CustomException('数据不符合要求')
Traceback (most recent call last):

File "<ipython-input-123-d35acc3c41b7>", line 2, in <module>
raise CustomException('数据不符合要求')

CustomException: 数据不符合要求
```

如果需要定制异常抛出的信息，就需要在 raise 语句中给定制的异常类传递参数，然后在类的内部的专用函数中构造想要输出的消息，如代码 10.5 所示。

代码 10.5　ch10/user_defined_exception_class.py

```
# -*- coding: utf-8 -*-
# 一般会把用户自定义的异常放到一个文件中构建一个模块，假设文件名是 exceptions.py
class RejectedDataTypes(TypeError):
    """拒绝接受的数据类型引发的异常.

    属性:
        data : 定位哪个数据引发异常
        message : 显示的错误信息
    """

    def __init__(self, data, message="非整型数据"):
        self.data = data
        self.message = message
        super().__init__(self.message)

    def __str__(self):
        return f'{self.data}{self.message}'

# 在另一个文件中使用前: from exceptions import *
if __name__=='__main__':
    data = input("输入数据: ")
    # data = int(input("输入数据: "))
    if not isinstance(data,int):
        raise RejectedDataTypes(data)
```

代码 10.5 第 24 行，在生成异常类的对象时传入参数“data”，其实这个参数是传送给类的专用方法(Special Methods)“__init__”的。“super().”表示“父类的”(也就是 TypeError)，用户通过这个函数植入了两个属性：data 和 message。

然后在代码第 16、17 行的专用方法“__str__”中构建了输出的消息，当代码第 24 行触发异常时就会输出这个消息。

若将代码第 22 行注释掉，代码第 21 行运行时则会触发异常；若将代码第 21 行注释掉，代码第 22 行运行时则不会触发异常。

10.6　本章习题

1．下面哪个是需要用 try-except 结构捕获的错误？

A．关键字拼写错误　　B．表达式语法错

C．缩进语法错　　D．用户抛出异常

2．由于 Python 是解释型语言，所以有语法错误的程序也能运行，直到出现错误。这样陈述对吗？

3．不管是否捕获异常，程序运行时抛出异常，就会导致程序中断运行。这样陈述对吗？

4．程序有哪几类错误，在 Python 程序中需要用 try-except 结构捕获的是哪类错误？

5．用 try-except 结构捕获的作用是什么？捕获异常的程序和不捕获异常的程序的区别是什么？

6．在下面的陈述中，哪些是错误的？

```
try:
    语句代码 1
except KeyError:
    语句代码 2
finally:
    语句代码 3
```

A．语句代码 1、3 一定会执行，但是语句代码 2 不一定会执行

B．语句代码 1、2 一定会执行，但是语句代码 3 不一定会执行

C．当语句代码 1 抛出异常时，程序立即中断

D．当语句代码 1 抛出异常时，程序不一定中断

第 11 章　面向对象编程

本章要点

- 面向对象的相关概念；
- 类的定义，实例生成、访问、销毁；
- 类和对象在内存中的存在；
- 类的属性和方法的可访问性；
- 静态方法和类方法；
- 专用方法和运算符重载；
- 抽象类；
- 装饰器的实现。

学习目标

- 掌握面向对象的思想和程序设计；
- 掌握专用方法和运算符重载。

11.1　面向对象的相关概念

很多软件本质上是对现实世界的模拟，如电子商务、企业资源管理系统(ERP)、各类售票系统、证券交易系统、制造执行系统等。这类软件特别适合采用面向对象的方式建模、设计、编程。面向对象的编程范式之所以流行的一个重要的原因是，现实世界就是通过对象及对象协作解决问题的，如果编程的风格和现实世界的形态、人类思维的方法一致，代码就比较容易被人类理解。

可以从以下三个角度理解面向对象的概念。

(1) 软件是现实世界的模型。模型是对现实世界的抽象，抽象就会只保留用得到的信息而丢失其他信息，抽象的结果其实和软件要解决的问题相关。例如，图书馆管理系统和铁路售票系统的目标不同，所以同样的一个对象，如同一个人，在两个系统中抽象的结果就不一样。如图 11.1 所示，在现实世界中，有形的实体基本都是对象，无形的事件也有可能成为对象，如支付、销售、航班、车次。人类认识和解释世界的基础就是概念，概念是人对现实世界对象的建模，离开了概念人类无法描述任何事情。那些模拟现实世界的软件将人类对世界构建的概念系统，在计算机系统中构建了对应的事物，通过这种方法建立的软件系统和人类的认知就很接近了，软件的可读性和可维护性也会更好。

(2) 概念和类的关系。类(Class)对应于概念，但类做了进一步的抽象，类只保留了事物的属性(Property、Attribute、Field)和方法(Method)，方法有时被称为消息(Message)、函数，方法调用被称为消息传递，如图 11.2 所示。属性是描述事物特征的数据，方法是基于这些数据的函数。

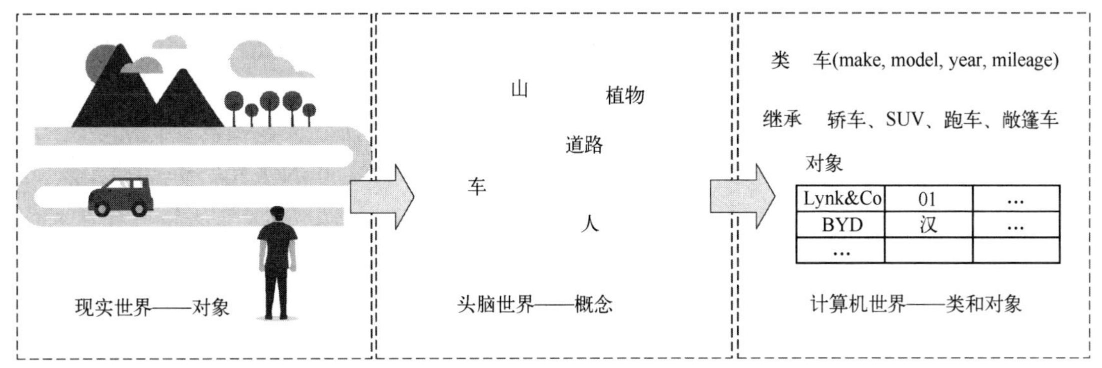

图 11.1　软件是现实世界的模型

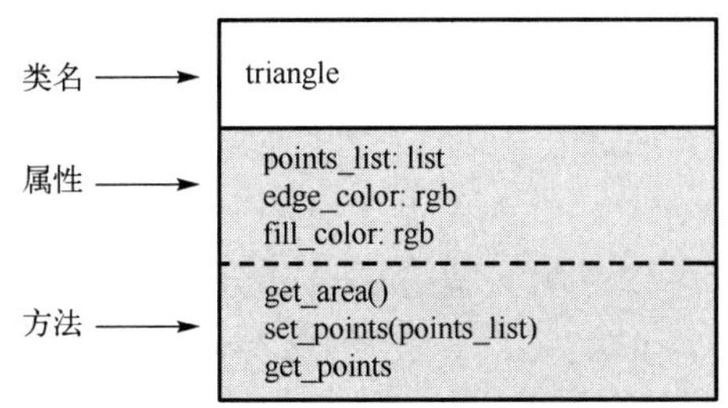

图 11.2　类对于概念的抽象

概念的关系和类的关系也存在对应关系，概念的关系有成员关系(is member of)、概括关系(is a)、聚集关系(is part of)、依赖关系(is dependent on)，如图 11.3 所示。

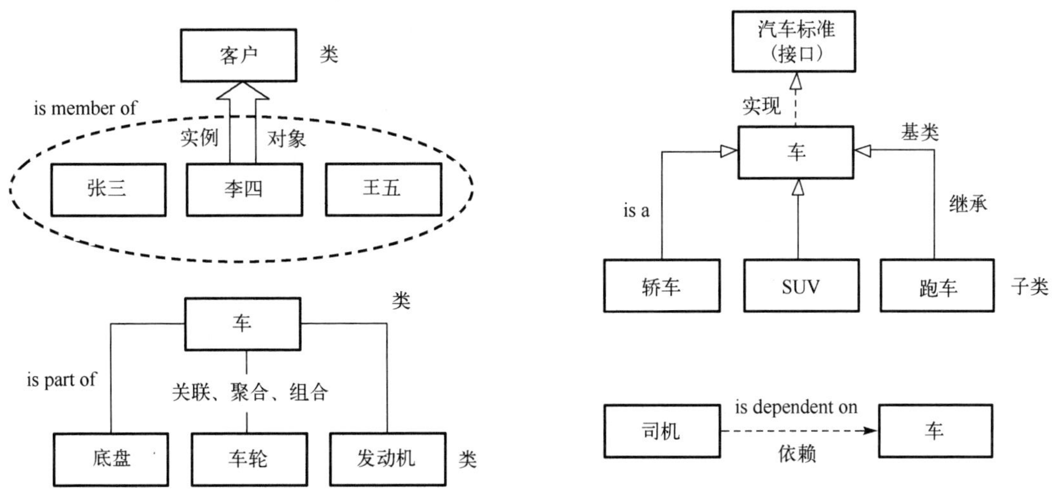

图 11.3　概念的关系和类的关系

概念的关系在面向对象程序设计语言体系中的对应关系存在以下几种。

在面向对象程序设计语言系统中，很多概念的关系与图 11.3 所示的概念的关系是一致的。

①成员关系。成员关系是概念和实例(Instance)或对象(Object)之间的关系，相似实例对象的集合构成某个概念的外延。在面向对象程序设计中，对象和类的关系就是成员关系，对象是类描述的集合的成员。

②概括关系。概括关系表示一个概念是对另一个概念的抽象，是概念之间的抽象层次关系。在面向对象程序设计中，概括关系是类和类(或接口)之间的关系，这种抽象层次被描述为继承(Inherit, Inheritance)或实现(Implement, Implemention)。

在继承关系中，被继承的类称为基类(Base Class)或父类(Parent Class 或 Super Class)，继承的类称为子类(Child Class 或 Subclass)。本质上子类也是父类的一种，就如白马也是马一样。父类是子类的泛化(Generalize, Generalization)，子类是父类的具体化(Specialize, Specialization)。继承关系用空心三角箭头的实线表示。

实现关系和继承关系颇为相似，区别在于被实现的类常常称为接口(Interface)，接口的特点是只定义了规范，没有任何具体实现。如同电源插座的国家标准就是接口，国家标准中肯定有电源插座的物理尺寸等规定，但是不限制厂商用何种方法去设计和实现，每个具体厂商的设计肯定符合国家标准。其他用户在使用电源插座时，只需要依据国家标准，并不需要考虑是哪个厂商制造的。实现关系用空心三角箭头的虚线表示。

③聚集关系。一个概念可以是另一概念的一部分。根据概念和概念之间联系的紧密程度，在面向对象程序设计中，聚集关系分成关联(Association)关系、组合(Composition)关系、聚合(Aggregation)关系，这些关系转化成代码时很相似，本书不做区分。关联关系用实体黑线表示，聚集关系有若干变型。

④依赖关系。概括关系、聚集关系都是静态关系，而依赖关系是动态关系。例如，假设不考虑专车专任司机，司机和车的关系就是依赖关系，司机不会一直开车，只在实施开车这个行为时依赖于车。从代码角度看，司机的开车函数中会有车的实例(可能在参数列表中，也可能在函数体内)，而车不是司机的属性，两者没有静态关系。依赖关系用不封闭箭头的虚线表示。

(3) 软件架构。对那些模拟现实世界的软件来说，早期的软件工程是采用对信息加工流程建模的方式来构建系统的，每个模块(如函数)就是输入、处理、输出的单元，这些单元的组合就构成了软件。但是这样的软件有一个问题，就是模块之间是高度耦合的，因为很多数据被开放式共享，导致共享数据的函数紧密耦合，要控制这些函数的工作次序可能需要协同和控制变量，函数的运行模式须基于外部的状态改变。另外有些函数开放式地被其他函数依赖，这些函数很难被修改，因为修改导致的错误会在整个软件中扩散。这就导致软件的开发、维护和修改都是成本巨大的工作。

为了克服这个问题，软件工程的实践认为软件的模块应当高内聚、低耦合，于是面向对象编程就出现了，其最基本的设想就是将数据和与之关联的函数放在一个类中。这样一来，对象都有属于自己的一组数据，以及与数据相关的一组操作方法(高内聚)。

简单的面向对象的思想，并不能解决所有问题。所以，真实的软件系统中除了有现实世界的模型，还会有称为软件架构的模型，软件架构不但和开发的成本、质量有关，而且和运行的性能、效率、可靠性有关。

随着软件架构经验和知识的不断积累，逐步形成了面向对象的设计原则、设计模式等设计思想。在面向对象设计和编程中，很大一部分内容和软件架构领域相关。

11.2　类的定义示例

如何用面向对象的方法来描述图 11.4 所示的平面坐标系统中的点？

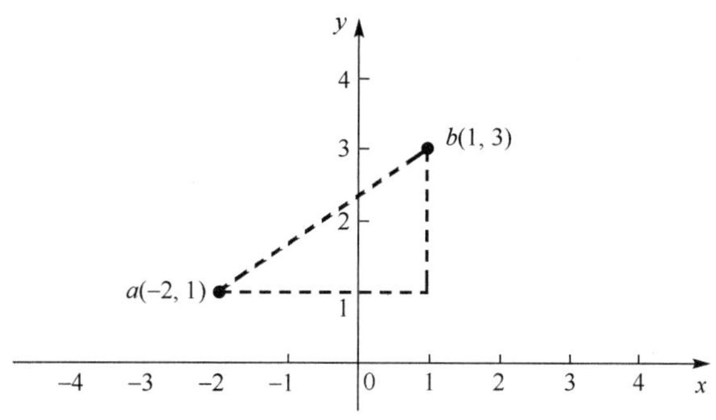

图 11.4　平面坐标系统中的点

如果用面向对象的方式设计“点”的类，就会将点的数据和行为封装(Encapsulate)在类中，为用户提供简单的接口。与点相关的数据是坐标、点的数值，与点相关的行为可能会有生成点、移动点、计算两点的距离、打印点的信息等。显然这是为举例做了简化，真实的情况可能要复杂得多。所谓封装就是尽可能让最终使用者不需要了解细节，如“点”类的使用者，不需要了解如何计算距离，只需要调用计算距离的方法。

```
名称：Point
数据：
  坐标：(x, y)
行为：
  移动：(x, y) → (x + Δx, y + Δy)
  计算距离：hy pot(Δx, Δy)
  归位原点：(0, 0)
  字符串输出："Point(1.50, 3.20)"
  删除点：每次删除，坐标中点的总数量减少 1
```

根据这样的设想，可以定义 Point 类，如代码 11.1 所示。

代码 11.1　ch11/Point.py

```python
# -*- coding: utf-8 -*-

from math import hypot
class Point:
    """平面坐标的一个点(x,y)"""

    # 类成员，每生成一个点的实例计数+1
    counter=0

```

```
10      # 在这里定义和初始化成员变量,两个下划线是 special method 或 magic method
11      def __init__(self,x,y):
12          """在生成实例后绑定坐标值浮点数 x, y, 并增加对象计数"""
13          self.x=x
14          self.y=y
15          Point.counter+=1
16
17      def move(self,delta_x,delta_y):
18          """点移动，参数是坐标偏移值"""
19          self.x+=delta_x
20          self.y+=delta_y
21
22      def distance(self,other_point):
23          """计算和另一点的距离，参数是另一点"""
24          delta_x = self.x - other_point.x
25          delta_y = self.y - other_point.y
26          return hypot(delta_x, delta_y)
27
28      def __del__(self):
29          """删除的时候计数减 1"""
30          Point.counter-=1
31
32      def __str__(self):
33          """当把对象转为字符串的时候"""
34          return "Point(%.2f,%.2f)"%(self.x,self.y)
35
36      def __repr__(self):
37          """把对象转为特殊的对象字符串"""
38          return "Point(%r, %r)" % (self.x, self.y)
```

代码 11.1 第 4 行定义了类名，关键字为 class。

代码第 8 行定义的是类属性(Class Attribute)，类属性被这个类的所有实例共享，counter 变量记录了这个类产生的实例的数量，每创建一个 Point 的实例，这个变量会加 1，每删除一个 Point 的实例，这个变量会减 1。这个变量是直接通过类名引用的，如“Point.counter”，代码第 15、30 行就是引用和改变变量值的方法。

代码第 11～14 行，定义了类实例的属性，就是点的坐标，显然每个点的坐标都是不同的。这个函数的定义语法是__init__(self, *args, **kwargs)，第一个参数必须是 self。

代码第 17 行定义了移动点的函数，函数的参数是 x 和 y 的偏移量。

代码第 22 行定义了计算距离的函数，参数是另外一个点的实例。

代码第 28 行定义了删除一个点的函数。删除前先将“Point.counter”减 1，然后将引用名称删除。代码执行以后，在 IPython 终端窗口查看 p、p1、p2，会看到“NameError: name 'p' is not defined”。

代码第 32 行定义了实例的字符串输出样式，如果想要用 print 函数输出对象，就会调用该函数。

代码第 36 行定义了实例的面向开发的、正式的字符串输出样式，如果想要通过字符串重新获得对象，就需要正确定义该函数返回的字符串。

11.3　实例生成和成员访问的代码示例

定义了类以后，可以通过代码 11.2 中的方法生成实例、调用方法，也可以将该类放在一个单独文件(Point.py)中，形成一个模块(Point)。当需要在其他文件(如 test.py)中使用 Point 模块中的 Point 类时，先构建一个模块 Point，后面的代码就和代码 11.2 删除第一行后一样了。

代码 11.2　ch11/Point.py

```
1 if __name__=="__main__":
2     # 生成实例
3     p=Point(3,4)
4     p1=Point(5,6)
5     p2=Point(7,8)
6 
7     # 属性的访问，坐标
8     print("属性的访问:")
9     print("x 坐标: ", p.x)
10    print("y 坐标: ", p.y)
11
12    # 普通方法的访问，两点的距离
13    print("\n 普通方法的访问:")
14    print(str(p),'和',str(p1),'的距离',"%.2f"%(p.distance(p1)))
15
16    # 专用属性访问
17    print("\n 专用属性的访问:")
18    print("属性字典:",vars(p)) # 等价于 p.__dict__
19    # 文档字符串
20    print("文档字符串:",p.__doc__)
21    # 类名
22    print("类名:",type(p)) # 等价于 p.__class__
23
24    # 类成员的访问
25    print("\n 类成员的访问:")
26    print(Point.counter)
27
28    # 专用方法的访问
29    print("\n 专用方法的访问:")
30    # 转为字符串,等价于 p.__str__()
31    print(str(p1))
32
33    # 删除对象,等价于 p.__del__()
34    del p
35    print(Point.counter)
36    del p1
```

```
37    print(Point.counter)
38    del p2
39    print(Point.counter)
```

代码 11.2 的执行结果如下。

```
属性的访问:
x 坐标:  3
y 坐标:  4

普通方法的访问:
Point(3.00,4.00) 和  Point(5.00,6.00) 的距离  2.83

专用属性的访问:
属性字典: 'x': 3, 'y': 4
文档字符串: 平面坐标的一个点  (x,y)
类名: <class '_main_.Point'>

类成员的访问:
3

专用方法的访问:
Point(5.00,6.00)
2
1
0
```

代码 11.2 的第 3～5 行分别生成了 3 个 Point 的实例，生成实例的方法是“类名(参数列表)”。

代码第 9～10 行，通过 Point 的实例绑定的名称 p 访问坐标(x, y)。

代码第 14 行调用了 Point 的实例的距离计算函数 distance，参数是另外一个点。

代码第 18、20、22 行访问了实例的专用属性，这些属性不需要用户定义，是从 object 继承来的。注意，调用时也可以用内置函数 vars、type。

代码第 26 行访问类成员 counter，语法是“类名.成员名”。代码第 35、37、39 行引用了类成员。

代码第 31 行，内置函数 str 调用了专用函数__str__()。

代码第 34、36、38 行，del 语句调用了__del__()函数。

11.4 类和对象在内存中的存在

类有点像一个模板，对象是按照这个模板创建的，但是有没有必要在每个对象中都复制一份类中函数？显然是不需要的。所以创建了类的实例后，内存中会同时存在类和实例，每个实例(对象)只需要自身坐标的数据和类中函数的名称。有了名称之后，在执行函数的时候只需要向类所持有的函数对象传递对象自己的数据就行了，如图 11.5 所示。

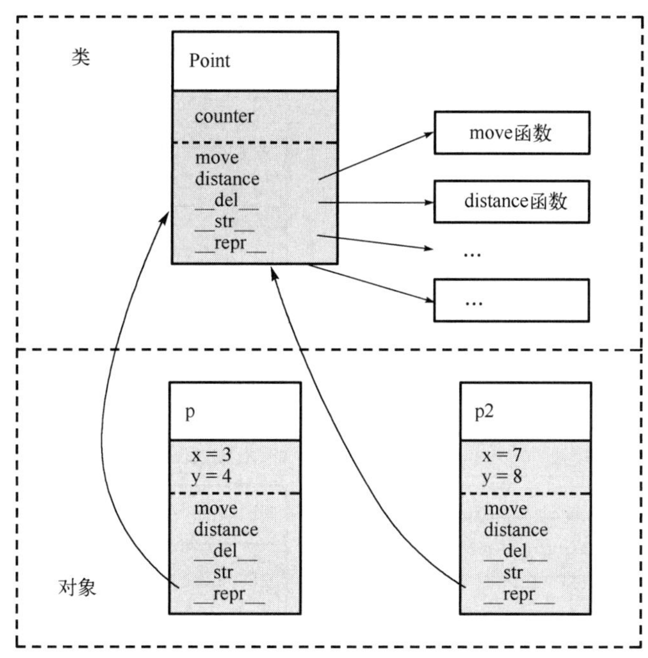

图 11.5　类和对象在内存中的存在

所以在代码 11.1 中，每个函数都有一个参数 self，其作用是告诉被调用的函数“我是谁”，即对象的位置，这个 self 参数是自动传递的，编程时调用函数不需要指定值。另外，代码中每个点的坐标都需要指定为“self.x 和 self.y”，表明是哪个对象的坐标，否则类持有的函数对象不知道是哪个点的实例的坐标值。

counter 之所以称为类属性，就是因为在对象中不存在这个名称，如果要引用它，就需要通过类名引用，如“Point.counter”。而 x 和 y 则是对象属性，因为如果没有生成实例，就不会存在确定的值。

11.5　类实例的生成

不要认为 Point 类的实例化过程仅仅创建了图 11.5 所示的一些结构，用户创建的类必有父类，如果不专门指定，那么这个类就是继承了 Python 的根类 object，object 是 Python 中所有类的父类。代码 11.1 第 4 行等价于“class Point(object)”，圆括号中 object 就是 Point 的父类，或者说 Point 继承了 object。当一个类被实例化时，可以在内存中递归建立所有祖先类的结构，直到根类 object。如图 11.6 所示，图的左侧是类的继承层次，图的右侧是在内存中递归建立父类的结构。

由于子类持有父类中可以公开访问的方法名，所以看上去好像子类继承了父类的方法。但子类其实并不真正持有父类的函数对象，仅可以通过函数名去访问这些函数对象，子类只需要创建自己特有的方法，并持有自己创建的函数的函数体。但是如果子类重写了和父类中的函数名相同的函数，那么子类实例就只能访问自己持有的函数对象，而父类那个函数对象则不能访问了，子类重写父类中的函数称为覆盖(Override)。例如，在 Point 类中，如果重写了父类 GraphicElement 中的 b 函数，那么 Point 类的实例访问的 b 函数就是重写后的 b 函数，而不是 GraphicElement 的 b 函数，其实就是名称被重新绑定了。

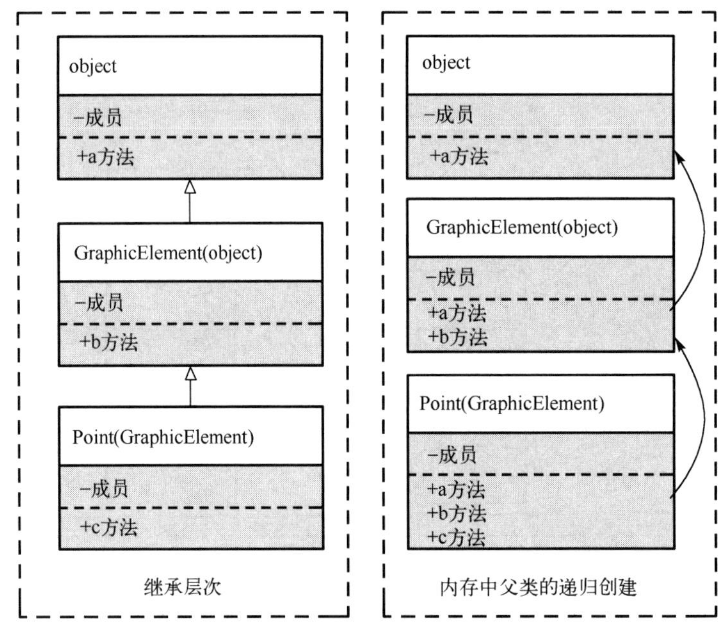

图 11.6 实例化时递归建立父类的结构

生成类的实例的过程涉及两个重要的方法：__new__和__init__。__new__和__init__是根类 object 既有的方法，既然 Python 的所有类都是 object 的子类，那么所有的 object 派生类(Derived Class)天然就有__new__和__init__方法名。下面的代码定义了没有任何内容的 Point 类，但是生成的实例中也有这两个函数名，见第 12 和第 14 行。

```
1  In [3]: class Point(object):
2     ...:     pass
3     ...:
4     ...: point = Point()
5     ...: print(point)
6  <_main_.Point object at 0x000000000BE2C130>
7  ...
8  In [5]: dir(point)
9  Out[5]:
10 ['_class_',
11 ...
12 '_init_',
13 ...
14 '_new_',
15 ...
16 '_str_',
17 ...']
```

因为用户自定义类会有一些自己特有的属性和方法，所以用户需要根据情况决定是否覆盖这两个方法。__new__函数负责生成类对象和类的实例对象，__init__函数负责在生成的实例对象中对属性做初始化工作，就如同在代码 11.1 中看到的设置 Point 的实例的坐标值。

__new__函数的定义语法如下，第一个参数 cls 是必须有的，后面是可变参数；cls 在函数调用时会自动传值，表示“哪个类”，作用有点像 self，self 表示实例的地址，而 cls 表示类对象的地址。

```
def __new__(cls, *args, **kwargs):
    # 语句
    return super().__new__ (cls, *args, **kwargs)
```

__init__函数的定义语法如下，self 在函数调用时会自动传入参数，表示“哪个对象”。

```
def __init__(self, / , *args, **kwargs):
     # 成员初始化语句
```

用户在自定义__new__和__init__函数时，应该清楚下面的情形。

(1) __new__函数是 object 既有的静态方法，所以所有的子类都持有这个函数名，即使用户不自定义__new__函数，也会调用父类的__new__函数。在下面的代码中，Point 类是 GraphicElement 类的子类，Point 类没有定义__new__函数，但是在生成 Point 实例时首先调用了父类的__new__函数，如代码第 16 行的执行结果，调用了父类 GraphicElement 的__new__函数(见以下代码)。

```
1 In [7]: class GraphicElement(object):
2    ...:     def __new__(cls):
3    ...:         print("GraphicElement.__new__is running")
4    ...:         print(cls)
5    ...:         return super().__new__(cls)
6    ...:
7    ...:     def __init__(self):
8    ...:         print("GraphicElement. __init__is running")
9    ...:
10   ...: class Point(GraphicElement):
11   ...:     def __init__(self):
12   ...:         print("Point. __init__is running")
13   ...:
14   ...: point = Point()
15   ...: print(point)
16 GraphicElement. __new__is running
17 <class ' main .Point'>
18 Point. __init__is running
19 < main .Point object at 0x00000000098A1220>
```

(2) 如果自定义类中定义了__new__函数，切不可阻断继承链条上__new__函数的一直延伸到 object 的递归调用。上面代码的第 5 行是不可缺的代码，“super().__new__(cls)”是继续向上调用父类的__new__函数，如果父类没有重写__new__函数，那么会沿着继承链条最后调用 object 的__new__函数。在写这行代码时注意，__new__函数中必须要有参数 cls，也就是说 cls 需要手动传入。

代码第 14 行执行“Point()”时实质上调用了__new__函数，这个时候无须显式指定，会自动传入参数 cls 的值，cls 表示哪一个类执行了__new__函数，因为它是 Point 类第一次调用__new__函数传入的，所以这个 cls 在继承链条上递归调用时一直都是 Point 类。代码第 18 行就是代码第 4 行的输出结果。如果注释掉代码第 5 行，那么结果如下所示。

```
1  GraphicElement.__new__ is running
2  <class '__main__.Point'>
3  None
```

从代码第 3 行可以看出，如果阻断继承链条上的__new__函数的递归调用，Point 的实例就无法成功创建。因为没有成功创建实例，所以__init__函数也不能执行。

如果在 Point 类中重写__new__函数，那么必须包含 return super().__new__(cls)，否则无法创建实例。

(3) 实例化后调用__init__函数。在前面的代码中，Point 类定义了__init__函数，其父类 GraphicElement 也定义了__init__函数，但为什么只有 Point 类中的__init__函数被调用了？因为代码第 14 行生成的是 Point 实例，所以在调用__init__函数时，调用的自然是 Point 的实例的__init__函数，自动传入的参数 self 也是 Point 的实例的地址。

(4) 类实例化过程中的参数传递。如果同时定义了__new__和__init__函数，而且在实例化时传入了可变参数，如“Point(3,5)”，那么可变参数会先传入__new__函数，创建完实例后再传入__init__函数。

11.6 类实例的销毁

代码“point = Point(3,5)”表示创建了 Point 类的实例，并且绑定在名称 point 上。

代码 11.1 第 28 行定义了一个删除点的函数__del__，这个函数可以在关键字 del 的语句中被调用。事实上，这个函数的作用是在将实例绑定的名称删除前做一些用户需要的准备工作，如代码 11.1 中将点计数器(Point.counter)的值减去 1。即使不自定义这个函数，del 语句删除名称的工作一样能做，如下列代码所示。

```
In [9]: p = Point(3,5)
   ...: del p
   ...: p
Traceback (most recent call last):

File "<ipython-input-27-c3e3af0e7647>", line 3, in <module>
p

NameError: name 'p' is not defined
```

可以看到，实例的名称 p 在空间中已经不存在了。但是如果 Point 的实例还有其他名称引用，那么这个实例并不会在内存中消失，下面代码的第 13 行说明绑在名称 p 上的对象还是存在的。当实例的引用数为 0 时，也就是对象没有绑定在任何名称上时，Point 的实例就会被 Python 的垃圾收集器管理，用户不需要关心实例的销毁。相关操作如下列代码所示。

```
In [11]: p = Point(3,5)
    ...: p1 = p
    ...: del p1
    ...: p1
Traceback (most recent call last):

File "<ipython-input-29-b76d4cdca776>", line 4, in <module>
p1

NameError: name 'p1' is not defined

In [13]: p
Out[13]: Point(3, 5)
```

11.7 专用方法

专用方法(Special Method)以两个下画线开始，以两个下画线结束，所以也称为 Dunder Methods，Dunder 就是 Double Underscores。这些方法的定义和调用可以用不同的名称，所以又被称为 Magic Methods。专用方法都是在类中定义的，Python 有非常多的专用方法，大多数场景中只使用其中的一小部分。

方法的定义和调用使用不同名称的原因是，Python 的内置函数和某些关键字构成的语句其实依赖于抽象的接口(或者说是这些专用方法的名称)，当调用内置函数时，在函数内部只是简单调用一下参数传过来的对象的专用方法。这就是在定义类的时候实现、覆盖这些专用方法的原因，因为专用的含义就是必须用这个名称，如果名称变了，别人就无法调用了。

例如，第 7 章的容器数据类型就有表 11.1 中的专用方法，所以才能方便地使用容器(见调用示例)。当然直接使用专用方法也是可以的，如 int_list.__getitem__(2)_和 int_list[2]的效果是一样的，“[]”背后调用了__getitem__。

表 11.1 容器类的专用方法

专 用 方 法	调 用 示 例	含 义
__len__(self)	len([1,2,3]) 得到 3	容器中的元素的数量
__getitem__(self, key)	int_list=[1,2,3];int_list[2]	索引、切片，使用“[2]”获得元素
__setitem__(self, key, value)	int_list[2]=5	可变容器的赋值
__delitem__(self, key)	del int_list[0]	删除容器里的元素，del 是关键字
__iter__(self)	x = iter(int_list); next(x)	获得容器的迭代器
__next__(self)	next(x)	容器中的下一个元素
__contains__(self, item)	2 in int_list	判断元素是不是在容器中

算术运算符的背后其实也定义了专用方法，算术运算符结合的操作对象(Operand)作为参数被传给这些方法，如表 11.2 所示。

表 11.2　算术运算符的专用方法

专 用 方 法	操作符调用示例	含　　义
__add__(self, another)	3+5	加法
__sub__(self, another)	8−5	减法
__mul__(self, another)	3*7	乘法
__truediv__(self, another)	10/5	除法
__floordiv__(self, another)	7//2	整数除
__pow__(self, another)	2**6	幂

关系运算符的专用方法，如表 11.3 所示。

表 11.3　关系运算符的专用方法

专 用 方 法	操作符调用示例	含　　义
__lt__(self, another)	a<b	小于
__le__(self, another)	a<=b	小于或等于
__eq__(self, another)	a==b	等于
__ne__(self, another)	a!=b	不等于
__gt__(self, another)	a>b	大于
__ge__(self, another)	a>=b	大于或等于

当用户自定义一个类的时候，通常也需要实现或覆盖一些专用方法，当然不是所有的专用方法都需要实现。由于所有的用户自定义的类最终都是继承了 Python 的 object 类，即使用户不实现专用方法，很多专用方法也是可用的，因为 object 类中已经实现了，不过标准的实现常常不能满足用户的需求。自定义类时可能覆盖的专用方法如表 11.4 所示。

表 11.4　自定义类时可能覆盖的专用方法

专 用 方 法	调 用 示 例

__new__(cls, *args, **kwargs)	class Point(object):
	    def __new__(cls):
	        return super( ).__new__(cls)

__init__(self, /, *args, **kwargs)	p=Point(5,6)
__del__(self)	del p
__repr__(self)	repr(p)
__str__(self)	str(p)

代码 11.1 的 Point 类自定义了 4 个专用方法：__init__、__del__、__str__、__repr__。现在来了解一下__str__和__repr__。

这两个方法的目的是将对象转换成字符串，而且它们在 object 类中本就存在，所以不自定义也是可以调用的，只是输出的结果可能比较费解。如果用户定义了__repr__而没有定义__str__，那么当使用内置函数 str 时，会自动调用方法__repr__。可以通过注释掉__str__，查看代码 11.2 的输出结果，以验证前面的论述。这两个方法的主要区别有以下两点。

(1) __str__方法应该输出一个方便人类阅读的字符串。

(2) __repr__方法应该尽可能输出一个符合 Python 表达式语法的字符串。当一个字符串符合 Python 表达式语法时，就可以用内置函数 eval 求值(如以下代码第 1、2 行)，甚至重新转成对象的实例(如以下代码的第 6 行，执行前需要先运行代码 11.1)。代码 11.1 的第 36 行定义的__repr__方法保证了返回的字符串能转为对象。

```
1   In [15]: eval('2+3')
2   Out[15]: 5
3
4   In [17]: p = Point(3,5)
5
6   In [19]: p1 = eval(repr(p))
7
8   In [21]: p
9   Out[21]: Point(3, 5)
10
11  In [23]: p1
12  Out[23]: Point(3, 5)
```

11.8　属性和方法的可访问性

封装就是让最终使用者只通过简单的方式使用对象，这个方式就是“方法调用和属性访问”，用户不需要了解实现细节。

在定义类的时候会发现，有些属性和方法是最终使用者不需要访问的，是为了类内部的数据共享和函数重用而存在的。这些属性和方法不应该暴露在最终使用者面前，从而避免可能引发的错误。

在面向对象的概念系统中，属性和方法的可访问性可以分为以下几种。

(1) 公开的(Public)：这种属性和方法可以被类内函数和其他类函数访问，包括被子类的函数访问。

(2) 私有的(Private)：这种属性和方法只能被同一类的其他函数访问，不能被其他类函数访问，也不能被子类的函数访问。

(3) 保护的(Protected)：这种属性和方法可以被类内函数访问，也可以被子类的函数访问，但不能被其他类函数访问(不同的语言会有范围差异)。

Python 有类似的访问控制的机制。Python 可以通过在变量名、函数名前加下画线前缀的方法，表示一些属性和方法不能直接访问。Python 的可访问性的表示方法主要有如下几种。

(1) Python 的属性和方法默认就是“公开的”，不用特殊的表示。

(2) 在属性和方法名前加一个下画线前缀，表示“保护的”，但是并不能限制访问。代码 11.3 的运行结果表示，单下画线前缀的成员在本模块中依然是可以访问的。实际上这仅对程序员起到提示作用，并不能限制访问。即使在程序中引用其他模块，被引模块的单下画线前缀成员同样可以访问，可以试试在另一程序文件中引入模块（如 from Point import Point），并复制代码 11.3 的第 12～19 行在新程序文件中运行。

代码 11.3　ch11/accessibly_protected.py

```
 1 # -*- coding: utf-8 -*-
 2
 3 class Point:
 4     # 单下划线前缀表示 protected
 5     _counter=0
 6     def __init__(self, x, y):
 7         self._x=x
 8         self._y=y
 9         Point._counter+=1
10
11 if __name__=="__main__":
12     # 生成实例
13     p=Point(3,4)
14
15     # 访问属性和方法
16     print(p._x, p._y)
17
18     # 访问类成员
19     print(Point._counter)
```

(3) 在属性和方法名前加双下画线前缀，表示“私有的”，如代码 11.4 所示。

代码 11.4　ch11/accessibly_private.py

```
# -*- coding: utf-8 -*-

class Point:
    # 双下划线前缀表示 private
    __counter=0
    def __init__(self, x, y):
        self.__x=x
        self.__y=y
        # Point._counter+=1

if __name__=="__main__":
    # 生成实例
    p=Point(3,4)

    # 访问属性和方法
    print(p.__x, p.__y)

    # 访问类成员
    print(Point.__counter)
```

将代码的单下画线前缀都改成双下画线前缀，运行代码 11.4，就会出错(见以下代码)，找不到属性“__x”，说明 Python 解释器做了一些访问控制。

```
Traceback (most recent call last):

File "D:\PythonBookTex\src\ch11\accessibly_private.py", line 16,
 in <module>
print(p.__x, p.__y)
AttributeError: 'Point' object has no attribute '__x'
```

但如果在访问属性和方法时，将代码改成“_类名__x”这样的形式(如下面代码的第 18、21 行)就可以访问了。下面的代码增加了 private 方法__show__me，但规则和访问属性是一样的。可见，Python 的访问控制依赖程序员主动按约定编程。

```
 1 In [25]: class Point:
 2     ...:     # 双下画线前缀表示 private
 3     ...:     __counter=0
 4     ...:
 5     ...:     def __init__(self, x, y):
 6     ...:         self.__x=x
 7     ...:         self.__y=y
 8     ...:         # Point._counter+=1
 9     ...:
10     ...: def __show_me(self):
11     ...:     print(self.__x,self.__y)
12     ...:
13     ...: if __name__=="__main__":
14     ...:     # 生成实例
15     ...:     p=Point(3,4)
16     ...:
17     ...:     # 访问属性
18     ...:     print(p._Point__x, p._Point__y)
19     ...:
20     ...:     # 访问 private 方法
21     ...:     p._Point__show_me()
22     ...:
23     3 4
24     3 4
```

11.9　类方法和静态方法

Python 的类中有三种方法：实例方法、类方法、静态方法。如果要使用类方法、静态方法，就需要了解装饰器(Decorator)。装饰器的使用很简单，就是给函数加个标注，类方法是@classmethod，静态方法是@staticmethod。类方法和静态方法的共同点是不需要实例化一个类就可以调用。

Python 并不是原生支持重载(Overload)的。在面向对象的概念系统中，重载是指一个类中有两个函数，它们的函数名称是相同的，但是参数不一样。

但是 Python 的类其实只是一个名称集合，函数名称上绑定着函数对象，所以两个函数的名称如果一样，就产生了冲突，最后的结果相当于函数名称被多次绑定对象，最后一次绑定的对象有效。下面的代码中定义了两个计算距离的函数，它们的函数名称一样，但是参数不一样。如果实际运行一下就会发现，其实调用的是第二个函数。

```
def distance(self,other_point):
    """ 计算和另一点的距离，参数是另一点"""
    delta_x = self.x - other_point.x
    delta_y = self.y - other_point.y
    return hypot(delta_x, delta_y)

def distance(self, x, y):
    """ 计算和另一点的距离，参数是另一点"""
    delta_x = self.x - x
    delta_y = self.y - y
    return hypot(delta_x, delta_y)
```

Python 并不是原生支持重载的问题也发生在构造函数上。Python 的构造函数是由 __new__和__init__两个专用方法共同完成的，同样不能重载。类方法的主要应用场景是介入类的实例化过程，创造一个新的“构造函数”，如代码 11.5 所示。

代码 11.5 ch11/constructor_classmethod.py

```
# -*- coding: utf-8 -*-
from math import hypot
class Point:

    def __init__(self, x, y):
        self.x=x
        self.y=y

    def distance(self,other_point):
        """计算和另一点的距离，参数是另一点"""
        delta_x = self.x - other_point.x
        delta_y = self.y - other_point.y
        return hypot(delta_x, delta_y)

    @classmethod
    def get_point_by_offset(cls, point, delta_x, delta_y):
        """基于一个点和指定的偏移量创建另一个点"""
        return cls(point.x+delta_x, point.y+delta_y)


if __name__=="__main__":
    p=Point(3,4)
```

```
23     p1=Point.get_point_by_offset(p,5,6)
24     print(str(p),'和',str(p1),'的距离',"%.2f"%(p.distance(p1)))
```

代码 11.5 的第 15～18 行定义了类方法“get_point_by_offset(cls, point, delta_x, delta_y)”，这个方法基于一个点和指定的偏移量创建另一个点。类方法的第一参数 cls 是必须位置参数，在函数调用的时候会自动传入当前类对象，也就是 Point。代码第 18 行的 cls 就是 Point，该行代码其实调用了__new__和__init__返回点对象。

代码第 23 行，通过“类名.方法名”调用这个方法。

静态方法的应用场景是作为类或实例的工具函数。静态方法的参数没有必须位置参数 self、cls，函数的运行也不依赖类或实例内的信息，只依赖于函数调用时输入的参数。用户自定义参数 self 和 cls 也是可以的，但是在函数调用时，必须手动输入，不能像实例方法、类方法一样自动传入。

代码 11.6 与代码 11.5 的相比，除装饰器标注@staticmethod 不同外，还包括第 23 行函数的第一个参数需要手动输入类名，静态函数是不能自动传入的。

代码 11.6　ch11/constructor_staticmethod.py

```
 1 # -*- coding: utf-8 -*-
 2 from math import hypot
 3 class Point:
 4
 5     def __init__(self, x, y):
 6         self.x=x
 7         self.y=y
 8
 9     def distance(self,other_point):
10         """计算和另一点的距离，参数是另一点"""
11         delta_x = self.x - other_point.x
12         delta_y = self.y - other_point.y
13         return hypot(delta_x, delta_y)
14
15     @staticmethod
16     def get_point_by_offset(cls, point, delta_x, delta_y):
17         """基于一个点和指定的偏移量创建另一个点"""
18         return cls(point.x+delta_x, point.y+delta_y)
19
20
21 if __name__=="__main__":
22     p=Point(3,4)
23     p1=Point.get_point_by_offset(Point,p,5,6)
24     print(str(p),'和',str(p1),'的距离',"%.2f"%(p.distance(p1)))
```

静态方法最常见的应用场景还是作为工具函数，如代码 11.7 所示。

代码 11.7　ch11/staticmethod_as_toolkit.py

```
# -*- coding: utf-8 -*-
from math import hypot
```

```
 3 class Point:
 4     @staticmethod
 5     def is_valid_number(x,y):
 6         """检查是否是合法的坐标"""
 7         number_types = (int, float)
 8         if isinstance(x, number_types) and isinstance(y, number_types):
 9             return True
10         else:
11             return False
12
13     def __init__(self, x, y):
14         if type(self).is_valid_number(x,y): # type(self)可以用 Point 替换
15             self.x=x
16             self.y=y
17         else:
18             raise Exception("坐标必须是数值！")
19
20     def distance(self,other_point):
21         """计算和另一点的距离，参数是另一点"""
22         delta_x = self.x - other_point.x
23         delta_y = self.y - other_point.y
24         return hypot(delta_x, delta_y)
25
26
27 if __name__=="__main__":
28     # p=Point("3",4)
29     p=Point(3,4)
30     p1=Point(5,6)
31     print(str(p),'和',str(p1),'的距离',"%.2f"%(p.distance(p1)))
```

代码 11.7 第 4～11 行定义了一个静态函数，判定输入的坐标是不是数值。

在代码第 14 行，如果输入的坐标是数值就创建实例，否则代码第 18 行抛出异常。

前面用到的__new__函数也是静态函数，但是和用户自定义静态函数有些不同的是，该函数不需要装饰器的描述符(Descriptors)@staticmethod。

类中三种方法的区别如表 11.5 所示。

(1)实例方法。默认都是实例方法，方法的第一个参数是 self（self、cls 是位置参数，用户可以改名），实例方法可以操作实例的数据。

(2)类方法。类方法的第一个参数是 cls，类方法可以操作类对象的内容。前文说过，类和对象同时存在于内存中，内存中的类称为类对象。

表 11.5 实例方法、类方法、静态方法的区别

	实 例 方 法	类 方 法	静 态 方 法
装饰器标注	不需要	@classmethod	@staticmethod
必须位置参数	self	cls	没有强制的位置参数 self, cls
可访问对象	实例的属性	可以访问类的属性，不能访问实例的属性	不能访问类、实例的属性
方法调用	实例.方法名()	实例.方法名()或类名.方法名()	实例.方法名()或 类名.方法名()

(3) 静态方法。静态方法的参数列表中没有强制的位置参数 self、cls。静态方法的运行不依赖任何类、实例，只依赖于参数输入，也可以理解为静态方法是一个工具箱，工具箱不依赖工作场合，用完以后对工作场合没有影响。

如果类不需要生成任何实例，只是调用类方法，那么这个时候只能使用类方法和静态方法。

11.10　其他常用装饰器描述符

如果实例的属性是私有的，那么就需要一个方法返回作为属性的坐标。但是这个方法又要看上去像属性而不是方法，这时就可以用@property 装饰器描述符。如果要设置私有的属性值，就可以用“@属性.setter”装饰器把方法装饰成可写属性；如果要删除私有的属性值，就可以用“@属性.deleter”装饰器把方法装饰成可删除属性，如代码 11.8 所示。把方法装饰成属性看上去多此一举，其实主要的用处是可以在输入时进行必要的检查、转换，以及在输出时控制输出信息。

代码 11.8　ch11/property_decorator.py

```
# -*- coding: utf-8 -*-
from math import hypot
class Point:

    def __init__(self, x, y):
        self.__x=x
        self.__y=y

    @property # 把 getter 方法变成了属性，只可读
    def point_coordinate(self):
        return (self.__x,self.__y)

    @point_coordinate.setter # 把 point_coordinate 变成可写
    def point_coordinate(self,coordinate):
        """Args: tuple (x,y)"""
        self.__x=coordinate[0]
        self.__y=coordinate[1]

    @point_coordinate.deleter # 把 point_coordinate 变成可删
    def point_coordinate(self):
        self.__x=0
        self.__y=0


    def distance(self,other_point):
        """计算和另一点的距离，参数是另一点"""
        delta_x = self.__x - other_point.point_coordinate[0]
```

```
28          delta_y = self.__y - other_point.point_coordinate[1]
29          return hypot(delta_x, delta_y)
30
31
32  if __name__=="__main__":
33      p=Point(3,4)
34      p1=Point(5,6)
35      p1.point_coordinate=(7,8)
36      print(str(p),'和',str(p1),'的距离',"%.2f"%(p.distance(p1)))
37      del p1.point_coordinate
38      print(p1.point_coordinate)
```

代码 11.8 第 9 行把第 10、11 行定义的方法装饰成只读属性。

代码第 13 行把第 14～17 行定义的方法装饰成可写属性。

代码第 19 行把第 20～22 行定义的方法装饰成可删除属性。

代码第 27、28 行像读取属性一样读取了坐标。

代码第 35 行像可写属性一样设置了新坐标。

代码第 37 行，用 del 语句删除属性，调用的是代码 19～22 行定义的删除方法，该方法将坐标设置为原点，所以实际上并没有删除点。

11.11 运算符重载

在代码 11.1 第 22 行中，计算两点之间的距离是通过函数 distance 实现的，如果想要使用减号计算距离，如“p1-p”，就要使用运算符重载。由于减号实际上调用了专用方法 __sub__，所以只要在用户自己的类中重写这个专用方法就可以实现，如代码 11.9 所示。

代码 11.9 ch11/operator_overload.py

```
# -*- coding: utf-8 -*-
from math import hypot
class Point:

    def __init__(self, x, y):
        self.x=x
        self.y=y


    def distance(self,other_point):
        """计算和另一点的距离，参数是另一点"""
        delta_x = self.x - other_point.x
        delta_y = self.y - other_point.y
        return hypot(delta_x, delta_y)

    def __sub__(self,other):
        return self.distance(other)
```

```
18
19 if __name__=="__main__":
20     p=Point(3,4)
21     p1=Point(5,6)
22     print(str(p),'和',str(p1),'的距离',"%.2f"%(p-p1))
```

代码第 22 行用减号计算了距离。

11.12 继　　承

11.12.1 继承实现扩展和多态

如果 B 类继承 A 类，那么 A 类是更抽象的概念，B 类是更具体的概念，B 类的外延是 A 类的外延的子集，但是 B 类的内涵会比 A 类的内涵更丰富。从代码角度看，所有 B 类对象一定是 A 类对象的子集，如图 11.3 中的轿车对象是车对象的子集，同时 B 类中会有相比 A 类更多的的属性和方法(内涵)。

和继承相关的概念是多态(Polymorphism)，多态就是同一接口的多种形态。例如，车都有行驶的接口，但是不同车的行驶的能力是不同的，如轿车行驶在平坦的路上，有更快的速度和更低的油耗，而 SUV 可以爬很陡的坡，在崎岖的道路上行走自如。从代码的角度看，车都要有“run”方法(接口)，但轿车的“run”方法和 SUV 的“run”方法的代码是不一样的(多态)。

继承在代码中会体现以下两个特征。

(1) 内涵。子类中可能有父类中没有的属性和方法，子类扩展了父类。

(2) 多态。子类需要覆盖父类的同名方法。

在代码 11.10 中，B 类继承了 A 类，由于 B 类中有和 A 类同名的方法，所以 B 类的对象实际上并不会执行 A 类的方法，就像 B 类覆盖了 A 类同名的方法，使得继承来的方法看不到了。

代码 11.10　ch11/inheritance_override.py

```
# -*- coding: utf-8 -*-

class A:
    def __init__(self):
        self.x=0

    def show_me(self):
        print("x in {0} is {1} ".format(type(self),self.x))


class B(A):
    # def __init__(self):
    #     self.x=1
```

```
    #     self.y=2

    def show_me(self):
        print("x in {0} is {1} ".format(type(self),self.x))
        # print("y in {0} is {1} ".format(type(self),self.y))

if __name__=="__main__":
    b=B()
    b.show_me()
```

去掉代码中的所有注释符号“#”，代码的执行结果如下，显然两个方法都被覆盖了。

```
x in <class '__main__.B'> is 1
y in <class '__main__.B'> is 2
```

有时子类需要执行父类的代码，这时就需要使用内置函数 super，如代码 11.11 所示。

代码 11.11　ch11/inheritance_super.py

```
 1 # -*- coding: utf-8 -*-
 2
 3 class A:
 4     def __init__(self):
 5         self.x=0
 6
 7     def show_me(self):
 8         print("x in {0} is {1} ".format(type(self),self.x))
 9
10
11 class B(A):
12     def __init__(self):
13         super().__init__()
14         self.y=2
15
16     def show_me(self):
17         print("x in {0} is {1} ".format(type(self),self.x))
18         print("y in {0} is {1} ".format(type(self),self.y))
19
20 if __name__=="__main__":
21     b=B()
22     b.show_me()
```

代码 11.11 第 13 行用 super 函数调用了父类的__init__函数，但是要注意自动传入的 self 是 B 类的实例，所以 x 不是 A 类实例的属性，而是 B 类实例的属性，最后输出的结果是 B 类的实例有属性 x，代码的执行结果如下。

```
x in <class '__main__.B'> is 0
y in <class '__main__.B'> is 2
```

11.12.2　多继承

Python 支持多继承，也就是一个类可以有两个以上的父类。如图 11.7 所示，D 类就同时继承了 B 类、C 类，用代码表示为 class D(B,C)。

多继承遇到的问题是，在 D 类用 super 函数调用父类的方法时，调用的究竟是 B 类的方法还是 C 类的方法，并且是按照什么顺序调用的。Python 对类层次排序的方法称为方法解析顺序（Method Resolution Order，MRQ）。在代码 11.12 中，每个类都使用了 super 函数。

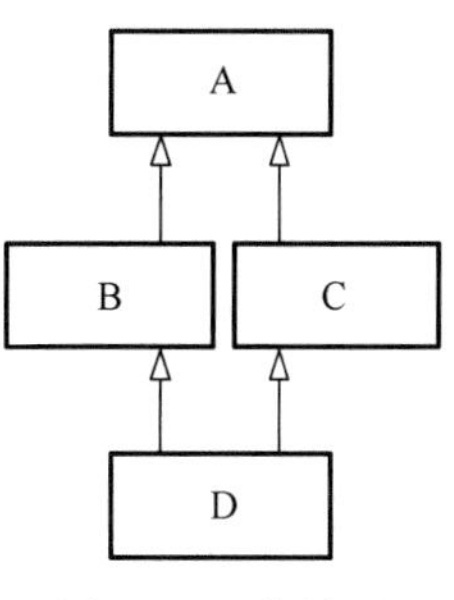

图 11.7　多继承

代码 11.12　ch11/super_mro.py

```
# -*- coding: utf-8 -*-

class A:
    def __init__(self, x):
        print("in A",type(self))
        self.x=x

    def show_me(self):
        print("x in {0} is {1} ".format(type(self),self.x))

class B(A):
    def __init__(self, x):
        print("in B",type(self))
        super().__init__(x)

    def show_me(self):
        print("x in {0} is {1} ".format(type(self),self.x))

class C(A):
    def __init__(self, x):
        print("in C",type(self))
        super().__init__(x)

    def show_me(self):
        print("x in {0} is {1} ".format(type(self),self.x))

class D(B,C):
    def __init__(self, x):
        print("in D",type(self))
        super().__init__(x)

    def show_me(self):
        print("x in {0} is {1} ".format(type(self),self.x))

```

```
35 if __name__=="__main__":
36     d=D(5)
37     print(d.__class__.mro())
38     d.show_me()
```

执行的次序是 D→B→C→A，继承关系中的部分无关系的类(如 B 类、C 类)变成有关系的类，任意两个类都有单向的次序，类的关系变成全序关系。注意，在__init__函数递归调用的链条上，self 传递的一直是 D 类的实例。下面代码的第 5 行是代码 11.12 第 37 行用 mro 函数获得方法次序解析的结果。

```
1 in D <class '__main__.D'>
2 in B <class '__main__.D'>
3 in C <class '__main__.D'>
4 in A <class '__main__.D'>
5 [<class '__main__.D'>, <class '__main__.B'>, <class '__main__.C'>,
   <class '__main__.A'>, <class 'object'>]
6 x in <class '__main__.D'> is 5
```

11.13 抽 象 类

继承关系用于以下两种场景。①代码重用：子类可以从父类中继承属性和方法，这样子类就不需要再重复写这些代码。②规定接口：所谓接口(Interface)，就是一系列事先约定的、公开的、可供用户调用的方法名(或称为函数)；规定接口就是要求所有子类必须具有父类中预先定义的某些方法。由于不同子类的方法实现是不一样的，所以就呈现了多态。

继承关系的第二种应用场景最为常见，代码重用的场景相对较少。

其他编程语言常通过虚函数、抽象方法来定义接口。虚函数、抽象方法的特征是方法定义的时候只有函数名没有函数体。在这类语言中，如果子类没有实现这些方法，在编译阶段就会报错，通过这个办法可以强制用户实现接口。

11.13.1 通过继承实现抽象类

但是 Python 本身没有接口、虚函数、抽象方法、抽象类等概念，没有办法强制子类必须实现某些方法。子类对象是否实现了某些方法的依据不是继承关系，而是子类对象的行为，如果一个动物的行为满足你对鸭子的想象，那么它就是鸭子，这被称为鸭子类型(Duck Typing)。

显然，这种方法确实很灵活。但是团队在协作开发时，常常需要先定规范，然后大家都遵循规范，Python 本身不能支持这个诉求。不过，Python 有 abc(abstract base class)模块，该模块提供了定义抽象类的基础架构，如代码 11.13 所示。

代码 11.13 ch11/abstract_base_class.py

```
# -*- coding: utf-8 -*-

from abc import ABC, abstractmethod
```

```
4 # from abc import ABCMeta, abstractmethod
5
6 class Vehicle(ABC):
7     @abstractmethod
8     def take_passengers(self):
9         pass
10
11 class Bus(Vehicle):
12     def take_passengers(self):
13         print("载客数十人")
14
15
16 class Car(Vehicle):
17     pass
18     # def take_passengers(self):
19     #     print("载客数人")
20
21
22 # vehicle=Vehicle()
23 # vehicle.take_passengers()
24 # TypeError: Can't instantiate abstract class Vehicle with abstract methods take_passengers
25
26 bus=Bus()
27 bus.take_passengers()
28
29 car=Car()
30 # car.take_passengers()
31 # TypeError: Can't instantiate abstract class Car with abstract methods take_passengers
```

代码 11.13 第 3 行从 abc 模块引入了抽象基类 ABC 和抽象方法装饰器 abstractmethod。

代码 11.13 第 6 行，将 Vehicle 类的元类设置成 ABC，这行代码等同于“class Vehicle (metaclass = ABCMeta):”，如果这样写，那么第 3 行应该是“from abc import ABCMeta, abstractmethod”。元类将在下一章详述。

现在 Vehicle 类就是一个抽象类，一个抽象类是包含抽象方法的类。代码第 6 行通过装饰器描述符将 take_passengers 方法装饰成抽象方法。

一旦在抽象类中定义了抽象方法，所有子类必须实现这个方法。代码第 16～19 行定义的 Car 类继承了 Vehicle 类，但是没有实现 take_passengers 方法。所以代码第 29 行的执行，就会出现不能实例化 Car 的 TypeError，错误信息如代码 11.13 第 31 行所示。

代码第 22、23 行的运行结果表明，包含抽象方法的抽象类是不能实例化的。

11.13.2 通过注册实现抽象类

当使用内置函数 isinstace(o,t)、issubclass(o,t)判断 o 是否为 t 的实例或子类时，其实调用了专用方法__subclasshook__。

所以可以在自定义抽象类时，通过定义__subclasshook__判断传入的对象是子类还是实例。用户实现抽象类时不一定要通过继承，也可以通过注册，如代码 11.14 所示。

代码 11.14　ch11/register_abstract_class.py

```
1 # -*- coding: utf-8 -*-
2
3 from abc import ABC, abstractmethod
4
5 class MyClass:
6     def f1(self, index):
7         pass
8
9     def f2(self):
10        pass
11
12
13 class MyAbstractClass(ABC):
14
15     @abstractmethod
16     def f2(self):
17         print("haha")
18
19     @classmethod
20     def __subclasshook__(cls, CAC):
21         methods={'f2'}
22         if cls is MyAbstractClass:
23             if any([methods.issubset(SC.__dict__.keys()) for SC in CAC.__mro__]):
24                 return True
25         return False
26
27
28 if __name__ == "__main__":
29     MyAbstractClass.register(MyClass)
30
31     my_instance=MyClass()
32     print(issubclass(object, MyAbstractClass))
33     print(issubclass(MyClass, MyAbstractClass))
34     print(isinstance(my_instance, MyAbstractClass))
```

运行结果如下。

```
False
True
True
```

代码 11.14 的第 5～10 行定义了一个普通类。

代码 11.14 第 13～25 行定义了一个抽象类，包括抽象方法 f2 和专用方法__subclasshook__。在代码 11.14 第 19～25 行的专用方法__subclasshook__中，判断传入的参数 cls 是否为 MyAbstractClass 的实例或子类，并且判断是否有抽象方法 f2。

代码 11.14 第 19～25 行的专用方法可以进一步改进，减少硬编码。例如，methods 可以这样获得：[methods for attr in dir(cls) if callable(getattr(cls, attr))]。

代码 11.14 第 29 行通过注册的方法实现抽象类。代码 11.14 第 32～34 行，验证了类和对象及抽象类之间的关系。

如果将代码 11.14 第 9 行的函数名改为“f3”，那么运行的结果会改变。

11.13.3　内置抽象基类

Python 有内置的抽象基类，如 collections.abc 定义了容器的抽象基类，详情见 Python 官方文档。

通过这些抽象基类，用户可以在实现自定义容器和数据类型时节省大量的时间。

11.14　如何实现装饰器

Python 有内置的装饰器，前面章节已经介绍了若干内置的装饰器。那么，用户如何实现自定义装饰器呢？

11.14.1　实现用户自定义的装饰器

如果了解了函数式编程，那么装饰器就不难理解，即用 A 函数包装 B 函数，A 函数接受 B 函数作为参数，包装的工作在 A 函数内嵌套的函数中进行，然后返回嵌套的函数。这个返回函数是被装饰过的 B 函数，这个函数其实带了状态，所以也是闭包。除了可以用函数实现装饰器，用类同样可以实现。

代码 11.15 将一个只打印结果的加法函数装饰成能够显示公式和结果的加法函数。

代码 11.15　ch11/show_equation_add.py

```
# -*- coding: utf-8 -*-

# 装饰器函数,接受函数作为参数,
def decorate_func(func):
    # 装饰在内部函数中完成,该函数接受和未装饰函数一样的参数
    def decorated_add(a, b):
        print(f'{a}+{b}=',end='')
        func(a, b) # 运行接受装饰的函数

    return decorated_add  # 返回装饰后的函数

# 未装饰的加法函数
def simple_add(x, y):
    print(x+y)
```

```python

if __name__ == "__main__":
    show_equation_add = decorate_func(simple_add)
    show_equation_add(5,6)
```

代码 11.15 的运行结果是：5 + 6 = 11，而不是简单的 11。

可以用“@”标注的方法简化装饰器的使用，这种标注的方法称为语法糖(Syntactic Sugar)，即简化代码书写的方法，如代码 11.16 和代码 11.15 的作用是完全一样的。这样的书写方法使用户不需要了解装饰器的存在。

代码 11.16　ch11/show_equation_add_with_syntactic_sugar.py

```python
# -*- coding: utf-8 -*-

# 装饰器函数,接受函数作为参数,
def decorate_func(func):
    # 装饰在内部函数中完成,该函数接受和未装饰函数一样的参数
    def decorated_add(a, b):
        print(f'{a}+{b}=',end='')
        func(a, b) # 运行接受装饰的函数

    return decorated_add  # 返回装饰后的函数

# 被装饰的加法函数
@decorate_func
def simple_add(x, y):
    print(x+y)

if __name__ == "__main__":
    simple_add(5,6)
```

通过装饰器，不用改变原函数就可以测量函数的运行时间，如代码 11.17 所示。

代码 11.17　ch11/timed_function.py

```python
# -*- coding: utf-8 -*-

import time, timeit

# 装饰器函数,接受函数作为参数,
def elapsed_time(func):
    # 装饰在内部函数中完成,该函数接受和未装饰函数一样的参数
    def timed_func(a):
        tic=timeit.default_timer()
        func(a) # 接受装饰的函数
        toc=timeit.default_timer()
        print(f'{func.__name__}运行时间:{toc-tic}')
    return timed_func  # 返回装饰后的函数
```

```

# 一个被装饰的运行较长时间的函数
@elapsed_time
def some_func(long_time):
    time.sleep(long_time)

if __name__ == "__main__":
    some_func(5)
```

代码的运行结果为 some_func 的运行时间：4.999375665000116。如果要测量某个函数的运行时间，只需要用“@elapsed_time”标注一下就行了。

11.14.2　实现日志输出的装饰器

11.14.2.1　了解日志

日志记录是跟踪程序运行状态的工具，可以将程序运行过程中的状态信息输出到终端窗口或文件，经常用于跟踪用户的使用情况、发现错误等。

日志由一条条日志记录组成，每条日志记录一般是以下这样的。

```
2021-04-05 22:44 root   : ERROR root_logger.py error message
```

分别表示“时间　日志对象名(root) : 日志级别(ERROR)　　日志消息”。

使用日志前需要了解以下几个概念。

(1) Logger，即日志对象，通过日志对象调用日志模块的 API，默认的日志对象是 root logger，用户也可以通过命名创建自己的日志对象。

(2) Formatter，用于定义日志记录的格式。

(3) Filter，自定义响应日志事件的规则。

(4) Handler，用于绑定日志输出的 Level(级别)、Formatter、Filter，并定义日志输出的目标，如标准输出 stdout、输出到文件，甚至 E-mail 等。

日志输出的 Level 包括 DEBUG、INFO、WARNING、ERROR、CRITICAL，如表 11.6 所示。如果日志输出的 Level 设置为 INFO，那么小于 INFO 的 DEBUG 级别的事件就不会输出了，大于或等于 INFO 的 WARNING、ERROR、CRITICAL 级别的事件都会输出。

表 11.6　日志输出的 Level

级　别	数　值	使用场景
DEBUG	10	调试时可能关心的信息
INFO	20	程序正常运行时的一些状态信息
WARNING	30	程序正常运行，但是发生一些不太好的事情
ERROR	40	程序出错了
CRITICAL	50	严重错误

常用的日志记录格式的设置如表 11.7 所示。

表 11.7　常用的日志记录格式的设置

属 性 名 称	格　式	描　述
记录时间	%(asctime)s	日志记录创建时的时间，默认格式为“2003-07-0816:49:45,896”
名称	%(name)s	日志对象的名称
日志级别	%(levelname)s	'DEBUG'，'INFO'，'WARNING'，'ERROR'，'CRITICAL'
文件名	%(filename)s	日志事件发生的文件名
函数名	%(funcName)s	日志事件发生的函数名
信息	%(message)s	记录的消息，设置为：(msg, args[,kwargs])

直接使用默认的日志对象 root logger 的方法很简单，如代码 11.18 所示。

代码 11.18　ch11/root_logger.py

```
1 # -*- coding: utf-8 -*-
2
3 import logging
4
5 # 配置 root logger，输出到文件'myApp.log'，级别为 INFO
6 logging.basicConfig(format='%(asctime)s %(name)-6s: %(levelname)-10s %(filename)s %(message)s',
7                     datefmt='%Y-%m-%d %H:%M',
8                     filename='myApp.log',
9                     filemode='a',
10                    level=logging.INFO)
11
12 # 在程序中使用
13 logging.debug('debug message')
14 logging.info('info message')
15 logging.warning('warning message')
16 logging.error('error message')
17 logging.critical('critical message %d',10)
```

代码 11.18 第 6 行，使用 basicConfig 函数设置日志记录的 format，输出的是日志文件，日志输出的 Level 设置为 INFO，这样 DEBUG 级别的事件就不输出了。运行结果如下，可以看到其完全是按格式输出的。

```
2021-04-05 22:45 root  : INFO  root_logger.py info message
2021-04-05 22:45 root  : WARNING   root_logger.py warning message
2021-04-05 22:45 root  : ERROR root_logger.py error message
2021-04-05 22:45 root  : CRITICAL  root_logger.py critical message 10
```

如果用户要自定义日志对象，那么只要设置名称就可以了。代码 11.19 自定义了 formatter、Handler 和 Logger。

代码 11.19 ch11/custom_logger.py

```
# -*- coding: utf-8 -*-

import logging

# 自定义 formatter 对象
formatter = logging.Formatter(fmt='%(asctime)s %(name)-6s: %(levelname)-10s %(message)s',
                              datefmt='%Y-%m-%d %H:%M')

# 定义 Handler，为 Handler 设置 Formatter 和 Level
fh = logging.FileHandler(filename='mylog.log',mode='a')

fh.setFormatter(formatter)
fh.setLevel(logging.INFO)

# 通过名称得到自定义 Logger
mylogger = logging.getLogger('myname')

# 为自定义 Logger 设置 handler
mylogger.addHandler(fh)


# 在程序中使用
mylogger.debug('debug message')
mylogger.info('info message')
mylogger.warning('warning message')
mylogger.error('error message')
mylogger.critical('critical message')
```

运行结果如下，可以看到 name 变成了用户自定义的名称 myname。

```
2021-04-05 23:16 myname: INFO     info message
2021-04-05 23:16 myname: WARNING warning message
2021-04-05 23:16 myname: ERROR    error message
2021-04-05 23:16 myname: CRITICAL    critical message
```

11.14.2.2 日志输出装饰器

一个应用程序，如 Web 应用服务器程序，可能由很多函数组成，可以采用日志跟踪记录程序的运行状态。假设现在需要监控什么时候哪个函数运行了，但是又不想修改现有的代码，则可以编写日志输出的装饰器，如代码 11.20 所示。

代码 11.20 ch11/log_function_running.py

```
# -*- coding: utf-8 -*-

import logging
```

```
logging.basicConfig(format='%(asctime)s %(name)-6s: %(levelname)-10s %(filename)s %(message)s',
                    datefmt='%Y-%m-%d %H:%M',
                    filename='runtime.log',
                    filemode='a',
                    level=logging.INFO,
                    force=True)  # 根据文档，重复配置，函数不运行，除非 force=True

def log_record(func):
    def logit():
        logging.info(f'{func.__name__} start running.')
        func()
        logging.info(f'{func.__name__} end running.')

    return logit

@log_record
def some_function():
    print('some_function is running')


if __name__ == "__main__":
    some_function()
```

11.15 本章习题

1. 类和实例的关系是(　　)。

   A. 成员关系　　B. 概括关系

   C. 聚集关系　　D. 依赖关系

2. 类和类的动态关系有(　　)。

   A. 成员关系　　B. 概括关系

   C. 聚集关系　　D. 依赖关系

3. 如果定义 A 类如下，下面的哪个陈述是不对的？

```
class A:
    pass
```

   A. A 类不包含任何成员和方法

   B. A 类中包含函数__str__、__repr__

   C. A 类中包含函数__new__、__init__

   D. A 类中包含函数__dir__

4. 下面定义 B 类的代码有哪些错误？

```
class B:
    def add(x:int, y:int)->int:
        return x + y
```

```
    def add(x:int, y:str)->str:
        return str(x) + y
```

A．B 类没有定义__new__、__init__　　B．B 类中有两个 add 方法

C．方法第一个参数应该是 self　　D．str(x)+y 那句应该是 x+y

5．关于__new__方法正确的陈述是(　　)。

A．__new__是一个类方法

B．__new__的第一个位置参数是 self

C．__new__的第一个位置参数是 cls

D．定义__new__方法时应该加@classmethod 标注

6．专用方法的定义和调用似乎使用不同的方法名，如定义__len__，调用 len([1,2,3])。其实是基于这样的事实，内置方法 len 的实现是指对传入的任意可迭代对象调用它们的__len__方法。这样的陈述对吗？

7．下面的代码执行的结果会是什么？

```
class A:
    def f1(self):
        print('A.f1()', end=" ")

class B(A):
    def f1(self):
        print('B.f1()', end=" ")
        super().f1()

a=B()
a.f1()
```

A．A.f1() B.f1()　　C．B.f1() B.f1()

B．B.f1() A.f1()　　D．代码抛出异常

8．利用书中的 Point 类，构建一个三角形类，要求可以计算面积、移动位置。

第 12 章　元 编 程

本章要点

- 元类和类的关系；
- type 的使用；
- 元类在创建类过程中的作用。

学习目标

- 学会用元编程解决实际问题。

12.1　什么是元类

绝大部分用户不需要直接用元类编程，但程序都会用到元类。

元类（Metaclass）是用来在内存中创建类的类。在 Python 中，类和类的实例是同时在内存中存在的，如上一章的图 11.5 和图 11.6，元类就像创建类的工厂，元类编程使得用户（在程序运行时）动态创建类成为可能。在 Python 中，默认元类是 type。元类、类、对象之间构成层次化的创建关系：元类创建元类，元类创建类，类创建对象，如图 12.1 所示。

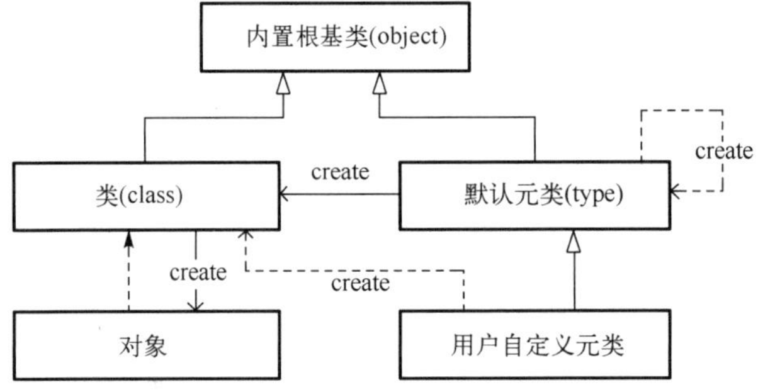

图 12.1　元类、类、对象之间的创建关系

12.1.1　type 是内置函数还是内置类

在描述元类的时候需要用到一个术语 type，但是这个词的含义和用法很容易引起歧义，所以需要先理一理。

在前面的章节中，曾经使用“type(obj)”函数获得参数“obj”的“类型”。但如果在终端中执行命令 help(type)，可以看到返回的信息是“class type(object)”，说明 type 是内置类，并且 type 的基类是 object，issubclass(type, object) 的结果也是 True。在 Python 官网文档的内置函数页中也可以查到 type。令人困惑的是，type 到底是内置类还是内置函数。

Python 的所谓内置函数，有大约三分之二是内置类，不过在多数场合中用户不需要去分辨，因为函数也是“一等公民”(First-class Object)。一个类只要实现了专用方法__call__，就可以像函数一样用“()”访问，被称为可访问(Callable)。通过前面的学习已经知道，对象的实例化会依次使用专用方法__new__、__init__，事实上这两个方法是__call__调用的，这就是 Point(3,5)这样的方式能够产生实例的原因。

另外，哪怕定义一个函数体只有 pass 语句的函数，如果 dir(函数名)就会发现，函数也有各种专用方法，包括专用方法__call__。函数的特殊之处是函数不能像类一样实例化，不能再被继承。

内置类 type 有以下两种用途。

(1) 作为获得参数的类型的函数，语法为(type(object) -> the object's type)，返回参数 object 的类型。

(2) 作为创建类的元类，语法为(type(name, bases, namespace)-> a new class)，返回被创建的类。

12.1.2 元类和类的关系

元类和类的相同点主要有以下两点。

(1) 元类也是类，如图 12.1 所示。元类和普通类一样都是以 object 为根类的，是 object 的子类。在 Python 中，如果 B 类是 A 类的子类，那么 B 类也是 A 类的实例，代码示例如下。

```
In [3]: issubclass(type, object)
Out[3]: True

In [5]: isinstance(type, object)
Out[5]: True
```

(2) 元类和普通类一样可以被继承，元类的子类还是元类，下面的代码说明自定义类 A 是元类 type 的子类。

```
In [7]: class A(type):
   ...:      pass

In [9]: isinstance(A,type)
Out[9]: True

In [11]: issubclass(A, type)
Out[11]: True
```

元类和类的不同之处在于，在内存中动态创建类的是元类，在内存中动态创建类的实例(对象)的是类。type(obj)函数获得的其实不是参数 obj 的类型，而是 obj 的创建者。使用 type(obj)函数会有以下两种场景。

(1) 如果参数是类，那么得到的是类的元类，而不是父类，因为类是元类创建的。根据图 12.1 可以知道，type(type)的结果也是 type，因为 type 是根创建者，如下列代码所示。

```
In [13]: class Point:
    ...:     pass

In [15]: type(Point)
Out[15]: type

In [17]: type(type)
Out[17]: type
```

(2) 如果参数是某个类的实例(如 Point 的实例)，那么得到的是实例的类，示例代码如下。

```
In [19]: p=Point()

In [21]: isinstance(p, Point)
Out[21]: True

In [23]: type(p)
Out[23]: __main__.Point

In [25]: p.__class__
Out[25]: __main__.Point
```

下面的代码说明，普通类 Point 是 object 的子类，但不是 type 的子类，即 Point 不是 type 类型的。但是，普通类 Point 既是元类 type 的实例，又是 object 的实例。

```
In [27]: issubclass(Point, type)
Out[27]: False

In [29]: issubclass(Point, object)
Out[29]: True

In [31]: type(Point)
Out[31]: type

In [33]: isinstance(Point, type)
Out[33]: True

In [35]: isinstance(Point, object)
Out[35]: True
```

这就说明 type(obj)获得的不是 obj 的类型，只是在参数 obj 是对象时，恰好得到了和 obj 的类型一致的结果。

用户自定义函数是 function 类的实例，内存中函数对象的创建者是 function 类，function 类不是 type 的子类，而是 object 的子类，如下列代码所示。

```
In [37]: def myfunction():
    ...:     pass
```

```
In [39]: type(myfunction)
Out[39]: function

In [41]: isinstance(myfunction, type(myfunction))
Out[41]: True

In [43]: myfunction.__class__
Out[43]: function

In [45]: type(type(myfunction))
Out[45]: type
In [47]: issubclass(type(myfunction),type)
Out[47]: False
```

12.2 用元类创建类

通过元类可以不用 class 语句直接创建类。这样做的好处是可以在程序运行时动态创建需要的类。

(1)用 type 创建类。用 type 创建类的语法是 type(name, bases, namespace)，其中 name 是类名，bases 是基类元组(因为基类可能有多个，多个基类放在一个元组中)，namespace 是成员的字典，可以在类创建后用__dict__属性获得，如代码 12.1 第 12 行所示。

代码 12.1 ch12/class_by_type.py

```
 1 # -*- coding: utf-8 -*-
 2 
 3 from math import hypot
 4 def distance(self,other_point):
 5     """计算和另一点的距离，参数是另一点"""
 6     delta_x = self.x - other_point.x
 7     delta_y = self.y - other_point.y
 8     return hypot(delta_x, delta_y)
 9 
10 
11 if __name__ == "__main__":
12     Point = type('Point',(object,),{'x':0,'y':0,'distance':distance})
13     p=Point()
14     p.x, p.y=3, 4
15     p1=Point()
16     p1.x, p1.y=5, 6
17 
18     print(p.distance(p1))
```

(2)用自定义元类创建类。如代码 12.2 所示，代码第 3～6 行创建了一个元类，元类必须从 type 继承。在定义 Point 类时，通过 metaclass = MetaShap 指定 Point 的元类是 MetaShap，

Point 的默认基类是 object，但是也可以手动指定，如 class Point(*baseclasses, metaclass = MetaShap)，其中参数*baseclasses 是可变参数，这样 baseclasses 可以赋予多个基类。

代码 12.2　ch12/custom_mateclass.py

```python
# -*- coding: utf-8 -*-

class MetaShap(type):
    def __init__(cls, name, bases, namespace):
        cls.x = 1.0
        cls.y = 2.0

class Point(metaclass = MetaShap):
    pass


if __name__=="__main__":
    Point.x=2.0
    Point.y=3.0
    print(Point.x,Point.y)
```

代码 12.2 定义的元类就像一个创建 Point 类对象的工厂，类中__init__函数的第一个位置参数 cls 其实绑定着 Point 类，所以通过 cls 在 Point 中加入了新的类属性“x，y”，现在可以用 Point.x 和 Point.y 引用类属性。

元类中的专用方法常常把第一个位置参数写成 cls，如“def __init__(cls, name, bases, namespace):”。元类作为创建类的类和普通类是有区别的，在元类运行时，参数 cls 会自动传入被创建的类，在代码 12.2 中就是 Point。普通类专用方法自动传入的第一个参数是本身的实例(对象)。

一个实际有用的元类中可能会涉及类方法__prepare__，专用方法__new__、__init__、__call__，用户自定义的类方法等。用户自定义的元类也是类，也有继承关系，自定义的元类的专用方法也会覆盖父元类的方法。当指定一个普通类的元类后，元类和普通类之间是加工关系，不是继承关系，有很多文献混淆了这两种关系导致理解上的混乱。

专用方法在元类中的作用有以下几种。

(1) __prepare__：在类对象创建之前调用该方法，用于定义类名称空间 namespace，也就是类的属性和方法的“名称:对象”字典，该函数返回的字典会自动成为__new__函数的 namespace 参数输入值。

(2) __new__：在创建普通类对象时调用此方法，通过自动传入的参数加工普通类。

(3) __init__：在创建普通类对象后调用此方法，初始化普通类对象。

(4) __call__：在创建普通类对象后调用此方法，可以设置向普通类对象传递的参数。

如果用户自定义一个元类，但这个元类把派给它的任务都转发出去，那么这个元类就应该是下面这样的(如下列代码所示)，用户自定义的元类覆盖了 4 个根元类 type 的同名方法。在实际设计时，用户根据需要覆盖其中的几个方法即可，不需要写全 4 个方法。可以把这个元类当做模板，用户自定义元类可在这个基础上进行修改。

```
class CustomMetaclass(type):
    @classmethod
    def __prepare__(mcs, name, bases, **kwargs):
        return super().__prepare__(name, bases, **kwargs)
    def __new__(mcs, name, bases, namespace, **kwargs):
        return super().__new__(mcs, name, bases, namespace)
    def __init__(cls, name, bases, namespace, **kwargs):
        super().__init__(name, bases, namespace)
    def __call__(cls, *args, **kwargs):
        return super().__call__(*args, **kwargs)
```

代码 12.3 揭示了元类和普通类中各种方法的执行次序，以及在创建对象过程中发挥的作用。

代码 12.3 ch12/execution_order.py

```
# -*- coding: utf-8 -*-

class CustomMetaclass(type):
    @classmethod
    def __prepare__(mcs, name, bases, **kwargs):
        print(f"Meta.__prepare__(mcs={mcs}, name={name},"+ \
                              f"bases={bases}, kwargs={kwargs})\n")
        return super().__prepare__(mcs, name, bases, **kwargs)

    def __new__(mcs, name, bases, namespace, **kwargs):
        print(f"Meta.__new__(mcs={mcs}, name={name}, bases={bases},"+ \
                           f"namespace={namespace}, kwargs={kwargs})\n")
        return super().__new__(mcs, name, bases, namespace)

    def __init__(cls, name, bases, namespace, **kwargs):
        print(f"Meta.__init_(cls={cls}, name={name}, bases={bases},"+ \
                           f"namespace={namespace}, kwargs={kwargs})\n")
        cls.x=1
        super().__init__(name, bases, namespace)

    def __call__(cls, *args, **kwargs):
        print(f"Meta.__call__(cls={cls}, args={args}, kwargs={kwargs})\n")
        return super().__call__(*args, **kwargs)

class CommonClass(metaclass=CustomMetaclass,keyword="value"):
    def __new__(cls, *args, **kwargs):
        print(f"CommonClass.__new__(cls={cls}, args={args}, kwargs={kwargs})\n")
        return super().__new__(cls)
    def __init__(self, *args, **kwargs):
```

```
30        print(f"CommonClass.__init__(self={self}, args={args}, kwargs=
          {kwargs})")
31
32 if __name__=="__main__":
33     CommonClass(6,keyword="value")
34     print(CommonClass.x)
```

代码 12.3 的执行结果如下。

```
1  Meta.__prepare__(mcs=<class '__main__.CustomMetaclass'>, name=
   CommonClass,bases=(), kwargs={'keyword': 'value'})
2
3  Meta.__new__(mcs=<class '__main__.CustomMetaclass'>, name=CommonClass,
   bases=(),namespace={'__module__': '__main__', '__qualname__':
   'CommonClass', '__new__': <function CommonClass.__new__ at
   0x000000000B1A0D30>, '__init__': <function CommonClass.__init__ at
   0x000000000B1A0820>, '__classcell__': <cell at 0x0000000007D58400:
   empty>}, kwargs={'keyword': 'value'})
4
5  Meta.__init_(cls=<class '__main__.CommonClass'>, name=CommonClass,
   bases=(),namespace={'__module__': '__main__', '__qualname__': 'Common-
   Class', '__new__': <function CommonClass.__new__ at 0x000000000B1A0D30>,
   '__init__': <function CommonClass.__init__ at 0x000000000B1A0820>,
   '__classcell__': <cell at 0x0000000007D58400: CustomMetaclass object at
   0x000000000696BD10>}, kwargs={'keyword': 'value'})
6
7  Meta.__call__(cls=<class '__main__.CommonClass'>, args=(6,), kwargs=
   {'keyword': 'value'})
8
9  CommonClass.__new__(cls=<class '__main__.CommonClass'>, args=(6,),
   kwargs={'keyword': 'value'})
10
11 CommonClass.__init__(self=<__main__.CommonClass object at
   0x0000000007D58A90>, args=(6,), kwargs={'keyword': 'value'})
12 1
```

代码 12.3 第 33 行创建普通类的实例，普通类 CommonClass 的类对象在内存中创建之前，由于类参数中指定 metaclass=CustomMetaclass，所以先执行元类 CustomMetaclass 的专用方法__prepare__。

__prepare__函数被标注为@classmethod，是类方法。__prepare__返回的是字典，主要目的就是设置类的成员字典(包括属性和方法，或称名称空间)在示例中，这个工作被转派给了根元类 type，但用户也可以返回自己的字典，这个字典会自动传给__new__函数的参数 namespace。

然后，执行元类的__new__函数，其执行结果见代码 12.3 的执行结果的第 3 行，可以看到参数 namespace 绑定的属性、方法都已经在内存中创建，用户可以在这个函数中改变 base、namespace 的内容，然后让根元类 type 去执行__new__方法。

接着，执行__init__函数，其执行结果见代码 12.3 的执行结果的第 5 行。这个函数的执行结果和上面__new__函数执行结果的区别是名称空间 namespace 中多了__new__函数创建的元类对象 CustomMetaclass。

最后，调用元类的__call__函数，其实就是执行代码 12.3 第 33 行的“()”，执行普通类对象的__new__和__init__函数，并把*args、**kwargs 参数传递给这两个函数，见代码 12.3 的执行结果的第 7 行。

代码 12.3 第 18 行添加的类属性 x，可以通过 CommonClass.x 访问，如代码 12.3 的执行结果的第 12 行所示。

专用方法的参数有以下几种。

(1) mcs：位置参数，参数名称可以任意修改。在调用专用方法时，这个参数的值会自动传入，在代码 12.3 中，自动传入的是普通类 CommonClass 的元类 CustomMetaclass。

(2) name：普通类 CommonClass 的类名。

(3) bases：普通类 CommonClass 的基类。

(4) *args：准备传递给普通类的参数。

(5) **kwargs：代码 12.3 第 33 行定义了 keyword="value"参数，可以在生成普通类的过程中利用这个关键字参数。

12.3 元编程示例

元类中的专用方法在创建普通类的类对象的过程中起着重要的作用，利用这些专用方法可以实现一些特殊的编程需求，如实现装饰器、单例模式（一个类只允许产生一个实例）等。

元编程是在类对象创建过程中，使用元类拦截类对象的创建过程、动态修改类对象的属性和方法的相关编程技术。

例 12.1 实现装饰器。第 11 章用函数实现了装饰器，装饰器的作用是使被加工函数有新的功能，而不需要改变被加工函数。由于元类可以在创建普通类对象时修改普通类，这样就实现了和装饰器同样的作用。例如，有一个算术类能对操作对象做加、减、乘、除运算并输出结果，现在需要通过装饰器在输出的运算结果前加上运算公式，要求用元类实现，如代码 12.4 所示。

代码 12.4 ch12/decorate_a_class.py

```
# -*- coding: utf-8 -*-

import types
class ShowEquation(type):
    def __new__(mcs, name, bases, namespace):
        # 装饰函数
        def decorated_func(func,operator):
            def decorated_operator(a, b):
                print(f'{a}' + operator + f'{b}=',end='')
```

```
10              func(name,a, b) # 运行接受装饰的函数
11          return decorated_operator
12
13      for k in namespace: # 遍历名称空间
14          v=namespace[k]
15          if isinstance(v,types.FunctionType) or
             isinstance(v,types.MethodType):
16              if k=='my_add':
17                  namespace[k] = decorated_func(namespace[k],'+')
                    # 原函数替换成装饰函数
18              if k=='my_sub':
19                  namespace[k] = decorated_func(namespace[k],'-')
                    # 原函数替换成装饰函数
20
21      return super().__new__(mcs, name, bases, namespace)
22
23
24 # 被装饰的算术类，里面的函数都被装饰
25 class MyMath(metaclass=ShowEquation):
26     def my_add(self, x, y):
27         print(x+y)
28
29     def my_sub(self, x, y):
30         print(x-y)
31
32 if __name__ == "__main__":
33     MyMath.my_add(5,6)
34     MyMath.my_sub(10,6)
```

运行结果如下。

```
5+6=11
10-6=4
```

代码 12.4 第 4 行定义的 ShowEquation 类是自定义的元类，只实现了专用方法__new__。

代码第 7～11 行，在专用方法__new__中定义了内部函数，这个函数能装饰其他函数。

代码第 13～19 行，在装配普通类 MyMath 的过程中，在名称空间中找名称为 my_add、my_sub 的函数，然后用装饰函数替换它们。

代码第 21 行，用修改过的名称空间生成普通类 MyMath 的类对象。

当代码第 33、34 行调用函数时，其实调用的是装饰过的函数。

例 12.2 实现最终类。由于元类可以拦截类对象的创建，所以也可以规定某些类不可以再有子类，即最终类，如代码 12.5 所示。

代码 12.5 ch12/meta_final_class.py

```
# -*- coding: utf-8 -*-

```

```
3 class FinalClass(type):
4     def __new__(mcs, name, bases, namespace):
5         bases_types = [type(b) for b in bases]
6         for bt in bases_types:
7             if bt is FinalClass:
8                 raise RuntimeError("final 类不能被继承！")
9         return super().__new__(mcs, name, bases, namespace)
10
11 # 不能再被继承的最终类
12 class MyMath(metaclass=FinalClass):
13     def my_add(self, x, y):
14         print(x+y)
15
16     def my_sub(self, x, y):
17         print(x-y)
18
19 # class NewMath(MyMath):
20 #     pass
21
22 if __name__ == "__main__":
23     nm=MyMath()
```

代码 12.5 第 5 行，用列表生成式得到所有基类的 type。

代码 12.5 第 6、7 行，如果基类的 type 是自定义元类 FinalClass，那么就抛出异常。

代码 12.5 第 12 行定义了普通类 MyMath，该类的元类是 FinalClass。

如果取消代码第 19、20 行的注释，那么运行中会抛出异常“RuntimeError: final 类不能被继承！”。因为 NewMath 是以 MyMath 为基类的，所以不管有没有生成 NewMath 的实例，都会抛出错误。

12.4 本 章 习 题

1. 关于默认元类 type 的说法哪些是不对的？（　　）
   A. 元类 type 是创建类，所以元类 type 不是普通类
   B. type 既是内置函数也是内置类
   C. type 是 object 的子类
   D. 所有类都是 object 的子类，包括 type
2. 如果 B 类的元类是 A，那么下面哪些执行次序是合理的？（　　）
   A. 先执行元类 A 的__new__、__init__、__call__
   B. 先执行元类的__new__、__init__
   C. 元类执行后，执行普通类 B 的__new__、__init__
   D. 元类的__prepare__方法是必须执行的，而且要最先执行

3. 用户自定义元类的作用就是拦截类的创建过程，并加以改造。这样的陈述对吗？

4. 下面这段代码在 Web 框架 Flask 源代码文件 views.py 中(可以在第 12 章的源代码目录中找到)，试着分析这段代码做了什么。

```
class MethodViewType(type):
    """Metaclass for :class:`MethodView` that determines what methods the view
    defines.
    """

    def __init__(cls, name, bases, d):
        super().__init__(name, bases, d)

        if "methods" not in d:
            methods = set()

            for base in bases:
                if getattr(base, "methods", None):
                    methods.update(base.methods)

            for key in http_method_funcs:
                if hasattr(cls, key):
                    methods.add(key.upper())

            # If we have no method at all in there we don't want to add a
            # method list. This is for instance the case for the base class
            # or another subclass of a base method view that does not introduce
            # new methods.
            if methods:
                cls.methods = methods
```

第 13 章　面向对象设计的原则

本章要点

- 面向对象设计的五个原则；
- Tkinter 的使用概要；
- 面向对象设计原则的应用实例。

学习目标

- 学会在编程实践中运用面向对象设计的原则。

13.1　面向对象设计的原则简介

Robert C. Martin 在他于 2000 年发表的文章 *Design Principles and Design Patterns* 中提到了面向对象设计的五个原则。这些原则的目标是让程序高内聚、低耦合，从而提高程序的可维护性、可扩展性、可测试性和可重用性。

关于面向对象设计的原则有众多表述，这五个原则应该是众多原则的一个子集。当一个初学者从面向对象的编程转向进一步学习面向对象的设计时，理解这五个原则能起到承上启下的作用。

这五个原则包括：单一职责原则(Single Responsibility Principle)、开闭原则(Open-closed Principle)、李氏替换原则(Liskov Substitution Principle)、接口分离原则(Interface Segregation Principle)和依赖倒置原则(Dependency Inversion Principle)。这五个原则的首字母合在一起是 SOLID，所以也被称为 SOLID 原则。

(1) 单一职责原则。每一个类应该只承担一项职责，按照 Robert C. Martin 的说法，如果一个类是单一职责的，那么修改这个类的理由有且只有一个。承担单一职责可使对某个问题的修改局限在一个类的内部，避免影响其他类。由于一个类完整承担了一个职责，所以类和类之间的数据交换和控制信息传递就变得简单，这就是所谓的高内聚、低耦合。

(2) 开闭原则。开闭原则可以表述为对扩展是开放的，对修改是关闭的，也就是在不修改原有代码的前提下，扩展软件的功能(行为)。这个原则初看可能很不合理，但是确实可以在李氏替换原则、依赖倒置原则的支持下做到。

(3) 李氏替换原则。这个原则来源于 Barbara Liskov 在 1987 提出的行为子类型概念。事实上，现在主流面向对象的程序设计语言都是支持李氏替换原则的，这个原则可以这样描述：如果 B 是 A 的子类，那么一个依赖父类 A 的对象的程序 P，也能接受用 B 类的对象替换 A 的对象，只要 B 存在和 A 相同的方法即可。

(4) 接口分离原则。接口分离原则是指将接口的粒度尽量减小，使得类不用实现不需要的接口，或者只给特定程序提供必需的接口，而不是无关的接口。

(5) 依赖倒置原则。程序应该依赖抽象而不是具体概念，就像驾驶者学车应该学习通用的车的驾驶，而不是某个特殊的车的特殊用法。但是如果所有车的驾驶方法都是两两不相同的，那么这个原则就不能成立了，所以李氏替换原则是这个原则的基础。

13.2 设计原则的应用

现在从一个简单的程序入手，通过逐步改进程序的方法，体会这些原则在软件设计中发挥的作用。

13.2.1 起步

假设我们要做这样一个简化的绘图程序：程序界面的上边是一个工具栏，工具栏包含了基本图形(圆形、线、三角形)的按钮，工具栏下方的左侧是一个列表控件，右侧是一个画布。用户使用这个绘图程序时，只要左键单击工具栏中的图形按钮，就可以在画布上绘制各种对应的图形，画出一个图形后会在列表中加入一个名称。

我们可以创建一个画板类 PaintBoard，在类中建立绘制各种基本图形的方法，然后用户使用这个程序绘制各种图形，如图 13.1 所示。

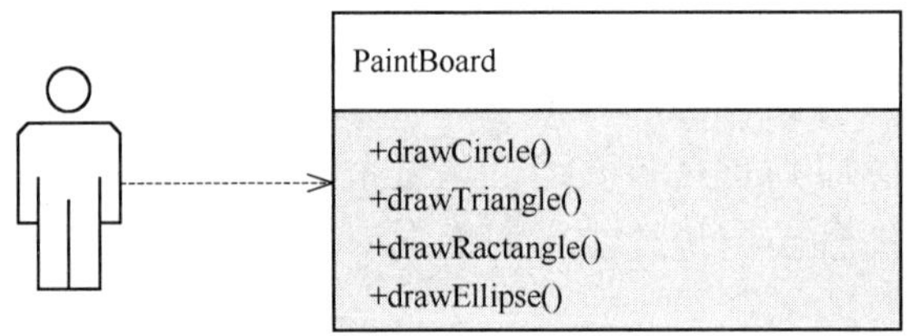

图 13.1　用画板类绘制各种基本图形

现在把上述设想变成代码，第一个程序如代码 13.1 所示，当然为了简化程序并没有真的画一个图形，只是输出了一个描述字符串。

代码 13.1　ch13/pb_pseudocode_beginning.py

```
# -*- coding: utf-8 -*-

class PaintBoard :
    def drawCircle(self):
        # 这里只打印了一个字符串模拟实现画圆的所有步骤
        print("Draw a Circle")

    def drawTriangle(self):
        print("Draw a Triangle")

    def drawRactangle(self):
        print("Draw a Ractangle")

    def drawEllipse(self):
```

```
        print("Draw a Ellipse")


if __name__=="__main__":
    pb = PaintBoard()
    # 在这里模拟用户使用软件
    pb.drawCircle()
    pb.drawRactangle()
```

13.2.2 基于单一职责的第一次改进

可以看出，画板类 PaintBoard 实现了各种图形的绘制程序，这就给程序的维护带来了麻烦。因为画板类需要对所有的程序员开放，且任何一个“基本图形”绘制程序的修改都需要修改画板类，即使只扩充一个新的图形，也需要修改画板类。

造成这种状况的原因，是程序的设计违反了“单一职责原则”。单一职责原则要求每个类只负责一个职责，只有当这个类所负责的职责改变时才需要修改这个类。例如，某个类负责绘制圆的职责，只有当圆的绘制方法出现问题或需要改错时，才需要修改这个类。一个设计良好的程序应该尽力避免在修改某个类的同时修改其他类。

解决的方法是把画板类中的各种不同图形的绘制函数放到不同的类中，这样每个类的职责就单纯了，如图 13.2 所示。

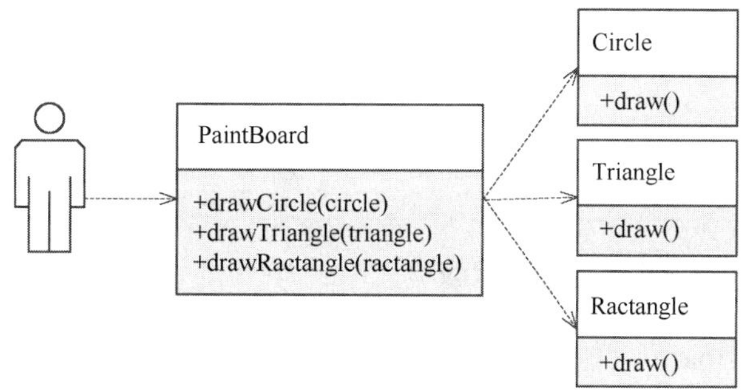

图 13.2 将绘制图形的职责分配到具体的类

在这个例子中，分配职责后的图形类中只有一个方法 draw()，但是这并不表示单一职责原则要求一个类中只能有一个方法。单一职责原则要求，一个类中哪怕有很多方法，它们也是为同一职责服务的。

现在画板类要做的只是调用具体的图形类中的相应方法，如果修改某个具体的图形类，如 Rectangle 类，就不会引起画板类的修改了，如代码 13.2 所示。

代码 13.2 ch13/pb_pseudocode_srp.py

```
# -*- coding: utf-8 -*-

class PaintBoard :
    def drawCircle(self, circel):
        # 这里只打印了一个字符串模拟实现画圆的所有步骤
        circel.draw()
```

```

    def drawTriangle(self,triangle):
        triangle.draw()

    def drawRactangle(self,ractangle):
        ractangle.draw()


class Circle:
    def draw(self):
      print("Draw a Circle")

class Ractangle:
    def draw(self):
      print("Draw a Ractangle")

class Triangle:
    def draw(self):
      print("Draw a Triangle")

if __name__=="__main__":
    pb = PaintBoard()
    # 在这里模拟用户使用软件
    c=Circle()
    pb.drawCircle(c)
    r=Ractangle()
    pb.drawRactangle(r)
```

13.2.3 如何做到扩充时不需要修改

但是画板类 PaintBoard 可能会碰到这样的麻烦：如果有新的图形加入系统，就需要不断修改。例如，如果要画“星”，那么就要添加一个 Star 类，然后修改 PaintBoard 类的代码，从而可以调用 Star 类的方法，也就是说画板类 PaintBoard 需要不断修改才能适应系统的扩充。下面来看看程序修改的过程，首先，加入 Star 类，如下所示。

```
class Star:
    def draw(self):
       print("Draw a Star")
```

其次，在 PaintBoard 中加入方法，如下所示。

```
def drawStar(self,star):
    star.draw()
```

但是，这样就不符合“开闭原则”。开闭原则换句话就是“对软件可以扩充但是尽量不要修改”。在这个例子中，在扩充了新的图形后，PaintBoard 就需要修改，这是因为 PaintBoard 依赖的是具体的图形，而不是抽象的图形。这就涉及了面向对象设计的另一个原则“依赖倒置”，即不依赖于具体而依赖于抽象。在本例中，圆形、矩形、三角形、星形都是具体的图形，当画板类依赖于具体的图形时，画任何一种图形，都需要知道图形的具体类型，并需要建立一个专门的方法，这样在图形库扩充时，就不得不修改和图形不相关的类。现在通过对圆形、矩形、三角形、星形抽象获得一个新的概念“图形”(Shape)，所有具体的图形就成为这个概念的实现，如图 13.3 所示。

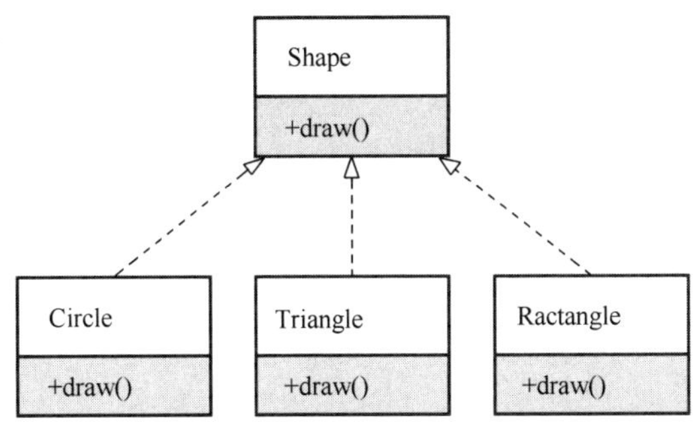

图 13.3　从具体的图形抽象出概念

通过对具体图形的抽象，得到抽象类 Shape，Shape 类有一个抽象方法 draw()，所有实现抽象类 Shape 的具体图形的类都必须实现这个方法，画板类依赖于这个抽象的 Shape 而不是具体的图形，如图 13.4 所示。

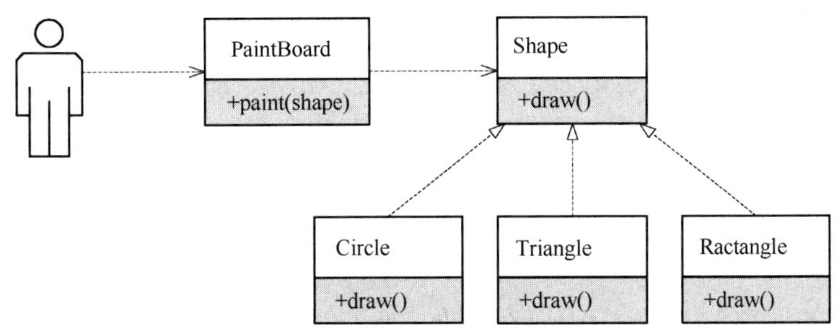

图 13.4　依赖倒置

现在画板类变得很简单，而且画板类依赖于抽象的 Shape 而不是具体的图形，不管系统的图形类(Circle、Rectangle、Triangle 等类)如何扩充或修改，画板类的代码是不需要修改的，如代码 13.3 所示。这样设计的软件对扩充图形类是开放的，因为不会对现有类的代码产生影响，或者不再需要修改现有类。

代码 13.3　ch13/pb_pseudocode_dip.py

```
# -*- coding: utf-8 -*-

from abc import ABC, abstractmethod
class PaintBoard :
    def paint(self, shape):
        shape.draw()

class Shape(ABC):
    @abstractmethod
```

```
10     def draw():
11        pass
12
13 class Circle(Shape):
14     def draw(self):
15       print("Draw a Circle")
16
17 class Ractangle(Shape):
18     def draw(self):
19       print("Draw a Ractangle")
20
21 class Triangle(Shape):
22     def draw(self):
23       print("Draw a Triangle")
24
25 if __name__=="__main__":
26     pb = PaintBoard()
27     # 在这里模拟用户使用软件
28     c=Circle()
29     pb.paint(c)
30     r=Ractangle()
31     pb.paint(r)
```

代码 13.3 第 8 行使用了抽象元类 ABC，第 9 行使用了抽象方法标注，这样具体类实现抽象类 Shape 时就必须实现抽象方法 draw()，否则就会抛出异常。关于抽象类的问题可以回看第 11 章的抽象类。

13.2.4 什么是 Liskov 替换

在广泛使用的面向对象程序设计语言(如 Java、C++)中，Liskov 替换原则其实是程序设计语言本身所具有的一个特性。

在面向对象程序设计语言中，在方法内部创建的“对象的引用(变量)”和“对象”是存在于不同的内存空间中的，对象的引用(变量)创建于栈内存，而对象创建于堆内存。在栈内存中创建的变量有时被称为自动变量，因为当这个方法运行完毕时，栈内存中的变量会被自动清除，但是在堆内存中创建的对象，则需要手工删除(C++等语言)或用垃圾收集机制回收(如 Java、Python 等语言)。例如，代码 13.3 第 28 行，其实表示了图 13.5 所示的事实。在 Python 中，“引用”被称为“名称”，引用指向对象实例，被称为“名称绑定”。

Liskov 替换原则表述的是，如果 Circle 是 Shape 的子类，那么 Shape 类型的引用可以指向 Circle 类型的对象，如图 13.6 所示。

注意代码 13.3 第 29、31 行，任何类型的图形对象都可以作为参数传递到画板类的 paint 方法中。尽管 paint 方法的参数期待一个 Shape 类型的对象，但在参数传递后，具体的图形对象的类型会被视为 Shape 类型，这符合 Liskov 替换原则，即子类可以成为基类的替身。

但是和 Java 等强类型语言不同，Python 的引用(名称)，如代码 13.3 第 28 行的 c，是没有类型限制的，这让 Liskov 替换原则在 Python 中显得不像一个严格的约束。

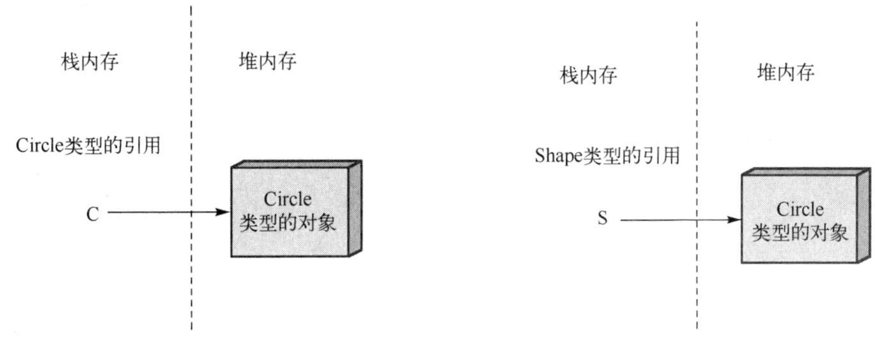

图 13.5　对象的引用和对象　　　图 13.6　Shape 类型的引用可以指向 Circle 类型的对象

在 Java 等强类型语言中，当父类的引用指向子类的对象时，有如下特性：通过父类的引用 s，只可以访问 Circle 对象中通过覆盖 Shape 的方法（有时是实现 Shape 的方法）而产生的方法。不是通过覆盖 Shape 的方法而产生的方法当然是不能访问的。由于 Circle 对象中的 draw()方法是覆盖 Shape 的 draw()方法产生的，因此通过引用 s 可以访问。

但在 Python 中，由于引用（名称）是没有类型限制的，所以程序员需要自己确保具体的图形类都有相同的方法。而它们是否都是从某个类继承过来的，是否都实现了某个方法，其实并没有约束。当然，通过 Python 提供的抽象类可以强制子类实现父类的抽象方法。

13.2.5　为不同的用户提供刚好够用的接口

这个简单的程序（代码 13.3）还不能改变图形在画板上的位置，为了增加“设置位置”功能、减少修改画布类及图形类现存的代码，可以应用“接口分离原则”。也就是说，绘制图形是绘图接口定义的，改变位置是移动接口定义的，即在画布类中绘制图形方法依赖的是绘图接口，而移动图形方法依赖的是移动接口。接口分离原则就是为不同的用户提供刚好够用的接口。

但是和强类型的语言不同，Python 是没有接口这样的概念的，不过有以下三个替代的方案。

方案 1. 可以把接口理解为抽象类，类中只有抽象方法，如代码 13.4 所示。

代码 13.4　ch13/pb_pseudocode_isp.py

```
# -*- coding: utf-8 -*-

from abc import ABC, abstractmethod

class PaintBoard :
    def paint(self, drawing):
        drawing.draw()

    def position(self, moving, x, y):
        moving.move(x, y)

class Drawing(ABC):
    @abstractmethod
```

```
    def draw(self):
        pass

class Moving(ABC):
    @abstractmethod
    def move(self):
        pass

class Shape(Drawing,Moving):
    def __init__(self,x, y, width, height):
        self.x=x
        self.y=y
        self.width=width
        self.height=height

    @abstractmethod
    def draw():
        pass

    def move(self, x, y):
        self.x=x
        self.y=y
        self.draw()

class Circle(Shape):
    def draw(self):
        print(f"Draw a Circle at {self.x}, {self.y}, {self.width}, {self.height}")

class Ractangle(Shape):
    def draw(self):
        print(f"Draw a Ractangle at {self.x}, {self.y}, {self.width}, {self.height}")

class Triangle(Shape):
    def draw(self):
        print(f"Draw a Triangle at {self.x}, {self.y}, {self.width}, {self.height}")


if __name__=="__main__":
    pb = PaintBoard()
    # 在这里模拟用户使用软件
    r=Ractangle(2,3,5,5)
    pb.paint(r)
    pb.position(r,6,7)
```

代码 13.4 第 5～10 行定义的画板类有两个方法，这两个方法分别依赖于 drawing 和 moving 两个接口。

代码 13.4 第 12～20 行，通过抽象元类 ABC 定义了 drawing 和 moving 两个抽象类作为接口。

代码 13.4 第 22～36 行，定义了 Shape 类，以 drawing 和 moving 两个抽象类作为基类，并且实现了 moving 抽象类的 move 方法，但是不实现 moving 抽象类，即保持 draw 方法依然是抽象方法。

代码 13.4 第 38～48 行定义的具体形状类都是以 Shape 类为基类的，它们只需要实现 draw 方法，move 方法是从 Shape 类中继承过来的。

方案 2. Python 3.8 提供了协议类(Protocol Class)，也可以实现类似接口的功能，如代码 13.5 所示。

代码 13.5　ch13/pb_pseudocode_isp_protocol.py

```
# -*- coding: utf-8 -*-

from typing import Protocol

class PaintBoard :
    def paint(self, drawing):
        drawing.draw()

    def position(self, moving, x, y):
        moving.move(x, y)

class Drawing(Protocol):
    def draw(self):
        '''一个形状需要需要实现绘图协议'''

class Moving(Protocol):
    def move(self):
        '''一个形状需要需要实现移动图形协议'''

class Shape(Drawing,Moving):
    def __init__(self,x, y, width, height):
        self.x=x
        self.y=y
        self.width=width
        self.height=height


    def move(self, x, y):
        self.x=x
        self.y=y
        self.draw()
```

代码 13.5 和代码 13.4 的不同之处就是用协议类替换了抽象类，其他基本类似。这里只显示了有差异的地方，完整的代码可以查阅本书附带的源代码。

方案 3. 无须构建接口、抽象类这样的层次关系。因为 Python 的“名称”是没有类型约束的，如果具体类都有相同的方法，那么可以认为它们来自相同的概念，但是不一定要写成代码，如代码 13.6 所示。

代码 13.6 ch13/pb_pseudocode_isp_donothing.py

```
# -*- coding: utf-8 -*-
class PaintBoard :
    def paint(self, drawing):
        drawing.draw()

    def position(self, moving, x, y):
        moving.move(x, y)

class Shape():
    def __init__(self,x, y, width, height):
        self.x=x
        self.y=y
        self.width=width
        self.height=height


    def move(self, x, y):
        self.x=x
        self.y=y
        self.draw()

class Circle(Shape):
    def draw(self):
        print(f"Draw a Circle at {self.x}, {self.y}, {self.width}, {self.
        height}")

class Ractangle(Shape):
    def draw(self):
        print(f"Draw a Ractangle at {self.x}, {self.y}, {self.width}, {self.
        height}")

class Triangle(Shape):
    def draw(self):
        print(f"Draw a Triangle at {self.x}, {self.y}, {self.width}, {self.
        height}")


if __name__=="__main__":
    pb = PaintBoard()
    # 在这里模拟用户使用软件
    r=Ractangle(2,3,5,5)
    pb.paint(r)
    pb.position(r,6,7)
```

13.3　Tkinter 的简单介绍

Tkinter 是 Python 自带的用于开发图形用户界面(Graphical User Interface, GUI)程序的库，Tkinter 的基础是开源的 Tk GUI 工具套件(Toolkit)，提供了跨平台的 GUI 的组件库。

在这里介绍 Tkinter 的目的是用它创建一个大致符合面向对象的设计原则的程序，所以不会详细介绍 Tkinter 的使用方法，如果需要深入了解 Tkinter，可以查阅相关的书籍和文章。

13.3.1　图形用户界面的基本元素

窗口系统的图形用户界面的程序，大致可以分为两大类：①应用程序型，类似 Office 系列软件，界面包括菜单、工具栏、文本编辑窗口；②对话窗口型，一般包括标题栏、文本框控件、列表控件、可选框控件、画布控件按钮控件等，有可能有工具栏，如图 13.7 所示。

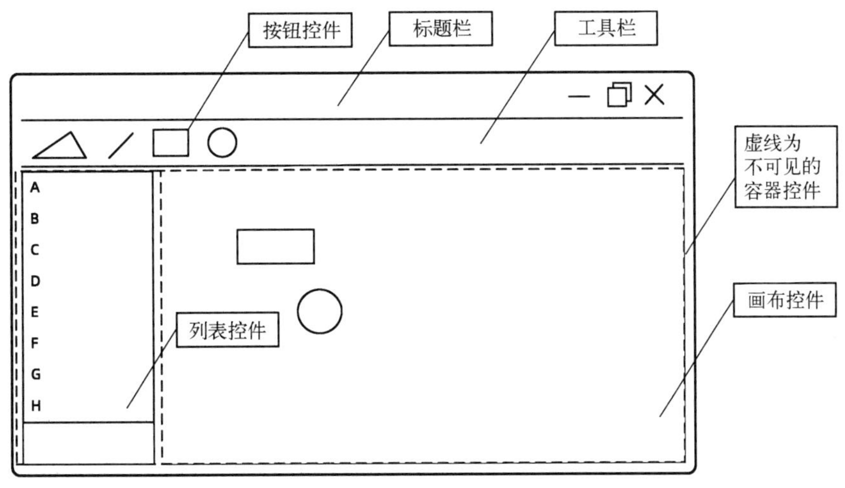

图 13.7　图形用户界面的基本元素

13.3.2　简单的窗口程序

使用 Tkinter 创建一个图形用户界面程序的步骤如下。

(1) 创建一个窗口。

(2) 创建和布局窗口中的控件。

(3) 创建控件的回调函数。

(4) 开启事件循环，当接收到操作系统转发过来的键盘、鼠标事件时，自动调用对应的回调函数。

代码 13.7 是一个简单的窗口程序，看上去有很多行，其实就是实现了上述的四个步骤。回调函数定义在控件定义之前的原因是，在控件的 command 参数关联回调函数时，该函数必须是已经定义的。

代码 13.7 ch13/simple_gui.py

```
# -*- coding: utf-8 -*-
from tkinter import *
from tkinter import messagebox # 很奇怪这个版本必须要这样引入
from tkinter.ttk import *
# 创建窗口
window=Tk()

# 准备窗口宽和高的数据
window_width = 400
window_height = 300

# 为了让窗口位于屏幕的中央,计算窗口左上角的位置
# 屏幕左上角的坐标是(0,0),向右为 x 轴递增,向下为 y 轴递增
window_x = int(window.winfo_screenwidth()/2 - window_width/2)
window_y = int(window.winfo_screenheight()/2 - window_height/2)

# 设置窗口的大小和位置
window.geometry(f"{window_width}x{window_height}+{window_x}+{window_y}")
# 将窗口设置为不能改变大小, 两个参数分别是 x,和 y 方向, 设为 1 就可变
window.resizable(0,0)

# 用户自定义 GUI 控件的事件回调函数
def click_me():
    messagebox.showinfo("问候", f"你好: {name.get()}, 欢迎光临! ")

# 用户自定义窗口中的 GUI 控件
# 标签控件
name_label = Label(window, text="输入姓名:")
name_label.pack()

# 文本框控件
name = StringVar()
name_entry = Entry(window, width=20, textvariable=name)
name_entry.pack()
# 将光标置于文本框中
name_entry.focus()

# 按钮控件
click_button = Button(window, text="点击有惊喜", command=click_me)
click_button.pack()

# 进入事件循环,从 Windows 系统获得键盘鼠标事件后调用对应的事件回调函数
window.mainloop()
```

代码 13.7 的运行结果是打开如图 13.8 所示的对话窗口，输入姓名，左键单击“点击有惊喜”按钮，就会弹出消息对话框。

图 13.8　运行图形用户界面程序

学习 Tkinter 的主要内容就是了解各种控件(Widget)的使用方法。Tkinter 的版本是不断更新的，早期的控件是在 tkinter 模块中的，现在则在 tkinter.ttk 模块中。tkinter.ttk 模块有 18 个控件(其中 12 个已经存在于 tkinter 模块中)，所以 from tkinter import *后可以使用 12 种控件，如果 from tkinter.ttk import * 则可以使用全部 18 种控件。如果两个模块都引入，那么 tkinter.ttk 模块中的控件会自动替换 tkinter 中的控件。不过两个模块中的控件并不是完全兼容的。

下面通过三个在代码中使用的控件，了解控件的使用方法。

(1)标签。代码 13.7 第 28 行创建标签控件，标签控件是 Label 类的实例，第一个参数指定该控件的容器是前面第 6 行创建的窗口，窗口实例绑定在名称 window 上，text 参数设置了控件显示的文本，图 13.8 的第一行显示了这个文本。代码第 29 行指定了控件的布局方式是相对布局，通过 pack 函数可以设置填充方式和控件在容器中的相对位置，这里采用了默认设置。

(2)文本框。代码 13.7 第 33 行创建文本框控件，文本框控件是 Entry 类的实例，第一个参数指定该控件的容器同样是 window，width 参数指定文本框的宽度(字符数)，textvariable 参数指定文本框内容所绑定的变量为 name。代码 13.7 第 32 行定义了这个变量 name，代码 13.7 第 24 行在格式字符串中通过 name.get()获取了文本框输入的字符串。

(3)按钮。代码 13.7 第 39 行创建按钮控件，按钮控件是 Button 类的实例，容器同样是 window，command 参数指定了按钮单击后的回调函数(Callback Function)，该函数是代码 13.7 第 23 行定义的 click_me。

代码 13.7 通过定义控件的容器(每个组件的第一个 master 参数)，形成图 13.9 所示的层次关系。层次关系可以是多层的，即容器中还可以有容器。

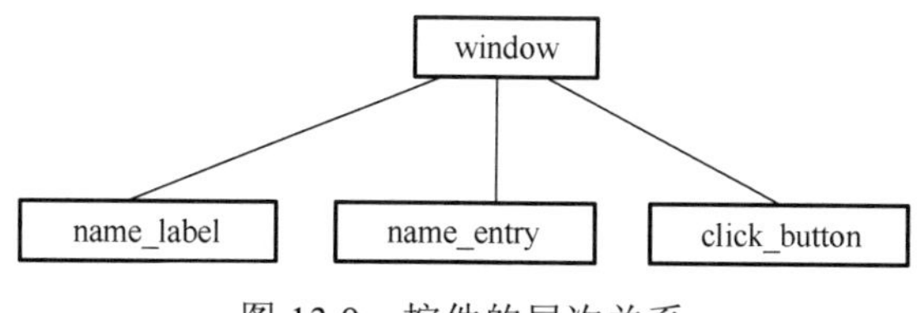

图 13.9　控件的层次关系

控件在窗口中(或容器中)的布局方式有下面三种。

(1) 相对布局，使用 pack 方法，设置填充方式和相对容器的位置。

(2) 网格布局，使用 grid 方法，就是类似电子表格中单元格的布局。

(3) 绝对布局，使用 place 方法，直接指定坐标。

后面的例子中将使用相对布局，若需要了解各种布局的使用细节，则可以查询相关文档。

13.3.3 用类重构代码

代码 13.7 这种平铺直叙的方法可以编写正常运行的程序，但是当功能很多时，代码会变得复杂，阅读和修改就成为一件困难的事。这时如果能将代码分成多个块，在需要修改时只要找到对应的块就行了。重新组织代码结构的工作称为重构(Refactor)，如代码 13.8 所示。

代码 13.8 ch13/oop_gui.py

```
# -*- coding: utf-8 -*-
from tkinter import *
from tkinter import messagebox
from tkinter.ttk import *
class Application():  # 自定义 GUI 应用程序类
    def __init__(self, master):
        self.master = master
        master.title("根窗口")
        self.modifyMasterWindow()
        self.createWidgets()

    # 修改主窗口的大小和位置
    def modifyMasterWindow(self):
        # 定义窗口的宽和高
        self.master_width = 400
        self.master_height = 300

        # 计算窗口左上角的位置,要求窗口位于屏幕的中央
        # 屏幕左上角的坐标是(0,0),向左为 x 轴递增,向下为 y 轴递增
        self.master_x = int(self.master.winfo_screenwidth()/2 - self.master_width/2)
        self.master_y = int(self.master.winfo_screenheight()/2 - self.master_height/2)

        # 设置窗口的大小和位置
        self.master.geometry(f"{self.master_width}x{self.master_height}+{self.master_x}+{self.master_y}")
        # 将窗口设置为不能改变大小
        self.master.resizable(0,0)
```

```
    # 在窗口中建立 GUI 的组件
    def createWidgets(self):
        # 用户自定义窗口中的 GUI 控件
        # 标签控件
        self.name_label = Label(window, text="输入姓名:")
        self.name_label.pack()

        # 文本框控件
        self.name = StringVar()
        self.name_entry = Entry(window, width=20, textvariable=self.name)
        self.name_entry.pack()
        # 将光标置于文本框中
        self.name_entry.focus()

        # 按钮控件
        self.click_button = Button(window, text="点击有惊喜", command=self.click_me)
        self.click_button.pack()

    # 用户自定义 GUI 控件的事件回调函数
    def click_me(self):
        messagebox.showinfo("问候", f"你好：{self.name.get()}，欢迎光临！")

# 创建窗口
window=Tk()
Application(master=window)  # 用自定义的类定义窗口中的 GUI 组件
window.mainloop()  # 进入事件循环
```

代码 13.8 把主窗口传递给 Application 类，在 Application 类中完成修改主窗体、创建控件的工作。功能没有变，但是修改可以局部化。在代码 13.8 中，所有的控件前都加了“self.”，因为控件都是对象成员，而成为对象成员后就可以在其他方法中被访问。

13.4 面向对象的设计原则实例

前面基于面向对象的设计原则介绍了如何设计一个绘图软件，但是在真正用 Tkinter 实现一个可以运行的软件时还是会增加一定的复杂度。最后得到的绘图程序的界面如图 13.10 所示。

设计的基本思路如下。

(1) 定义抽象的应用程序接口 (API)。绘图软件的基本需求是绘图和移动图形，所以可以定义绘图 (Drawing) 和移动 (Moving) 两个抽象类来分别应对这两个需求，Drawing 中定义了抽象方法 draw_shape，Moving 中定义了抽象方法 move_shape。由于这两个类中的方法没有具体实现，所以它们是抽象方法。

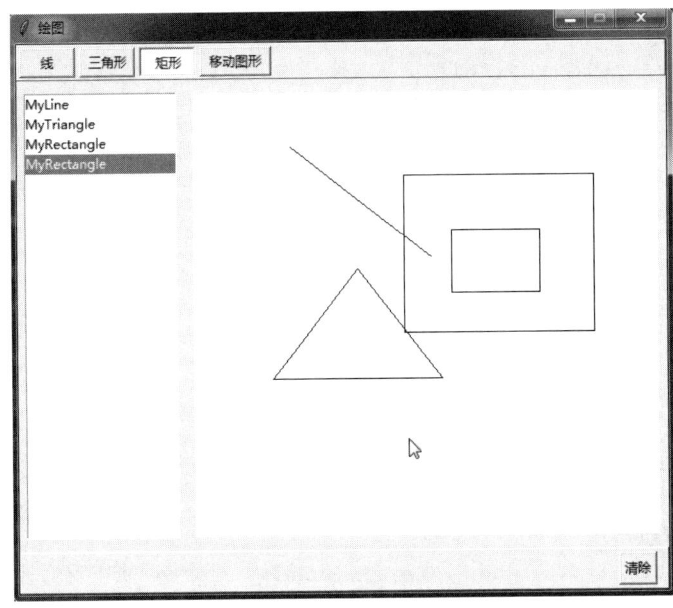

图 13.10　绘图程序的界面

(2) 定义类 Shape。该类的基类是 Drawing 和 Moving 两个抽象类。

(3) 类 Shape 中的 draw_shape 方法覆盖了 Drawing 中的同名方法，move_shape 方法覆盖了 Moving 中的同名方法。

(4) 为所有具体图形构建单独的以 Shape 为基类的类，如线的类为 MyLine、三角形的类为 MyTriangle、矩形的类为 MyRectangle。

(5) MyCanvas 类的基类是 Tkinter 中的 Canvas 类，MyCanvas 类的作用是监听鼠标事件，在鼠标事件中根据主窗口中的选择完成不同的行为（绘制图形或移动图形）。这就需要先创建具体图形对象，然后设置图形的属性，最后用 repaint 方法重新绘制所有画布上的图形。MyCanvas 类中还有和图形用户界面中的工具栏和列表交互的操作。

(6) 应用程序类 Application 用于设置图形用户界面，组件（Widgets）包括单选按钮（Radiobutton）、列表（Listbox）、画布（使用继承自 Canvas 类的 MyCanvas）。

13.4.1　构建概念到实现的层次关系

上述设计的基本思路 (1)～(4) 构建了一个应用程序的功能从概念到实现的层次关系，如代码 13.9 和代码 13.10 所示。

代码 13.9　ch13/oodp_example_abc/abc_of_app.py

```
# -*- coding: utf-8 -*-

from abc import ABC, abstractmethod
class Drawing(ABC):
    @abstractmethod
    def draw_shape(self):
        pass
```

```


class Moving(ABC):
    @abstractmethod
    def move_shape(self):
        pass


class Point():
    def __init__(self, x, y):
        self.x = x
        self.y = y

class Shape(Drawing, Moving):

    def __init__(self, top_left, bottom_right, canvas):
        self.top_left = top_left
        self.bottom_right = bottom_right
        self.canvas = canvas

    @abstractmethod
    def draw_shape(self):
        pass

    def move_shape(self, top_left):
        width_diff = self.bottom_right.x - self.top_left.x
        hight_diff = self.bottom_right.y - self.top_left.y
        self.top_left = top_left
        self.bottom_right = Point(self.top_left.x + width_diff,
                                  self.top_left.y + hight_diff)
```

代码 13.9 定义了绘图(Drawing)和移动(Moving)两个抽象类。Shape 类继承了这两个类，但是只实现了 move 方法。Point 类是一个普通类，用于描述将要绘制的图形的空间范围内左上角和右下角两个点的数据。由于绘图需要使用 Tkinter 的 Canvas 组件，所以 Shape 的初始化方法__init__中需要传入 Canvas 的实例。

代码 13.10　ch13/oodp_example_abc/specific_shape.py

```
# -*- coding: utf-8 -*-

from abc_of_app import Shape

class MyLine(Shape):

    def draw_shape(self):
        line = self.canvas.create_line(
                self.top_left.x, self.top_left.y,
                self.bottom_right.x, self.bottom_right.y)
```

```


class MyTriangle(Shape):

    def draw_shape(self):
        x1 = (self.top_left.x + self.bottom_right.x)/2
        y1 = self.top_left.y

        x2 = self.top_left.x
        y2 = self.bottom_right.y

        x3 = self.bottom_right.x
        y3 = self.bottom_right.y

        points = [x1,y1, x2,y2, x3,y3]
        self.canvas.create_polygon(points,fill='', outline='black')


class MyRectangle(Shape):

    def draw_shape(self):
        x1 = self.top_left.x
        y1 = self.top_left.y

        x2 = self.bottom_right.x
        y2 = self.bottom_right.y

        points = [x1,y1, x2,y2]
        self.canvas.create_rectangle(points)
```

代码 13.10 定义了具体的图形类，这些类都是 Shape 的子类。具体的图形类只需要实现 draw_shape 方法，其他的方法是从 Shape 中继承过来的。

13.4.2 构建自定义的 Canvas 类

Tkinter 本身有 Canvas 组件，自定义的 MyCanvas 类借用了 Tkinter 的 Canvas 组件。各种鼠标事件是在 MyCanvas 类中定义的，MyCanvas 类并不需要知道具体的形状是如何画出来的，它只需要调用图形的 draw_shape 方法。同样它也不用知道如何移动图形，只需要调用 move_shape 方法并传入新的位置，如代码 13.11 所示。

代码 13.11　ch13/oodp_example_abc/MyCanvas.py

```
# -*- coding: utf-8 -*-
"""
Created on Fri Jul 16 06:26:53 2021

@author: Chen
"""
```

```

from tkinter import Canvas
from tkinter import END

from specific_shape import *
from abc_of_app import Point


class MyCanvas(Canvas):
    def __init__(self, master, cnf={}, **kwargs):
        # Canvas.__init__(self, master, cnf={}, **kwargs)  # 这样也可以，和下一行一样
        super().__init__(master, cnf={}, **kwargs)  # 参数不要 self，super 已经自动传了
        self.master = master
        # <ButtonPress-1>鼠标左键,<ButtonRelease-1>鼠标左键释放,<B1-Motion>鼠标移动
        self.bind('<ButtonPress-1>', self.mouse_leftbutton_down)
        self.bind('<B1-Motion>',     self.mouse_drag)
        self.bind('<ButtonRelease-1>', self.mouse_leftbutton_release)

        self.canvas = self
        self.scope = None # 用鼠标画个矩形框确定所绘图形的位置和大小
        self.shape_kind_list = [MyLine, MyTriangle, MyRectangle]
        self.app = cnf["application"]
        # print(self.app.selected_action)

        self.shape_instance_list=[]

    # 事件处理函数
    def mouse_leftbutton_down(self, event):
        self.start = event
        self.scope = None

    def mouse_drag(self, event):
        # 在鼠标拖动的过程中不断删除原来的 scope,同时画新的 scope
        if self.scope: self.delete(self.scope)
        self.scope = self.create_rectangle (self.start.x, self.start.y, event.x, event.y)


    def mouse_leftbutton_release(self, event):
        todo = self.get_selected_action_index()
        if todo  # 如果是画图
            self.end = event
            if self.scope: self.delete(self.scope)
            # print(self.start.x, self.start.y, self.end.x, self.end.y)
```

```
50            shape_kind = self.shape_kind_list[self.get_selected_action_
              index()]
51            shape_instance = shape_kind(Point(self.start.x, self.start.y),
52                                        Point(self.end.x, self.end.y),
53                                        self.canvas)
54            self.shape_instance_list.append(shape_instance)
55
56            self.add_item_to_listbox(shape_instance)
57            self.repaint()
58        else: # 如果是移动
59            ins = self.shape_instance_list[self. get_selected_shape_
              instance_index()]
60            ins.move_shape(Point(event.x, event.y))
61            self.repaint()
62
63    # 用户自定义函数
64    # 从图形窗口中获得工具栏选择的值
65    def get_selected_action_index(self):
66        return self.app.selected_action
67
68    # 从图形窗口中获得图形实例列表的选项
69    def get_selected_shape_instance_index(self):
70        return self.app.selected_shape_instance_index
71
72    # 重绘所有图形
73    def repaint(self):
74        self.canvas.delete('all')
75        for s in self.shape_instance_list:
76            s.draw_shape()
77
78    # 将图形实例的类名加到图形窗口的列表中
79    def add_item_to_listbox(self, item):
80        self.app.l.insert(END, item.__class__.__name__)
81        self.app.l.select_clear(0, END)
82        self.app.l.selection_set(END)
```

代码 13.11 第 21～23 行把“鼠标左键按下”“鼠标左键拖动”“鼠标左键松开”三个事件和事件处理函数绑定。在绘制图形前需要在画布上画一个大小随鼠标拖动变化的矩形框，通过这个矩形框来确定要画的图形的大小，这个过程会涉及前述的三个鼠标事件。在鼠标左键按下后，需要记录开始位置；在鼠标左键松开时，需要记录结束位置。

代码 13.11 第 27 行是可以绘制的图形类名称的列表。当扩充新的图形时，这个列表是 MyCanvas 类中唯一需要修改的地方。

代码 13.11 第 44～64 行是“鼠标左键松开”事件的处理函数。其中，代码第 45 行获取用户在图形用户界面上的选择，如是画各种图形还是移动已经画好的图形。移动图形的编号是 100，所以如果其不是 100 就是要画图。

由于要画的图形比较多，而且在移动一个图形的时候需要保持其他图形不变，所以画图的程序其实是代码第 73～76 行定义的 repaint 函数。所有已画的图形都放到代码第 31 行定义的列表中，在需要重绘的时候遍历这个列表就行了。

代码第 65～70 行是为了得到用户界面上用户的选择。用户界面的引用通过代码第 28 行实现，cnf 是 Canvas 的__init__方法中定义的参数，用于在用户界面程序中定义 Canvas 控件时向控件传递必要的参数。

13.4.3　用户界面

用户界面的程序是 ch13/oodp_example_abc/app_gui.py，因为程序较长，而且和前面的代码大同小异，就不在这里列出了，读者可以直接查阅随书附带的源代码。界面中所用的 Canvas 组件是自定义的 MyCanvas 类。

13.5　本 章 习 题

1. 在书中代码的基础上，为绘图软件加入绘制一个新的图形的功能，体会对扩充开放、对修改封闭的含义。

第 14 章　正则表达式

本章要点

- 正则表达式的语法规则；
- 可选标记参数的设置。

学习目标

- 掌握编写正则表达式的方法。

14.1　什么是正则表达式

正则表达式(Regular Expression)是一种文本模式，它是混合排列了普通字符、转义字符(Escape Characters)、元字符(Meta Characters)[或称为专用字符(Special Characters)]的字符串，可以用来判定任意字符串是否符合这个模式。普通字符是可以用键盘输入，同时又表示本身含义的字符，如 a 就表示 a。转义字符就是用“\”将后面跟的字符转义为其他含义的字符，如“\d”表示 0～9 这十个数字中的任意一个。元字符是正则表达式语法规定的表示特殊含义的字符，如“^”表示一行的开始。例如，身份证号码的正则表达式可以表示为：

```
r'([1-9]\d{5}[12]\d{3}(0[1-9]|1[012])(0[1-9]|[12][0-9]|3[01])\d{3}[0-9xX])'
```

邮箱地址可以用正则表达式表示为：

```
r'[\w-]+@[\w-]+(\.[\w-]+)+'
```

这些正则表达式字符串前面都有一个字母“r”，这个字母不是在任何情况下都需要的，它的作用是如果正则表达式字符串中有转义字符\，就不要转义，保持原样。不过由于正则表达中经常用到转义字符，所以本书选择在正则表达式字符串前面一直有字母“r”。

通过正则表达式可以判定一个字符串是不是满足这个模式，如合法的身份证号码都满足上述身份证号码的正则表达式。但是不能说满足这个正则表达式的身份证号都是合法的，因为按照正则表达式生成的身份证号的数量极其庞大，远超中国的人口数。可由正则表达式描述的语言称为正则语言(Regular Language)。

14.2　正则表达式的主要用途

由于 Python3 支持 unicode，所以能直接支持中文的字符串。正则表达式的主要用途包括以下几种。

(1) 在字符串中查找正则表达式描述的子串，函数包括 match()、search()。

(2) 在文本中查找所有的正则表达式描述的字符串，函数包括 findall()、finditer。

(3) 用正则表达式描述的字符串分隔其他字符串，函数包括 split()。

(4) 用正则表达式描述的字符串替换文本中一部分字符串，函数包括 sub()。

上述 Python 正则表达式的函数都在 re 库中。

14.2.1　在字符串中查找子串

与“在字符串中查找子串”相关的函数包括以下两种。

(1) match(pattern, string, flags=0)。其中，pattern 就是正则表达式，string 是被查的字符串，flags 是可选的参数，后面会详细阐述。match 函数只能匹配被查字符串开始的位置。

在下面的例子中，正则表达式 r'Regular'中全部都是普通字符，被查找的字符串是 'Regular Expression is a powerful tool'，Regular 正好是被查找的字符串的第一个单词，所以通过搜索可以得到结果，否则返回的就是 None。在搜索结果中，span=(0, 7)表示在 0～7 的位置找到了匹配的单词。相关操作见下列代码。

```
In [1]: import re
   ...: result = re.match(r'Regular', 'Regular Expression is a powerful tool')
   ...: print(result)
   ...:
   ...:
<_sre.SRE_Match object; span=(0, 7), match='Regular'>
```

(2) search(pattern, string, flags=0)。其参数的含义和 match 函数一样，但是和 match 函数不同的是，search 函数不要求被查找的字符串在查找对象开始的位置。同样的例子，用 search 函数可以在句子的任意位置发现被查找的对象。search 函数只能发现第一个匹配的位置。search 函数可以用 start、end、span、group 函数分别返回查找结果的开始位置、结束位置、开始结束位置和查到的内容。

在下面的例子中，正则表达式 r'(to)(ol)'包含了元字符“()”，“()”的作用是分组。这个表达式的含义是将 tool 分成两组，第一组为 to、第二组为 ol。

```
In [1]: result = re.search(r'(to)(ol)', 'Regular Expression is a powerful tool and useful tool')

In [1]: print(result)
<re.Match object; span=(33, 37), match='tool'>

In [3]: result.start()
Out[3]: 33

In [5]: result.end()
Out[5]: 37

```

```
In [7]: result.group()
Out[7]: 'tool'

In [9]: result.group(1)
Out[9]: 'to'
```

查找的结果是 Match 对象，该对象常用的方法如表 14.1 所示。

表 14.1　Match 对象常用的方法

方　法	返回的结果
group(num=0)	匹配的字符串，如果参数是 0，就返回全部结果；如果参数是 1，就返回第一分组
start()	匹配的开始位置
end()	匹配的结束位置
span()	匹配的(开始位置，结束位置)

14.2.2　在文本中查找所有字符串

findall(pattern, string, flags=0) 函数返回的结果是匹配的所有字符串的列表，如下列代码所示。

```
In [11]: import re
    ...: result = re.findall(r'tool', 'Regular Expression is a powerful tool, I like the tool.')
    ...: print(result)
    ...:
    ...:
['tool', 'tool']
```

14.2.3　分隔字符串

用正则表达式分隔字符串需要用到函数 split(pattern, string, maxsplit=0, flags=0)，其中 maxsplit 参数默认是 0，表示不限制分隔次数。

在下面的例子中，正则表达式 r'\s'表示空白字符。由于英文单词之间是以空格分隔的，空格也是一种空白字符，所以分隔的结果是所有单词的列表。由于句子中单词 tool 后面紧跟了一个逗号和句号，所以现在的表达式并不能识别，如下列代码所示。读者学完这一章，应该可以自己找到解决的方法。

```
In [13]: import re
    ...: result = re.split(r'\s', 'Regular Expression is a powerful tool, I like the tool.')
    ...: print(result)
    ...:
    ...:
['Regular', 'Expression', 'is', 'a', 'powerful', 'tool,', 'I', 'like', 'the', 'tool.']
```

14.2.4　替换一部分字符串

用正则表达式替换一部分字符串需要用到函数 sub(pattern, repl, string, count=0, flags=0)。其中，参数 string 是需要实施替换操作的字符串，参数 pattern 是用正则表达式描述的要查找的内容，参数 repl 是查找以后替换成的字符串。相关操作如下列代码所示。

```
In [15]: import re
    ...: result = re.sub(r'Regular Expression','Python', 'Regular Expression is a powerful tool.')
    ...: print(result)
    ...:
    ...:
Python is a powerful tool.
```

14.3　把正则表达式转成模式对象

如果用同一个正则表达式匹配很多的字符串，那么可以把正则表达式编译成模式对象(Pattern Object)，这样可以提高程序的执行效率和可读性。编译需要执行函数 compile(pattern, flags=0)，下面的例子和前面几乎一样，只是先用 compile 得到模式对象。

```
In [17]: import re
    ...: pattern=re.compile('tool')
    ...: result=pattern.search('Regular Expression is a powerful tool, I like the tool.')
    ...: print(result)
    ...: result=pattern.findall('Regular Expression is a powerful tool, I like the tool.')
    ...: print(result)
    ...:
    ...:
<_sre.SRE_Match object; span=(33, 37), match='tool'>
['tool', 'tool']
```

14.4　正则表达式的语法规则

正则表达式是由普通字符、转义字符、元字符组成的字符串，描述了某种字符串的组合模式。所以，学习正则表达式的核心就是了解这些字符的含义和作用。下面重点介绍元字符和转义字符，普通字符不在这里做详细阐述。

14.4.1　元字符

元字符表达的含义和字面本身没有直接的关系，如用^表示一段文本的开始、用$表示一段文本的结束等，可以避免正则表达式跨段落匹配。在文本文件中，段落是以换行结束的，所以一个段落和一行其实是一回事。

正则表达式的强大之处在于能用一个表达式匹配很多字符串，要做到这一点就需要通配符和控制字符重复数。在元字符中，“.”可以匹配除“\n”以外的任意字符，*、?、+、{m,n}可以用于设置前导的字符(或分组)重复了多少次。

正则表达式通配符默认是贪婪(Greedy)匹配模式，也就是说对于字符串'facts are facts'，正则表达式 r'f.+s' 匹配的是整个字符串而不是 facts，如果要改为懒惰模式，就在表示数量的元字符后面加上?，如正则表达式 r'f.+?s'，这时匹配的就是 facts 了。

“()”表示分组，这个在前面的例子中已经有了初步了解。

“|”和“[...]”表示可选项，前者是在单词之间选择，后者是在字符之间选择。若要排除在某些字符中选择，则可以用^，如[^aeiou]表示不能是 aeiou 中的任一字符。连字符“-”表示连续的若干个，如[0-9]表示 0～9 这 10 个数字的任意一个。

元字符及其表达的含义如表 14.2 所示。

表 14.2　元字符及其表达的含义

元　字　符	含　　义	表　达　式	匹配的字符串
^	一行的开始	^abc	abc, abcdefg, abc123, ...
$	行的结束	abc$	abc, endsinabc, 123abc, ...
.	任意字符(除换行符\ n)	a.c	abc, aac, acc, adc, aec, ...
\	转义符	a\sc	a c
|	可选	bill|ted	ted, bill
{...}	数量标记	ab{2}c	abbc
[...]	可供匹配的字符集	a[bB]c	abc, aBc 非：[^aeiou]，连字符[0-9a-fA-F]
(...)	表达式中的逻辑分组单元	(abc){2}	abcabc
*	前一字符重复 0 到多次	ab*c	ac, abc, abbc, abbbc, ...
+	前一字符重复 1 到多次	ab+c	abc, abbc, abbbc, ...
?	前一字符重复 0 到 1 次;	ab?c	ac, abc。注意：在 *、?、+、{m,n}后面加上?变成懒惰模式

14.4.2　转义字符

如果元字符要变成普通字符就需要在元字符前面加转义字符，如\$、\.、\|、*、\+、\?、\-。Python 的字符串本身也有一些转义字符，如回车\r、换行\n、制表符\t 等，正则表达式依旧支持。

英文的单词被认为是由字母、数字构成的，所以单词的前后边界应该是非字母、数字的字符，如 r'\bfoo\b'就只在 foo 是一个单词的情况下才能匹配，如果是单词 food 就不能匹配；\B 正好与之相反。由于中文的特殊性，这两个转义字符在中文状态下基本没什么用。

在正则表达式中，空白字符包括空格、换行“\n”、回车“\r”、制表符“\t”、换页“\f”等。

在正则表达式中，可以用“\d”匹配任意数字，用“\D”排除任意数字，用“\w”匹配任意字母、数字、下画线，用“\W”排除任意字母、数字、下画线。

正则表达式的转义字符如表 14.3 所示。

表 14.3　正则表达式的转义字符

转义字符	含　义
\number	例如，\1 表示第 1 组，\2 表示第 2 组
\A \Z	\ A 匹配字符串的开始, \Z 匹配字符串的结束 对于字符串“facts are　facts”，正则表达式 r'facts\Z' 匹配的是最后的 facts
\b	匹配非字母或数字 r'\bfoo\b' 匹配'foo'、'foo.'、'(foo)'、'bar foo　baz' 中的 foo，但不匹配'foobar'、'foo3'
\B	匹配字母或数字 r'py\B' 匹配'python'、'py3'、'py2' 中的 py，但不匹配'py'、'py.'、'py!'中的 py
\d	匹配数字，相当于[0-9]
\D	排除数字，相当于[^0-9]
\s	匹配空白字符，相当于[\t\n\r\f\v]
\S	排除空白字符，相当于 [^\f\n\r\t\v]
\w	匹配字母、数字、下画线，相当于[a-zA-Z_0-9]
\W	排除任意字母、数字、下画线，相当于[^a-zA-Z_0-9]

14.5　正则表达式实例

假设有大量像下面这样格式混乱的电话号码需要整理，手工整理肯定工作量巨大，若用正则表达式则能事半功倍。

```
(021)88026979
0435-84810570
(021)48726004
010-10703639
0851-5424303
0754 47435216
0573 9457561
(010)62043128
0574*24402757
```

首先要写出匹配所有电话号码的正则表达式。写正则表达式的过程应该从易到难，逐步扩展，如下列代码所示。

```
In [19]: line='''(021)88026979
    ...: 0435-84810570
    ...: (021)48726004
    ...: 010-10703639
    ...: 0851-5424303
    ...: 0754 47435216
    ...: 0317 1107500
    ...: 0573 9457561
    ...: (010)62043128
    ...: 0574*24402757'''
In [21]: result=re.findall(r'0\d{2,3}\s\d{7,8}',line)

```

```
13 In [23]: result
14 Out[23]: ['0754 47435216', '0317 1107500', '0573 9457561']
```

上面的代码用 findall 函数测试正则表达式的匹配情况。正则表达式 r'0\d{2,3}\s\d{7,8}' 的含义是以 0 开头，后面跟 2～3 位数字，接着是一个空白字符，最后是 7～8 位数字。从结果来看，这个正则表达式可以匹配三个电话号码，如上面代码示例第 14 行所示。

```
1 In [25]: result=re.findall(r'[(（]?0\d{2,3}[)）]?\s?\d{7,8}',line)
2
3 In [27]: result
4 Out[27]:
5 ['(021)88026979',
6 '(021)48726004',
7 '0754 47435216',
8 '0317 1107500',
9 '0573 9457561',
10 '(010)62043128']
```

将之前的正则表达式改成 r'[(（]?0\d{2,3}[)）]?\s?\d{7,8}'，方括号里面是中文的圆括号或英文的圆括号，这样就可以把有括号的区号识别出来。?表示前导的字符可能有，也可能没有。现在已经有 6 个电话号码被识别出来了，如上面代码示例第 5～10 行所示。

```
1 In [29]: result=re.findall(r'[(（]?0\d{2,3}[)）]?[\s\-－*]?\d{7,8}',line)
2
3 In [31]: result
4 Out[31]:
5 ['(021)88026979',
6 '0435-84810570',
7 '(021)48726004',
8 '010－10703639',
9 '0851-5424303',
10 '0754 47435216',
11 '0317 1107500',
12 '0573 9457561',
13 '(010)62043128',
14 '0574*24402757']
```

前面没有别识别出来的电话号码都是在区号和号码之间有-、*、－，相关操作如上面代码第 1 行所示，把这些符号作为可选项加入正则表达式，就可以识别所有电话号码。

接着要把区号和号码分成两组，方法是在正则表达式中给区号和号码分别加上圆括号。通过下面代码第 5～10 行输出的结果可以发现，每个号码都对应一个元组，元组中的两个元素分别是区号和号码。

```
1 In [33]: result=re.findall(r'[(（]?0(\d{2,3})[)）]?[\s\-－*]?(\d{7,8})',
  line)
2
3 In [35]: result
4 Out[35]:
```

```
[('021', '88026979'),
('0435', '84810570'),
('021', '48726004'),
('010', '10703639'),
('0851', '5424303'),
('0754', '47435216'),
('0317', '1107500'),
('0573', '9457561'),
('010', '62043128'),
('0574', '24402757')]
```

找到匹配所有电话号码的正则表达式后，可以先把它编译成模式对象，如下列代码所示。

```
In [37]: import re

In [39]: pattern=re.compile(r'[(（]?0(\d{2,3})[)）]?[\s\-—*]?(\d{7,8})')
```

现在可以根据自己的需求进一步处理数据。

(1) 如果仅仅要统一数据的格式，那么可以用 sub 函数。在下面的代码中，\1 表示第一个分组，即区号，\2 表示第二个分组，即号码。现在所有的区号和号码之间都有统一的“-”号。

```
In [41]: result=pattern.sub(r"\1-\2",line)

In [43]: print(result)
021-88026979
0435-84810570
021-48726004
010-10703639
0851-5424303
0754-47435216
0317-1107500
0573-9457561
010-62043128
0574-24402757
```

(2) 如果要遍历每个号码，那么可以用 finditer 函数。这个函数的返回结果是可迭代对象，可以通过循环遍历每个号码。finditer(string[, pos[, endpos]])函数可以指定被识别字符串的开始位置 pos 和结束位置 endpos，不过大部分情况下不需要指定。相关操作如下列代码所示。

```
In [45]: for match in pattern.finditer(line):
    ...:     print("区号: %s    号码: 
    %s"%(match.group(1),match.group(2)))
    ...:
区号: 021    号码: 88026979
区号: 0435   号码: 84810570
区号: 021    号码: 48726004
```

```
区号: 010    号码: 10703639
区号: 0851   号码: 5424303
区号: 0754   号码: 47435216
区号: 0317   号码: 1107500
区号: 0573   号码: 9457561
区号: 010    号码: 62043128
区号: 0574   号码: 24402757
```

14.6 可选标记参数的设置

在前面用到的函数中，都有 flags 参数。例如：

```
match(pattern, string, flags=0)
search(pattern, string, flags=0)
findall(pattern, string, flags=0)
split(pattern, string, maxsplit=0, flags=0)
sub(pattern, repl, string, count=0, flags=0)
compile(pattern, flags=0)
```

参数的设置方法如这个例子：re.compile(pattern, flags=re.I|re.M)。在该例中，flags 参数设置了两个值，re.I 是忽略大小写，re.M 是多行模式，当设置多个值时，则需要用“|”把它们连接在一起。re.I 是缩写方式的值，完整方式的值是 re.IGNORECASE，这两者是完全一样的。flags 参数设置如表 14.4 所示。

表 14.4 flags 参数设置

缩写方式	完整方式	含义
re.A	re.ASCII	转义字符\w、\W、\b、\s、\d、\D 等只适用 ASCII 字符，而不适用 unicode 字符
re.I	re.IGNORECASE	匹配时不区分大小写
re.M	re.MULTILINE	多行模式，让^和$在多行起作用，不受\n 的限制
re.S	re.DOTALL	“.”匹配任何字符，包括换行符
re.X	re.VERBOSE	允许在正则表达式中添加注释和空格，换句话说，注释和空格不会被视为正则表达式的一部分
re.L	re.LOCALE	根据当前语言环境执行匹配，仅与字节模式一起使用

(1) ASCII 标记。在下面的例子中，如果添加了 re.A 标记，正则表达式就只对 ASCII 字符起作用，对中文不起作用。

```
In [47]: result = re.findall(r"\b\w{2}\b", 'Hi, 你好')
    ...: print(result)
['Hi', '你好']

In [49]: result = re.findall(r"\b\w{2}\b", 'Hi, 你好',re.A)
    ...: print(result)
['Hi']
```

(2) MULTILINE 标记。当正则表达式使用了^、$时，就只能在一行中起作用，也就是不能跨越\n，如果使用了 MULTILINE 标记就可以跨越了，如下列代码所示。

```
In [51]: result = re.findall(r"^\w+\b", 'roses are red\nviolets are blue')
    ...: print(result)
['roses']

In [53]: result = re.findall(r"^\w+\b", 'roses are red\nviolets are blue',re.M)
    ...: print(result)
['roses', 'violets']
```

(3) DOTALL 标记。按语法“.”不能匹配“\n”，但是如果加了 DOTALL 标记就可以匹配了，如下列代码所示。

```
In [55]: result = re.findall(r"rose.+", 'roses are red\nviolets are blue')
    ...: print(result)
['roses are red']

In [57]: result = re.findall(r"rose.+", 'roses are red\nviolets are blue',re.S)
    ...: print(result)
['roses are red\nviolets are blue']
```

(4) VERBOSE 标记。有了 VERBOSE 标记就可以在正则表达式中写注释，如果正则表达式被写成多行，那么需要用三引号。空格和注释都会被自动忽略，不会成为正则表达式的一部分，如下列代码所示。

```
In [73]: result = re.findall(r"""^(\w+)\b # 植物
    ...:                         \s+are\s+    # be 动词
    ...:                         (\w+)$       # 颜色""",
    ...:                         'roses are red\nviolets are blue',re.M|re.X)
    ...: print(result)
[('roses', 'red'), ('violets', 'blue')]
```

(5) IGNORECASE 标记。IGNORECASE 标记就是忽略大小写，如下列代码所示。

```
In [59]: result = re.findall(r"^[a-z]+\b", 'Roses are red\nviolets are blue',re.M)
    ...: print(result)
['violets']

In [61]: result = re.findall(r"^[a-z]+\b", 'Roses are red\nviolets are blue',re.M|re.I)
    ...: print(result)
['Roses', 'violets']
```

(6) LOCALE 标记。当计算机系统不使用 ASCII 编码时，LOCALE 标记才有意义，而且只支持字节，所以有人建议删除这个选项。

14.7 分组扩展

用“()”可以实现分组。在正则表达式中，分组还有一些扩展的使用方法。

(1) 临时设置标记参数 flags。使用样式为 (?aiLmsux)，可选项包括 a、i、L、m、s、u、x 中的一个或若干个。它们分别对应 re.A (ASCII-only matching)、re.I (ignore case)、re.L (locale dependent)、re.M (multi-line)、re.S (dot matches all)、re.U (unicode matching)和 re.X (verbose)，与前面的标记参数一样。严格地说，这个用法不是分组，只是用了分组的圆括号，圆括号里面也不是正则表达式。下面的例子设置了忽略大小写和多行模式。

```
In [63]: re.findall('(?im)^abcde', 'abcdef\nABCDEF')
Out[63]: ['abcde', 'ABCDE']
```

(2) 为分组设置标记参数。使用样式为 (?aiLmsux:…)，冒号前面的是标记参数，冒号后面的是分组中的正则表达式，如下列代码所示。

```
In [65]: re.findall('(?i:ABC)', 'abcdef\nABCDEF')
Out[65]: ['abc', 'ABC']
```

如果标记参数前是减号，那么表示取消对应的标记参数。下面的例子取消了忽略大小写。

```
In [67]: re.findall('(?-i:ABC)', 'abcdef\nABCDEF')
Out[67]: ['ABC']
```

(3) 不捕获分组的结果。使用样式为 (?:…)，如果?后面没有选择任何标记参数，那么这个分组即使匹配了，也不能在结果中捕获这个分组。在下面这个例子中，正则表达式有两个分组，但是结果中并没有获得两个分组。

```
In [69]: re.findall('(?:abc)(?:def)', 'abcdef\nABCDEF')
Out[69]: ['abcdef']
```

(4) 分组命名。使用样式为 (?P<name>...)，目的是给该分组一个名称 name，有了名称后就可以用这个名称引用分组，如下列代码所示。当然，用\1、\2 还是可以引用分组的。

```
In [71]: import re
In [73]: match = re.search('(?P<name>.*) (?P<phone>.*)', '张三 18825252525')
In [75]: match.group('name')
Out[75]: '张三'

In [77]: result = re.sub('(?P<name>.*) (?P<phone>.*)','\g<phone> \g<name>', '张三  18825252525')
```

```
In [79]: result
Out[79]: '18825252525 张三'
```

(5)正则表达式中的引用已经命名的分组。使用样式为(?P=name)，如字符串'#=#张三#=# 18825252525'。如果#=#设置分组的名称是“d”，那么后面的#=#就可以用名称“d”引用它，如下列代码所示。

```
In [81]: result =
re.sub('(?P<d>#=#)(?P<name>[\u4e00-\u9fff]*)(?P=d)
(?P<phone>.*)','\g<phone> \g<name>', '#=#张三#=# 18825252525')

In [83]: result
Out[83]: '18825252525 张三'
```

(6)注释分组。使用样式为(?#...)，这个分组就是个注释，会被程序忽略，如(?#查找电话号码)。

(7)后缀条件匹配。使用样式为(?=...)，表示如果后面是“...”，就匹配前面的字符串。在下面的例子中，只有李四后面有#号。

```
In [85]: match = re.search('[\u4e00-\u9fff]*(?=#)', '张三  李四#
王五')
In [87]: match.group()
Out[87]: '李四'
```

使用样式为(?!...)，表示如果后面不是“...”，就匹配前面的字符串。在下面的例子中，只有李四后面有#号，张三和王五没有。

```
In [89]: match = re.findall(r'[\u4e00-\u9fff]{2,4}?(?!#)', '张三 李四
# 王五')
In [91]: match
Out[91]: ['张三', '王五']
```

(8)前缀条件匹配。使用样式为(?<=...)，表示如果前面是“...”，就匹配后面的字符串，如下列代码所示。

```
In [93]: import re
In [95]: match = re.search('(?<=abc)def', 'abcdef')
In [97]: match.group()
Out[97]: 'def'
```

使用样式为(?<!...)，表示如果前面不是“...”，就匹配后面的字符串，如下列代码所示。

```
In [99]: match = re.search('(?<!abc)def', 'abbdef')
In [101]: match.group()
Out[101]: 'def'
```

14.8 本 章 习 题

1．源代码目录 ch14 中有文件 emails.txt，请用正则表达式提取里面的所有 E-mail 地址。

2．源代码目录 ch14 中有文件 images_url.txt，请用正则表达式提取里面的图片链接。

3．源代码目录 ch14 中有文件 log.txt，请用正则表达式提取里面 10 点 40 分后包含 WARN 的行。

第 15 章　调试和测试

本章要点

- 如何使用调试工具；
- 测试的种类；
- doctest 单元测试模块的使用方法；
- unittest 单元测试模块的使用方法。

学习目标

- 掌握 doctest、unittest 单元测试模块的使用方法。

15.1　调试和除错

几乎没有哪个程序员可以做到一次就写出正确的程序，程序总会存在这样那样的错误。

程序的三类错误中，运行时错误是程序员不可能避免的，只能通过异常捕获机制避免程序立即崩溃，而语法错误、逻辑错误就需要调试和除错(Debug)了。语法错误会被编译器查找出来，程序员可根据错误信息排除错误，逻辑错误就只能通过测试样例尽可能地发现了。

调试器是调试和除错必不可少的工具，Python 中一个名为 pdb 的模块，支持以交互方式调试代码。调试器的重要功能就是单步执行代码并观测各种变量的状态变化。程序员正是通过观测变量值及它们的状态变化来定位问题的原因，并最终改正它的。程序员可以以命令行的方式使用 pdb 模块，但是在集成开发环境的图形用户界面的支持下使用显然更加方便。

使用调试器的方法其实挺简单，就是设置断点(Breakpoint)，当程序运行到断点时暂停，以观测变量值的变化。Anaconda 自带的 Spyder 集成开发环境的用户界面具有和调试相关的工具栏，如图 15.1 所示。通过这个工具栏可以在后台启动 pdp 模块，以及控制程序的执行。

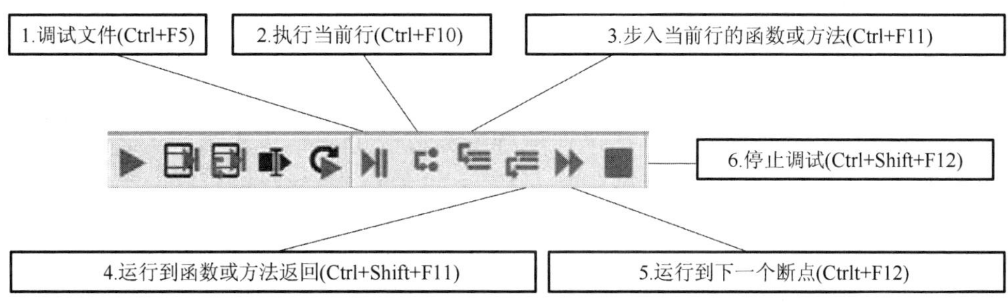

图 15.1　调试工具栏

断点是代码行旁边的标记，以告诉调试器在该处暂停执行，从而帮助程序员检查内存变量的状态。如图 15.2 所示，当光标处于行号旁边的位置时，代码行旁边就会出现一个红点，单击该点，这个红点就固定了，成为断点。

有了断点，单击图 15.1 中工具栏的第一个按钮，就会进入调试状态，并且程序运行到断点这一行就会停下来。这时就可以在右侧的变量观察窗口中查看当前的变量和值，如图 15.3 所示。

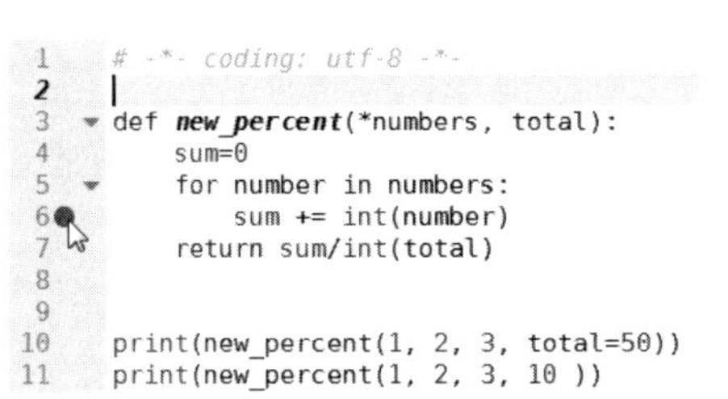

图 15.2　设置断点

Name	Type	Size	Value
number	int	1	1
numbers	tuple	3	(1, 2, 3)
sum	int	1	0
total	int	1	50

Variable explorer　Help　Plots　Files　Find

图 15.3　观察当前变量

如果要逐行执行程序就单击图 15.1 中工具栏的第二个按钮。

如果当前执行的代码行中包含子函数调用，需要查看子函数是否正确，就单击图 15.1 中工具栏的第三个按钮，这样就可以进入子函数内部并单步执行，如果要跳出这个子函数，返回其调用程序就单击图 15.1 中工具栏的第四个按钮。

如果要让程序一直执行直到下一个断点就单击图 15.1 中工具栏的第五个按钮。

如果要终止调试就单击图 15.1 中工具栏的第六个按钮。

15.2　测　　试

测试(Test)是编程过程中一项不可避免的工作，测试的目的是验证程序是否具有设计时定义的功能，即接受预期范围内的输入，并得到预期的结果。

根据测试对象粒度的不同，测试可以分为单元测试、集成测试、系统测试。

(1) 单元测试(Unit testing)就是测试软件的构成单元的正确性，单元是软件构成的最小单位，如函数、方法或类。

(2) 集成测试(Integration testing)是在模块完成单元测试后，将这些模块组装在一起，验证组装后系统的功能及模块间接口是否正确。

(3) 系统测试(System testing)是把完成的软件和计算机系统作为整体，在实际运行环境下验证是否正确运行，并达到预期的性能、可靠性等要求。

程序员在编写代码时也能完成局部的测试任务，但是程序的局部修改会影响其他部分，所以测试常常不是一次完成的，而是在软件持续集成的过程中反复进行的过程。像敏捷开发这样的软件工程方法论强调“测试驱动开发”(TDD)，在软件的迭代开发的过程中，需要反复进行测试，被称为回归测试(Regression testing)。如果能在一定程度上实现测试的自动化，就可以为工作效率带来极大的提升。

Python 自带的自动化单元测试模块有：doctest、unittest。

15.2.1 doctest 单元测试模块的使用方法

顾名思义，doctest 就是将测试用例写成文档字符串的样子，通过 doctest 单元测试模块可以自动执行这些测试用例。同时，这些测试用例还可以当作代码使用的样例，使用户一看就知道如何使用这个代码。由于测试用例是在文档字符串中的，所以在正常执行代码时，这些测试用例只作为注释，不会被执行。

15.2.1.1 测试用例的写法

在代码 15.1 中，用户自定义了一个乘法函数，测试用例写在文档字符串中。测试用例看上去就像是以交互的方式执行代码。

代码 15.1 ch15/my_calculator.py

```
 1 # -*- coding: utf-8 -*-
 2 
 3 def mul(x,y):
 4     """返回两个参数的乘积.
 5 
 6     >>> mul(3,5)
 7     15
 8 
 9     >>> mul(10.2,21.9)
10     223.38
11 
12     >>> mul('abc',2)
13     'abcabc'
14     """
15     return x*y
16 
17 
18 if __name__=="__main__":
19     import doctest
20     doctest.testmod()
```

代码 15.1 第 6～13 行就是测试用例的写法，就如同在命令行状态下输入命令一样并获得结果，“>>>”是命令前面的提示符。这里一共输入了三个测试用例，分别测试整数的乘法、浮点数的乘法、字符串的乘法。代码第 18～20 行，引入 doctest 单元测试模块，然后执行该模块的 testmod()函数，这是执行测试用例的方法。

运行该程序，如果没有任何输出结果，就说明测试用例都得到了预期的结果，如果和预期不符就会报错。下面就是实际运行的结果。

```
**********************************************************************
File "....\ch15\my_calculator.py", line 9, in_main_.mul
Failed example:
    mul(10.2,21.9)
Expected:
```

```
6        223.38
7    Got:
8        223.37999999999997
9    **********************************************************************
10   1 items had failures:
11      1 of 3 in _main_.mul
12   ***Test Failed*** 1 failures.
```

第 3、4 行说明浮点数的乘法没有得到预期的结果，第 5、6 行说明预期得到的是 223.38，第 7、8 行说明实际得到的是 223.37999999999997。后面几行是总结，说明三个测试中有一个没有通过。

面对报错的测试结果，如果觉得程序是正确的，可以选择不修改程序。另外，也可以新建一个 tes_calc.py 文件并运行，代码如下。

```
import doctest, my_calculator
doctest.testmod(my_calculator)
```

15.2.1.2 如果要输出空白行

文档字符中的测试用例是以空行分隔的，如果程序输出的就是空白行，为了避免和测试案例的分隔行混淆，可以用<BLANKLINE>标明输出的空白行，如代码 15.2 所示。

代码 15.2 ch15/test_blankline.py

```
# -*- coding: utf-8 -*-

def hello(*names):
    """
    打招呼

    >>> hello('张三','李四')
    张三
    <BLANKLINE>
    李四
    <BLANKLINE>
    你好
    """
    for name in names:
        print(name)
        print()
    print('你好')


if __name__=="__main__":
    import doctest
    doctest.testmod()
```

15.2.1.3　如果输出结果是不确定的

如果输出结果是不确定的，那么可以用“...”来代替，不过在调用函数的那一行要加上注释：“#doctest: +ELLIPSIS”，如代码 15.3 所示。

这种方法在打印输出对象地址(Id)时很有用，因为对象地址是不确定的。

代码 15.3　ch15/test_unpredictable.py

```
# -*- coding: utf-8 -*-

def hello(*names):
    """
    打招呼

    >>> hello('张三','李四') # doctest: +ELLIPSIS
    你好 ...
    你好 ...
    """
    for name in names:
       print('你好',name)

if __name__=="__main__":
    import doctest
    doctest.testmod()
```

15.2.1.4　测试异常

如果程序的运行可能会产生异常，那么可以用 doctest 测试程序是否产生了预期的异常，如代码 15.4 所示。如果异常的追踪信息太长，那么可以用“...”代替无须关注的信息。

代码 15.4　ch15/test_exception.py

```
# -*- coding: utf-8 -*-

def factorial(n):
    """求 n 的阶乘, n 必须 >= 0.

    >>> [factorial(n) for n in range(6)]
    [1, 1, 2, 6, 24, 120]

    >>> factorial(30)
    265252859812191058636308480000000

    >>> factorial(-1)
    Traceback (most recent call last):
        ...
    ValueError: n must be >= 0
    """
    if not n >= 0:
```

```
            raise ValueError("n must be >= 0")
        result = 1
        factor = 2
        while factor <= n:
            result *= factor
            factor += 1
        return result


if __name__ == "__main__":
    import doctest
    doctest.testmod()
```

15.2.2 unittest 单元测试模块的使用方法

unittest 是功能更强的单元测试模块，unittest 的核心是以下五个类。

(1) TestCase：所有测试用例类的基类，最核心的类。

(2) TestSuite：可称为测试套件类，管理多个测试用例类(TestCase)的集合，TestSuite 也可以嵌套 TestSuite。

(3) TestLoader：负责把测试用例类加载到 TestSuite。

(4) TextTestRunner：负责运行测试用例类。

(5) TextTestResult：保存测试结果的数据对象。

15.2.2.1 基于 TestCase 编写测试类

一个包含算术运算函数的模块如代码 15.5 所示。

代码 15.5 ch15/arithmetic.py

```
# -*- coding: utf-8 -*-

def add(a, b):
    return a + b

def sub(a, b):
    return a - b

def mul(a, b):
    return a * b

def div(a, b):
    if b == 0:
        raise ValueError("除数不能为 0.")
    return a / b

if __name__=="__main__":
    print(add(5,2))
    print(sub(5,2))
```

如果要编写测试代码 15.5 的代码，就需要编写一个 TestCase 的子类。TestCase 中有很多方法可以在子类中被调用，这样就大大简化了测试代码，如代码 15.6 所示。

代码 15.6 ch15/simple_unit_test.py

```
1 # -*- coding: utf-8 -*-
2
3 import arithmetic
4 import unittest
5 class TestArithmetic(unittest.TestCase):
6
7     def test_add(self):
8         actual=arithmetic.add(5, 2)
9         expect= 7
10        self.assertEqual(expect, actual)
11
12    def test_sub(self):
13        actual=arithmetic.sub(5, 2)
14        expect= 3
15        self.assertEqual(expect, actual)
16
17    def test_mul(self):
18        actual=arithmetic.mul(5, 2)
19        expect= 10
20        self.assertEqual(expect, actual)
21
22    def test_div(self):
23        actual=arithmetic.div(5, 2)
24        expect= 2.5
25        self.assertEqual(expect, actual)
26
27    def test_div_zero(self):
28        with self.assertRaises(ValueError):
29            arithmetic.div(5, 0)
30
31 if __name__ == '__main__':
32     unittest.main()
```

代码 15.6 第 4 行引用了 unittest 模块。

代码第 5 行说明自定义测试类是以 unittest.TestCase 为基类的。

代码第 7～29 行定义的 5 个方法分别测试了 5 个测试用例，每个方法都以 test 开头，该命名约定是为了让测试方法被自动调用。

在这五个测试方法中，都有以 assert 开头的断言方法，这些方法是从 unittest.TestCase 继承过来的。断言方法可以参考 Python 官网文档。主要的断言方法如表 15.1 所示。

表 15.1 主要的断言方法

断 言 方 法	等价表达式
assertEqual(a, b)	a == b
assertNotEqual(a, b)	a != b
assertTrue(x)	bool(x) is True
assertFalse(x)	bool(x) is False
assertIs(a, b)	a is b
assertIsNot(a, b)	a is not b
assertIsNone(x)	x is None
assertIsNotNone(x)	x is not None
assertIn(a, b)	a in b
assertNotIn(a, b)	a not in b
assertIsInstance(a, b)	isinstance(a, b)
assertNotIsInstance(a, b)	not isinstance(a, b)

运行测试代码会得到以下三种可能的结果。

(1) OK，表示所有的测试都得到了预期的结果。

(2) FAILED，表示有测试没有通过。

(3) ERROR，表示出现了预期之外的错误。

15.2.2.2 准备和清理测试环境

测试环境被称为 Test Fixture(又被翻译成测试夹具、测试脚手架)。测试需要预先准备测试环境(数据、数据结构、文件、数据库连接等)，测试完成后需要清理测试环境，准备和清理就需要用到 TestCase 的 setUp、tearDown 方法，以及 setUpClass、tearDownClass 方法。前面两个方法在每次测试时都会运行一次。后面两个方法在整个测试中只会运行一次，适用于运行代价较高的资源，如打开数据库连接、打开文件系统上的临时文件、加载共享库等。如果每次测试前后都执行这些操作就会减慢速度。这四个方法可以同时使用，也可以选择其中几个使用。

算术运算函数的模块需要从文件中读入数据，如代码 15.7 所示。

代码 15.7 ch15/readfile_arithmetic.py

```
# -*- coding: utf-8 -*-
def add(file):
    sl=read_data(file, '+')
    a=int(sl[1])
    b=int(sl[2])
    return a + b

def sub(file):
    sl=read_data(file, '-')
    a=int(sl[1])
    b=int(sl[2])
```

```
    return a - b

def mul(file):
    sl=read_data(file, '*')
    a=int(sl[1])
    b=int(sl[2])
    return a * b

def div(file):
    sl=read_data(file, '/')
    a=int(sl[1])
    b=int(sl[2])
    if b == 0:
        raise ValueError("除数不能为 0.")
    return a / b

def read_data(file, operator):
    file.seek(0,0)
    for line in file:
        sl=line.split()
        if sl[0] == operator:
            return sl

if __name__=="__main__":
    file=open('data.txt','r')
    print(sub(file))
    print(add(file))
    file.close()
```

新的测试代码中，在 setUp 方法中准备测试环境，即打开文件'data.txt'，在 tearDown 方法中关闭该文件，如代码 15.8 所示。

代码 15.8　ch15/fixture_test.py

```
# -*- coding: utf-8 -*-

import readfile_arithmetic as ra
import unittest
class TestCalculator(unittest.TestCase):

    # 每次测试之前的初始化工作
    def setUp(self):
        self.file=open('data.txt','r')

    # 每次测试之后的清理工作
    def tearDown(self):
        self.file.close()

```

```
    def test_add(self):
        actual=ra.add(self.file)
        expect=ra.read_data(self.file, '+')
        expect=int(expect[3])
        self.assertEqual(expect, actual)

    @unittest.skip("理由：不用减法")
    def test_subtract(self):
        actual=ra.sub(self.file)
        expect=ra.read_data(self.file, '-')
        self.assertEqual(expect, actual)
if __name__ == '__main__':
    unittest.main()
```

在 setUpClass 方法中准备测试环境，即打开文件'data.txt'，在 tearDownClass 方法中关闭该文件，如代码 15.9 所示。

代码 15.9 ch15/class_fixture_test.py

```
 1 # -*- coding: utf-8 -*-
 2 
 3 import readfile_arithmetic as ra
 4 import unittest
 5 class TestCalculator(unittest.TestCase):
 6 
 7     # 所有的测试之前的初始化工作
 8     @classmethod
 9     def setUpClass(cls):
10         cls.file=open('data.txt','r')
11 
12     # 所有的测试之后的清理工作
13     @classmethod
14     def tearDownClass(cls):
15         cls.file.close()
16 
17     def test_add(self):
18         actual=ra.add(self.__class__.file)
19         expect=ra.read_data(self.__class__.file, '+')
20         expect=int(expect[3])
21         self.assertEqual(expect, actual)
22 
23 if __name__ == '__main__':
24     unittest.main()
```

由于 setUpClass、tearDownClass 方法都是类方法，因此这两个方法中设置的值是绑定在类上而不是实例上的，如代码 15.9 第 10、15 行，所以在访问时代码也有一些区别，如代码 15.9 第 19 行。

15.2.2.3　略过测试

代码 15.8 第 21 行标注了@unittest.skip("理由：不用减法")，表示这个测试用例在运行时会被主动忽略，不进行测试。略过测试的标注不止这种，可以查阅文档https://docs.python.org/3/library/unittest.html#skipping-tests-and-expected-failures。

15.2.2.4　一次测试一系列测试用例

TestSuite 是测试套件，能管理多个测试用例类(TestCase)，在 TestSuite 中可以嵌套 TestSuite。通过测试套件可以一次执行一系列测试。

最简单的使用方法如代码 15.10 所示。

代码 15.10　ch15/test_suite_plain.py

```
# -*- coding: utf-8 -*-

import unittest
import fixture_test
import class_fixture_test
import simple_unit_test

# 生成测试套件的实例
suite = unittest.TestSuite()
# 把测试类都转为套件，并嵌套到套件
suite.addTest(unittest.makeSuite(simple_unit_test.TestArithmetic))
suite.addTest(unittest.makeSuite(fixture_test.TestCalculator))
suite.addTest(unittest.makeSuite(class_fixture_test.TestCalculator))

# 结果终端输出
runner = unittest.TextTestRunner()
result=runner.run(suite)
print(result)
```

利用 TestLoader 也可以通过类名、模块名、方法名等方法生成测试套件，这些方法都是以“loadTestsFrom”开头的。如代码 15.11 所示的例子使用了 loadTestsFromModule 方法，参数是模块名。

代码 15.11　ch15/test_suite_loader.py

```
# -*- coding: utf-8 -*-

import unittest
import fixture_test
import class_fixture_test
import simple_unit_test

# 生成测试套件的实例
suite = unittest.TestSuite()

```

```
# 用 TestLoader 生成测试套件的实例
loader = unittest.TestLoader()
suite_s = loader.loadTestsFromModule(simple_unit_test)
suite_f = loader.loadTestsFromModule(fixture_test)
suite_c = loader.loadTestsFromModule(class_fixture_test)

# 套件嵌套到套件
suite.addTest(suite_s)
suite.addTest(suite_f)
suite.addTest(suite_c)

# 结果终端输出
runner = unittest.TextTestRunner()
result=runner.run(suite)
print(result)
```

因为测试类都在文件中，所以可以通过 unittest 的加载器自动探寻相关文件，然后运行测试用例，如代码 15.12 所示。

代码 15.12　ch15/test_suite_loader_discover.py

```
# -*- coding: utf-8 -*-

import unittest

# 生成测试套件的实例
suite = unittest.TestSuite()

# 用 defaultTestLoader 生成 discover,搜索的文件名后面都有_test
discover = unittest.defaultTestLoader.discover('./', pattern='*_test.py')

# 结果终端输出
runner = unittest.TextTestRunner()
result=runner.run(discover)
print(result)
```

15.2.2.5　如何输出文件形式的测试报告

以上讲述的测试结果都是在终端窗口中输出的，如果要输出文件形式的报告，就需要在 TestRunner 类中设置 stream 和 verbosity 参数。stream 是输出流，默认输出到终端，如果设置成文件就会输出到文件。verbosity 是测试反馈信息的详细程度，可以设置的值有以下三个。

(1) 0：只得到测试总数和全局结果。

(2) 1：默认值，每次测试成功都会输出一个“.”，略过(Skip)会输出 S，失败会输出 F。

(3) 2：输出每个测试的详细信息。

代码 15.6、代码 15.8、代码 15.9 的最后一行都是调用 unittest.main()，main()方法会调用 TestRunner 完成测试和输出，所以也可以在 main()方法调用中设置 verbosity 参数。

代码 15.13　ch15/test_report_file.py

```
# -*- coding: utf-8 -*-

import unittest

# 生成测试套件的实例
suite = unittest.TestSuite()

# 用 defaultTestLoader 生成 discover,搜索的文件名后面都有_test
discover = unittest.defaultTestLoader.discover('./', pattern='*_test.py')

# 输出测试报告文件
with open('UnittestTextReport.txt', 'a') as f:
    runner = unittest.TextTestRunner(stream=f, verbosity=2)
    runner.run(discover)
```

15.3　本 章 习 题

1．选择一个程序，使用 Spyder 的调试工具栏调试程序。

2．选择一个程序，使用 docstring 编写测试用例，并通过 doctest 单元测试模块进行测试。

第 16 章　异 步 程 序

本章要点

- 进程和线程的概念；
- 异步程序和同步程序；
- 并行和并发；
- 创建和运行多线程程序；
- 利用锁同步多线程程序；
- 线程间的数据共享；
- 创建和运行多进程程序；
- 多进程间的同步和数据共享；
- 创建和运行协程；
- 协程的同步和数据共享。

学习目标

- 学习编写多线程、多进程、协程程序；
- 掌握异步程序的数据共享和同步的方法；
- 掌握利用协程实现有限状态机。

16.1　进程和线程

程序只是一个文件，程序的执行却是一个“生命体”，它会诞生、运行、暂停、唤醒、结束、消失，而且一个程序可以多次执行。进程就是描述程序执行的概念。

进程是操作系统进行资源分配的最小单位，一个程序的执行过程中需要的资源，如存放代码的内存空间、存放全局共享数据的内存空间、管理进程已打开文件的数据结构和文件缓冲区等(在很多操作系统中，I/O 设备也是以文件的方式管理的)，这些资源都是以进程为单位进行分配的。进程的实体就是与进程管理和调度相关的数据结构，称为 PCB(Process Control Block)。该数据结构记录了资源分配、进程的状态等信息。该数据结构在内存中的创建标志着进程的产生，在内存中的清除标志着进程的结束。

线程是 CPU 调度的最小单位。进程是操作系统进行资源分配的最小单位，但是有一个资源是例外的，这个资源就是 CPU，CPU 资源的最小分配单位是线程。线程就是进程中代码的执行，部分人把线程翻译为执行绪(Thread of Execution)，这似乎更贴切。线程也有一个相关的数据结构，叫作 TCB(Thread Control Block)。和进程一样，这个数据结构的生命周期和线程的生命周期是一致的。Linux 中的 task_struct 同时兼有 PCB 和 TCB 的功能。

在默认情形下，Python 程序是单进程、单线程的。但是在某些场合下，如需要利用多核 CPU 的计算能力，需要减少对文件访问、网络访问这些 I/O 操作的等待，从而提高 CPU 的利用效率等，就需要使用 Python 的多线程（Multithreading）、多进程（Multiprocessing）、协程（Coroutine）。

多线程是指在一个进程中包含多个线程，多个线程共享该进程的资源，但是每个线程都是独立的 CPU 调度单位。在线程执行过程中，需要用栈来管理和该线程执行过程中相关的局部变量，每个线程的栈不和其他线程共享。进程和多线程的关系如图 16.1 所示。

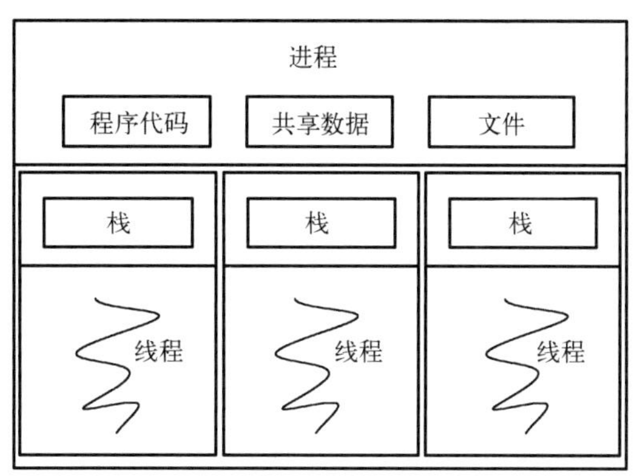

图 16.1　进程和多线程的关系

大部分用户接触的操作系统都是分时操作系统。分时操作系统采用时间片轮转的方式同时运行多个进程，每个进程（或线程）只分配到有限的时间片运行程序，一旦时间片用完，该进程（或线程）就需要回到就绪队列中等待唤醒，唤醒后又被分配一个时间片，从上次暂停的地方继续运行。如果进程是因为等待其他资源而停止的，那么它会在等待队列中等待，资源就绪后系统会产生中断，中断响应程序会重新唤醒该进程，随后该进程进入就绪队列。图 16.2 所示是进程调度示例，调度的单位也可以是线程。

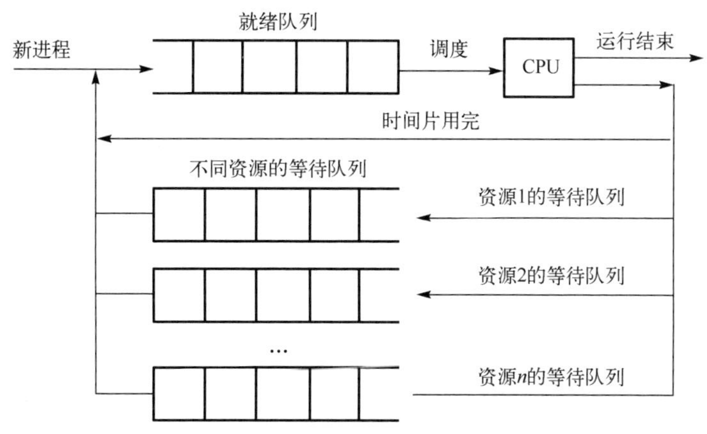

图 16.2　进程调度示例

16.2 异步程序和同步程序

多线程似乎产生了一个小组的多个成员分工、协作完成一项工作的局面，这应该可以提高效率，但是事情没有这么简单。想象一下，三个人在同一张纸上以随机轮换的方式抄写一篇文章的三个部分，很有可能抄完的文章连顺序都有问题，因为三个人的做事顺序是不可预知的。这说明程序只有在严格的执行顺序下，才能保证结果是一致的、可再现的，即对于同样的输入，不管执行多少次结果都应该是一样的。

保证程序严格按照预先规定的执行顺序运行的一个办法就是程序是同步程序。假设一个程序要完成下面的工作：烧水、画画，如果严格按顺序一项接一项地完成工作，那么整个程序的执行过程只存在一条执行序列，这种程序就是同步程序。

但是如果烧水和画画同时做，画画的工作不必等待烧水完成，那么程序的执行在某个时刻存在 2 条以上的执行序列，这就是异步程序。多线程就是异步程序，因为线程创建者不需要等待被创建者返回就可以继续执行，多个线程的执行也没有先后顺序。但是也有可能一个异步执行序列在某个点需要等待另一个执行序列完成，这个点就是异步程序的同步点。

那么，异步程序如何保证执行结果的可再现性呢？异步程序导致结果不可再现的原因是同时修改共享数据，或者在修改数据时没有遵循正确的逻辑次序。

保证异步程序获得可再现结果的方法就是对共享资源或信号量上锁，使得异步程序不得不在某些局部以串行化(排队)方式执行。

16.3 并行与并发

分时操作系统采用时间片轮转的方式同时运行多个进程(或线程)。但是对一个 CPU 来说，同一时刻只能执行一个命令，也就是说，实际上每个进程(或线程)的执行都是断断续续的,轮到一个时间片就执行一下,然后就暂停并执行另一个进程(或线程)。当一个进程(或线程)暂停运行时，需要把它的运行环境［称为上下文(Context)］保存下来，当它再次运行前需要首先恢复它的运行环境，运行环境保存、恢复等工作被称为上下文切换(Context Switching)。采用时间片轮转的方式同时运行多个进程(或线程)的程序执行方式叫作并发(Concurrency)。

现在有很多计算机系统是多 CPU 的，普通个人计算机使用的单 CPU 也都是多核的，也就是一片 CPU 上有多个计算单元。不同的进程在不同的 CPU 或内核上运行，相互之间不需要竞争性轮替使用 CPU，这种程序的执行方式叫作并行(Parallel)。现在的分布式计算机系统，将计算任务派发到多台计算机系统上同时执行，这种执行方式也是并行的。也就是说，并行是指在一个系统中，同一时刻多个计算任务都在执行；而并发是指多个计算任务轮替执行，但在任意一个时刻只有一个计算任务在执行。

在分时操作系统的支持下，进程默认是可以并发的，但是要做到并行就需要硬件的支持，如多 CPU、多核、分布式系统。

Python 程序默认是单线程的，也就是一个进程只包含一个线程，函数调用过程是同步的。但是 Python 也可以实现异步执行，实现方法包括多线程、多进程、协程。

但是大多数用户使用的 CPython 不能实现多线程并行，即使有多处理器/多核的硬件支持也不行。多线程不能并行的原因是 Python 使用了全局解释器锁(Global Interpreter Lock，GIL)，GIL 用于防止程序内部的多个片段同时执行，从而保证共享内存的安全。多个线程在运行前需要申请唯一的 GIL，获得 GIL 就可以运行，未获得 GIL 就需要排队等待，哪怕有处理器处于空闲状态，但没有获得 GIL 也不能执行。Python 也通过 GIL 实现了线程调度的时间片轮转，每隔一个时间片就释放 GIL，多个线程竞争 GIL，获得的就运行一个时间片，未获得就排队等待。线程调度的时间片轮转导致了新的共享内存的线程安全问题，如一个线程的计算任务是数据排序，在一个时间片中只完成了一部分，那么其他线程读到的共享数据就是脏数据。在这种情况下，只能由程序员自己负责对数据加锁，在完成计算任务前不让其他线程访问该共享数据，直到完成排序工作并释放 GIL。

16.4 多 线 程

GIL 导致了多线程不能利用多核 CPU 的优势。对于密集使用 CPU 的计算任务而言，Python 多线程并不能带来性能提升，但如果同时运行多个 I/O 密集型任务，那么多线程仍然是一个合适的模型。

本章的多线程编程均基于 threading 模块，该模块是在低级模块_thread 基础上实现的。

16.4.1 主线程

Python 程序默认是单进程、单线程的。这个单线程也就是主线程(MainThread)，其他线程必然由主线程直接或间接创建。代码 16.1 虽然没有用 Thread 函数创建子线程，但程序有一个主线程，不管如何在多个函数间切换，其实都是在主线程的执行序列中。

代码 16.1 ch16/main_thread.py

```
# -*- coding: utf-8 -*-

import math
import time
import threading
import logging

# Python 的日志可以自动获得线程、进程、程序名称，所以用日志在终端上输出
logging.basicConfig(level=logging.DEBUG,format='(%(threadName)-s) %(message)s')

def work(num):
    # 求阶乘是 CPU 密集型的任务
    math.factorial(num)
    logging.debug('work 函数调用')
```

```
15
16 def run_as_one_thread():
17     start_time=time.time()
18     logging.debug('run_as_one_thread 函数调用')
19     for i in range(1,5):
20         work(i*10000)
21     end_time=time.time()
22     logging.debug(end_time-start_time)
23
24
25 if __name__ == "__main__":
26     logging.debug('主程序')
27     run_as_one_thread()
```

代码 16.1 第 9 行配置了日志的输出方式，其中 format 参数中的(%(threadName)-s)是线程的名称，%(message)s 是日志消息。如果要详细了解格式的含义可以查阅 Python 官网文档。

代码 16.1 第 11 行定义的 work 函数使用了求阶乘的函数，目的是模拟密集使用 CPU 的程序。

代码 16.1 输出的结果如下。

```
(MainThread) 主程序
(MainThread) run_as_one_thread 函数调用
(MainThread) work 函数调用
(MainThread) work 函数调用
(MainThread) work 函数调用
(MainThread) work 函数调用
(MainThread) 0.11200642585754395
```

从执行结果看，不管如何切换函数，线程名都是 MainThread。

16.4.2 创建和运行线程

创建线程可以继承 Thread 类，并覆盖 run 方法，然后生成类的实例，但这种方法比较麻烦，不太灵活。

创建线程最简单的办法是向 Thread 函数传递希望作为线程运行的函数。

```
threading.Thread(group=None, target=None, name=None, args=(), kwargs={},
    *, daemon=None)
```

参数的含义如下，其中单独的*参数表示后面的参数是必须关键字参数。

(1) group：为了 ThreadGroup 类扩展保留的参数，应该保留默认设置 None。

(2) target：作为线程运行的函数。

(3) name：线程名，默认的形式是“Thread-N”，其中 N 是一个十进制数。

(4) args：设置 target 参数时指定的作为线程运行的函数的参数，类型是元组，默认是空元组()。

（5）kwargs：设置 target 参数时指定的作为线程运行的函数的关键字参数，类型是字典，默认是空字典{}。

（6）daemon：设置线程是否为守护线程，默认值 None 表示非守护进程。

现在将前面的代码改变成多线程的方式，如代码 16.2 所示。

代码 16.2 ch16/run_as_thread.py

```
1 # -*- coding: utf-8 -*-
2
3 import math
4 import time
5 import threading
6 import logging
7 # Python 的日志可以自动获得线程、进程、程序名称，所以用日志在终端上输出
8 logging.basicConfig(level=logging.DEBUG,format='(%(threadName)-s)
  %(message)s')
9
10 def work(num):
11     # 求阶乘是 CPU 密集型的任务
12     math.factorial(num)
13     # time.sleep(1)
14     logging.debug('work 函数调用')
15
16 def run_as_multi_thread():
17     logging.debug('run_as_multi_thread 函数调用')
18     # 构建多个线程的列表
19     thread_list=[threading.Thread(target=work, args=(i*10000,)) for i in
       range(1,5)]
20
21     start_time=time.time()
22     for t in thread_list:
23         t.start()
24     for t in thread_list:
25         t.join()
26     end_time=time.time()
27     logging.debug(end_time-start_time)
28
29 if __name__ == "__main__":
30     logging.debug('主程序')
31     run_as_multi_thread()
```

代码 16.2 第 19 行用 Thread 函数生成线程，target=work 表示 work 函数将作为线程运行，代码用列表推导式生成了 4 个线程并放在一个列表中。

代码第 22～23 行，启动列表中的线程，启动方法是调用线程的 start 方法。

代码第 25 行的 t.join()，表示主线程运行到这里就转入等待资源 t 的等待队列，这意味着只有 4 个子线程都运行完毕，主线程才会继续执行，否则主线程可能会早于子线程结束运行。读者可以注释掉代码第 24、25 行，看看会产生什么结果。另外需要注意的是，应该

首先启动所有线程，然后再 join，否则主线程会等“被等待”的线程结束后才继续向下执行，也就是说去掉代码第 24 行，把 start 和 join 放在一个循环中，那么这些线程就变成顺序执行的。

程序输出的结果与之前的类似。

```
(MainThread) 主程序
(MainThread) run_as_multi_thread 函数调用
(Thread-7) work 函数调用
(Thread-8) work 函数调用
(Thread-9) work 函数调用
(Thread-10) work 函数调用
(MainThread) 0.1650094985961914
```

“Thread-N”的线程名是自动产生的，一共启动了 4 个子线程，所以有 4 个这样的线程名。所有子线程执行完后，又执行 MainThread。

对比代码 16.1，代码 16.2 的执行时间说明对于 CPU 密集的计算任务，多线程没有带来效率的提升。

16.4.3 守护线程

守护线程(Daemon Thread)就是在后台运行的线程。如果在终端窗口中执行一个程序，并且程序的执行状态在终端窗口中实时显现，那么该程序就是在前台执行的程序。一个程序在后台执行就意味着它让出了终端窗口，终端窗口中可以继续执行其他命令或程序，即使终端窗口关闭了，该程序还会继续执行。

守护线程可以在主线程结束后继续在后台运行，其存在的目的就是为非守护线程提供服务，如监视非守护线程运行产生的日志、在出现异常时提醒管理员等。

守护线程的生命周期从启动(Start)开始，到主线程结束，并且在其他非守护进程都结束后，守护线程会立即自动结束。守护线程在关闭时会突然停止运行，它们占用的资源(如打开的文件、正在运行的数据库操作事务等)可能不能被正确释放。如果希望某线程不会被强行终止，则应该将它设置为非守护进程，并使用合适的信号机制，如事件。

代码 16.3 展示了守护线程的创建、启动及关闭的时间。

代码 16.3 ch16/daemon_thread_waitfor_other_thread.py

```
# -*- coding: utf-8 -*-

import math
import time
import threading
import logging

# Python 的日志可以自动获得线程、进程、程序名称，所以用日志在终端上输出
logging.basicConfig(level=logging.DEBUG, format='(%(threadName)-s) %(message)s')

```

```
11 def work():
12     logging.debug('work 函数调用')
13     for i in range(5):
14         time.sleep(1)
15         logging.debug(f'work 函数调用:{i}')
16
17 def run_as_multi_thread():
18     logging.debug('run_as_multi_thread 函数调用')
19     # 构建多个线程的列表
20     thread_list = [threading.Thread(target=work, args=()) for i in range(1, 3)]
21
22     start_time = time.time()
23     for t in thread_list:
24         t.start()
25     end_time = time.time()
26     logging.debug(end_time - start_time)
27
28 def daemon_work():
29     logging.debug('daemon_work 函数调用')
30     while True:
31         time.sleep(1)
32         logging.debug('I am alive')
33
34 if __name__ == "__main__":
35     logging.debug('主程序开始')
36     daemon_thread = threading.Thread(target=daemon_work,daemon=True)
37     daemon_thread.start()
38     run_as_multi_thread()
39     time.sleep(3)
40     logging.debug('主程序结束')
```

代码 16.3 第 28～32 行定义了打算作为守护线程运行的函数 daemon_work，代码第 36 行创建了守护线程，代码第 37 行启动了守护线程。创建守护线程的方法除向函数传递参数外，也可以将已创建线程的 deamon 参数设置为 True(daemon_thread.daemon = True)，或者调用已创建线程的 setDaemon 方法(daemon_thread.setDaemon(True))。

包含守护线程的程序不能在 Python 的交互终端(如 IPython)中使用，需要直接在命令行窗口中执行 Python 程序文件。在命令行窗口中执行程序文件 daemon_thread_waitfor_other_thread.py，执行结果如下。

```
D:\PythonBook\src\ch16>python daemon_thread_waitfor_other_thread.py
(MainThread) 主程序开始
(Thread-1) daemon_work 函数调用
(MainThread) run_as_multi_thread 函数调用
(Thread-2) work 函数调用
(Thread-3) work 函数调用
```

```
 7  (MainThread) 0.0010001659393310547
 8  (Thread-2) work 函数调用:0
 9  (Thread-1) I am alive
10  (Thread-3) work 函数调用:0
11  (Thread-2) work 函数调用:1
12  (Thread-1) I am alive
13  (Thread-3) work 函数调用:1
14  (Thread-2) work 函数调用:2
15  (Thread-1) I am alive
16  (MainThread) 主程序结束
17  (Thread-3) work 函数调用:2
18  (Thread-2) work 函数调用:3
19  (Thread-1) I am alive
20  (Thread-3) work 函数调用:3
21  (Thread-2) work 函数调用:4
22  (Thread-1) I am alive
23  (Thread-3) work 函数调用:4
```

从执行结果看，第 16 行主线程结束了，但是守护线程仍在继续运行，直到所有的非守护线程全部运行完毕，守护线程才自动关闭。如果非守护线程一直不停止，那么守护线程也不会停止。

代码 16.4 展示了一个不会终止的非守护进程，它导致守护线程一直不能终止。

代码 16.4 ch16/daemon_thread.py

```
# -*- coding: utf-8 -*-

import math
import time
import threading
import logging

# Python 的日志可以自动获得线程、进程、程序名称，所以用日志在终端上输出
logging.basicConfig(level=logging.DEBUG, format='(%(threadName)-s) %(message)s')

def work():
    logging.debug('work 函数调用')
    while True:
        time.sleep(1)

def run_as_multi_thread():
    logging.debug('run_as_multi_thread 函数调用')
    # 构建多个线程的列表
    thread_list = [threading.Thread(target=work, args=()) for i in range(1, 5)]

    start_time = time.time()
```

```
22      for t in thread_list:
23          t.start()
24      end_time = time.time()
25      logging.debug(end_time - start_time)
26  
27  def daemon_work():
28      logging.debug('daemon_work 函数调用')
29      while True:
30          time.sleep(1)
31          # run_as_multi_thread()
32          logging.debug('I am alive')
33  
34  if __name__ == "__main__":
35      logging.debug('主程序')
36      daemon_thread = threading.Thread(target=daemon_work,daemon=True)
37      daemon_thread.start()
38      run_as_multi_thread()
39      time.sleep(3)
```

代码 16.4 的运行结果如下。

```
D:\PythonBook\src\ch16>python daemon_thread.py
(MainThread) 主程序
(Thread-1) daemon_work 函数调用
(MainThread) run_as_multi_thread 函数调用
(Thread-2) work 函数调用
(Thread-3) work 函数调用
(Thread-4) work 函数调用
(Thread-5) work 函数调用
(MainThread) 0.005000114440917969
(Thread-1) I am alive
(Thread-1) I am alive
(Thread-1) I am alive
(Thread-1) I am alive
…
…
```

通过运行结果可以看出，在主线程结束后，守护线程继续无限运行。

如果要在主线程停止运行时直接导致守护线程和非守护线程都停止，那么应该在守护线程中创建非守护线程，通过取消代码 16.4 第 31 行注释，并将第 38 行注释掉，再运行程序就可以验证这一点。

```
D:\PythonBook\src\ch16>python daemon_thread.py
(MainThread) 主程序
(Thread-1) daemon_work 函数调用
(Thread-1) run_as_multi_thread 函数调用
(Thread-2) work 函数调用
```

```
(Thread-3) work 函数调用
(Thread-4) work 函数调用
(Thread-5) work 函数调用
(Thread-1) 0.0060002803802490234
(Thread-1) I am alive
(Thread-1) run_as_multi_thread 函数调用
(Thread-6) work 函数调用
(Thread-7) work 函数调用
(Thread-8) work 函数调用
(Thread-9) work 函数调用
(Thread-1) 0.002000093460083008
(Thread-1) I am alive
```

通过以上执行结果可以看出，在主线程结束时，守护线程、非守护线程也随之结束了。

16.4.4 线程池

通过前面的例子可以看到，线程的创建是通过包装一个任务(函数)完成的。如果任务源源不断，那就需要频繁创建和销毁线程对象，这是很消耗计算、内存资源的。

如果有一个线程池(Thread Pool)，内部只维持若干线程，然后将预先准备在队列中的任务派发给这些线程，当线程完成一个任务后，就派发新任务，这样就不需要频繁创建和销毁线程对象了。

concurrent.futures 模块的 ThreadPoolExecutor 类实现了线程池，线程池不但可以自动调度任务，还可以获得线程的状态。

代码 16.5 就是使用线程池的简单实例。

代码 16.5 ch16/simple_thread_pool.py

```
# -*- coding: utf-8 -*-

from concurrent.futures import *

with ThreadPoolExecutor(max_workers=5) as executor:
    future = executor.submit(pow, 271, 31415)
      print(future.result())
```

代码 16.5 主要完成了构造线程池执行器、提交任务、构建任务队列、获得任务结果等工作。线程池执行器对象和文件对象一样，执行完成后是需要关闭的，代码使用了上下文管理的方法自动关闭线程池执行器对象。

(1) 构造线程池执行器(Executor)的方法是调用 ThreadPoolExecutor 函数。

```
concurrent.futures.ThreadPoolExecutor(max_workers=None,
    thread_name_prefix='', initializer=None, initargs=())
```

上面代码中参数的含义如下。

①initializer：初始化程序，是一个可选的可调用(Callable)对象，在每个工作线程开始前调用。

②initargs：传递给初始化程序的参数元组。

③max_workers：最大线程数，默认是 min(32, os.cpu_count() + 4)，这个默认值为 I/O 绑定的任务保留至少 5 个工作线程，对于需要释放 GIL 的 CPU 绑定任务，最多使用 32 个 CPU 核心。线程池会尽量使用空闲的线程，而不会直接将线程数启动到最大。

④thread_name_prefix：线程名前缀，为了调试线程，方便用户改变线程名。

(2) 构造完线程池执行器后，需要调用线程池执行器的 submit 方法，以提交任务和构建任务队列。

```
submit(fn, /, *args, **kwargs)
```

上面代码中参数的含义如下。

①fn：打算被包装成线程的任务函数。

②/：前面的 fn 是必须位置参数。

③*args, **kwargs：fn 的参数。

(3) 追踪提交后的任务。在上一步中，submit 方法返回的是 Future 类的实例对象，该对象可以视为异步任务跟踪器。异步任务是指线程池执行的任务没有必然的前后次序，而且完成的时间有先有后、不能预计。但是由于每个任务在提交后都有了绑定的 Future 对象，因此通过 Future 对象就可以跟踪任务的状态，Future 对象的方法和作用如表 16.1 所示。

表 16.1　Future 对象的方法和作用

方　法	作　用
result(timeout=None)	获得任务运行的结果，timeout 是等待任务结果的时间
cancel()	可以试着放弃任务，如果已运行、已完成就不能放弃
cancelled()	了解任务是否放弃了
running()	了解任务是否正在运行不能放弃
done()	了解任务是否完成了或放弃了
add_done_callback(fn)	指定任务完成后的回调函数，fn 是回调函数
exception(timeout=None)	获得任务调用的异常，timeout 是等待任务结果的时间

(4) 获得任务的结果。通过 Future 对象就可以用 result 方法获得任务结果。

(5) 线程池执行器的关闭。如果任务队列全都运行完毕，线程池执行器就需要释放资源，方法是调用执行器的 shutdown 方法。但是通过上下文管理的 with 语句，可以避免显式调用此方法，而是自动关闭线程池执行器。

```
shutdown(wait=True, *, cancel_futures=False)
```

上面代码中参数的含义如下。

①wait：如果该参数设为 True，那么 shutdown 方法将不会立即返回，而是运行到队列中的所有任务都执行完毕并且与执行任务关联的资源已被释放才返回。如果该参数设为 False，那么 shutdown 方法将立即返回，并且在所有队列中的任务执行完毕后，仍会释放与执行任务关联的资源。

②*：后面的参数是必须关键字参数。

③cancel_futures：如果该参数为 True，那么 shutdown 方法将取消所有尚未开始运行的队列中的任务。无论 cancel_futures 的值是什么，任何已完成或正在运行的任务都不会被取消。

如果任务比较多，构建任务队列和获得结果的代码就会变得复杂。concurrent.futures 模块中的 as_completed()函数接收 Future 对象为成员的可迭代对象，可以简化获得结果的代码。

线程其实不适合 CPU 密集的任务，而是适合 I/O 密集的任务，如互联网下载、文件传输等。下面例子的任务就是从不同网站下载网页，该例子只对官方文档稍加修改。在这个例子中，获得任务结果的工作由 as_completed()函数接管，如代码 16.6 所示。

代码 16.6 ch16/get_result_as_completed.py

```
# -*- coding: utf-8 -*-
import concurrent.futures
import urllib.request
import ssl

URLS = ['https://www.baidu.com/',
        'https://www.douban.com/',
        'http://daily.zhihu.com/',
        'https://www.eastmoney.com/',
        'https://www.163.com/']

# 访问指定 url 网页，得到网页内容，request 是请求，response 是服务器响应
def load_url(url, timeout):
    with urllib.request.urlopen(url, timeout=timeout) as response:
        return response.read()

# 构造线程池执行器，并通过上下文管理在完成时自动关闭
with concurrent.futures.ThreadPoolExecutor(max_workers=5) as executor:
    # 使用字典推导式，提交了任务队列
    future_to_url = {executor.submit(load_url, url, 60): url for url in URLS}
    # as_completed 遍历 future 对象组成的任务队列，任务完成返回原可迭代对象
    for future in concurrent.futures.as_completed(future_to_url):
        url = future_to_url[future]
        try:
            data = future.result()
        except Exception as exc:
            print('%r 产生异常: %s' % (url, exc))
        else:
            print('%r 网页内容 %d 字节' % (url, len(data)))
```

如果任务是针对可迭代对象的，那么可以用 map 方法准备任务队列并获得结果。但由于 map 方法在遍历任务队列时，如果任务调用出现异常，就会立即终止程序的执行，所以最好不要用在 I/O 密集的任务中。因为 I/O 操作很可能会出现运行时错误，而 GIL 的存在使 CPU 密集的任务不适合用线程，所以 map 方法一般在多处理器的方式中使用。

```
map(func, *iterables, timeout=None, chunksize=1)
```

上面代码中参数的含义如下。

①func：打算被包装成线程的任务函数。

②*iterables：func 要处理的可迭代对象。

③timeout：map 方法返回的可迭代对象取到下一个结果的等待时间，如果不设置就无限等待。

④chunksize：该参数对多线程是没有用的，对多进程(ProcessPoolExecutor)有用，就是把可迭代对象的数据分成若干块，chunksize 规定了块数。

map 方法其实在内部封装了 submit 方法和 result 方法，结果是生成器，map 方法的工作类似下面的代码。

```
future_list = [self.submit(fn, *args) for args in zip(*iterables)]
future_list.reverse()
while future_list:
   yield future_list.pop().result()
```

代码 16.7 来自对 Python 官方文档代码的修改，展示了如何用 map 方法为线程池分配一系列任务。

代码 16.7 ch16/map_tasks_for_thread_pool.py

```
import concurrent.futures
import math

PRIMES = list(range(1000000000,1000000030))

def is_prime(n):
   if n < 2:
      return False
   if n == 2:
      return True
   if n % 2 == 0:
      return False

   sqrt_n = int(math.floor(math.sqrt(n)))
   for i in range(3, sqrt_n + 1, 2):
      if n % i == 0:
         return False
   return True

```

```
def main():
    with concurrent.futures.ThreadPoolExecutor() as executor:
        for number, prime in zip(PRIMES, executor.map(is_prime, PRIMES)):
            print('%d is prime: %s' % (number, prime))

if __name__ == '__main__':
    main()
```

在多进程的 multiprocessing.dummy 模块中，也有线程池的类 multiprocessing.pool.ThreadPool，其使用方法和后面将讲到的进程池一样，这里就不展开阐述了。

16.4.5 使用锁同步

当多个线程访问同一个资源的时候，不同线程操作的顺序不同，结果就可能不同。例如，一个银行账户中有大量的存钱和取钱操作，就有可能导致数据错误。代码 16.8 中有多个线程同时执行存钱和取钱操作，其结果数据和实际数据就不一致。

代码 16.8 ch16/shared_data_error.py

```
# -*- coding: utf-8 -*-
import concurrent.futures
import random
import logging
import time

# Python 的日志可以自动获得线程、进程、程序名称，所以用日志在终端上输出
logging.basicConfig(level=logging.DEBUG, format='(%(threadName)-s) %(message)s')

class Bank():

    def __init__(self, balance):
        self.balance=balance

    def withdraw(self, money):
        temp = self.balance
        if temp >= money:
            temp -= money
            time.sleep(0.15)
            self.balance = temp
            logging.debug(f'取钱{money}元')
            return True
        else:
            logging.debug('余额不足，不能取钱')
            return False

    def deposit(self, money):
        temp = self.balance
```

```
        temp += money
        time.sleep(0.1)
        self.balance = temp
        logging.debug(f'存钱{money}元')
        return True


if __name__ == "__main__":
    bank = Bank(1000)
    operators = {}
    # 构造线程池执行器，并通过上下文管理在完成时自动关闭
    with concurrent.futures.ThreadPoolExecutor(max_workers=2) as executor:
        withdraw_operators={executor.submit(bank.withdraw, x): -x
                            for x in random.sample(range(100),5)}
        deposit_operators={executor.submit(bank.deposit, x): x
                            for x in random.sample(range(100),5)}
        operators.update(withdraw_operators)
        operators.update(deposit_operators)

        for operator in concurrent.futures.as_completed(operators):
            m = operators[operator]
            try:
                r = operator.result()
            except Exception as exc:
                print(f'{m} 产生异常: {exc}')
            else:
                print(f'操作{m}成功{r}')

    print("当前余额: ", bank.balance)
```

下面是某次执行的结果。

```
(ThreadPoolExecutor-16_0) 取钱  92 元
(ThreadPoolExecutor-16_1) 取钱  24 元
(ThreadPoolExecutor-16_0) 取钱  64 元
(ThreadPoolExecutor-16_1) 取钱  76 元
操作-92 成功  True
操作-24 成功  True
操作-64 成功  True
操作-76 成功  True
(ThreadPoolExecutor-16_1) 存钱  51 元
(ThreadPoolExecutor-16_0) 取钱  98 元
(ThreadPoolExecutor-16_1) 存钱  76 元
(ThreadPoolExecutor-16_0) 存钱  3 元
操作  51 成功  True
操作-98 成功  True
操作  76 成功  True
```

```
操作  3 成功  True
(ThreadPoolExecutor-16_1) 存钱  23 元
(ThreadPoolExecutor-16_0) 存钱  72 元
操作  23 成功  True
操作  72 成功  True
当前余额: 889
```

显然，余额出错了。出错的原因是一个线程读入 self.balance 放入本地的变量 temp，但是在计算后重新写回 self.balance 时，self.balance 已经被其他线程修改，不再是原来读入的值，即线程读入了脏数据，以至于在回写数据时出错了。

解决的方法就是加锁，threading.Lock 类封装了锁的功能。锁有两种状态：锁定和解锁，进入这两个状态的方法就是 acquire()和 release()。当线程调用 acquire()方法时，它会获得锁并阻止其他等待该锁的线程执行，直到它调用 release()方法将持有的锁释放，其他等待该锁的线程才能执行。锁保证了共享资源必须以互斥方式使用，从而防止共享数据无序访问带来的错误。代码 16.9 对代码 16.8 进行加锁改进，当然加锁不可避免会带来性能的损失，所以应该只在必要的地方加锁。

代码 16.9　ch16/shared_data_lock.py

```python
# -*- coding: utf-8 -*-

import threading
import concurrent.futures
import random
import logging
import time

# Python 的日志可以自动获得线程、进程、程序名称，所以用日志在终端上输出
logging.basicConfig(level=logging.DEBUG, format='(%(threadName)-s) %(message)s')

class Bank():

    def __init__(self, balance):
        self.balance=balance
        self.lock=threading.Lock()

    def withdraw(self, money):
        self.lock.acquire() # 获得锁
        temp = self.balance
        if temp >= money:
          temp -= money
          time.sleep(0.15)
          self.balance = temp
          logging.debug(f'取钱{money}元')
          self.lock.release() # 释放锁
          return True
```

```
28         else:
29             logging.debug('余额不足，不能取钱')
30             return False
31 
32     def deposit(self, money):
33         self.lock.acquire() # 获得锁
34         temp = self.balance
35         temp += money
36         time.sleep(0.1)
37         self.balance = temp
38         logging.debug(f'存钱{money}元')
39         self.lock.release() # 释放锁
40         return True
```

代码 16.9 的修改在第 3、16、19、26、33、39 行。lock 类在 threading 模块中，所以第 3 行要引入 threading 模块，第 16 行创建了锁的实例，第 19、33 行申请锁，如果线程申请不到锁，该线程就会进入等待该锁的阻塞队列。第 26、39 行释放锁，这样等待该锁的线程就可以运行了。注意，代码 16.9 设置的线程池中只有两个线程，所以不会出现同一线程两次上锁导致死锁的情况，后面就要讨论这个问题。

16.4.6　可重入锁

一个线程如果连续申请锁就可能引起死锁，如代码 16.10 所示。

代码 16.10　ch16/lock_acquire_twice_one_thread.py

```
# -*- coding: utf-8 -*-

import threading
import concurrent.futures
import random
import logging
import time

# Python 的日志可以自动获得线程、进程、程序名称，所以用日志在终端上输出
logging.basicConfig(level=logging.DEBUG, format='(%(threadName)-s) %(message)s')

class Bank():

    def __init__(self, balance):
        self.balance=balance
        self.lock=threading.Lock()

    def query_balance(self):
        self.lock.acquire() # 获得锁
        temp = self.balance
        self.lock.release() # 释放锁
```

```
22         return temp
23
24     def deposit(self, money):
25         self.lock.acquire() # 获得锁
26         temp = self.query_balance() # 在同一个线程中两次申请同一锁，导致死锁
27         temp += money
28         time.sleep(0.1)
29         self.balance = temp
30         logging.debug(f'存钱{money}元')
31         self.lock.release() # 释放锁
32         return True
33
34
35 if __name__ == "__main__":
36     bank = Bank(1000)
37     fs = threading.Thread(target=bank.deposit, args=(200,))
38     fs.start()
39     fs.join()
40     print("当前余额：", bank.balance)
```

代码 16.10 第 26 行，deposit 函数调用 query_balance 函数，但是这个执行过程是在一个线程中的，deposit 函数在第 25 行申请了锁，但是 query_balance 函数在运行时（第 19 行）也要申请锁，由于 deposit 函数没有释放锁，因此导致 query_balance 函数永远拿不到锁，这样就出现死锁，或者称僵局（Deadlock）。可重入锁（Re-entrant Lock）允许同一个线程连续申请某个锁。可重入锁的使用方法非常简单，对于该例就是把代码 16.10 的第 16 行改为 self.lock=threading.RLock()，其他代码保持不变。完整的代码见本书配套代码 ch16/reentrant_lock.py。

16.4.7 生产者和消费者

生产者和消费者问题是进程或线程同步的经典问题，形象地说就是生产者把产品不断放入货架，消费者不断从货架上取走产品。生产者和消费者在线程同步时须遵循下面的规则。

(1) 货架的占用是互斥的，一个线程在访问时，另一个不能访问，也就是要保证货架操作的原子性。

(2) 当货架为空时，要阻止消费者线程取走产品。

(3) 当货架已满时，要阻止生产者线程放入产品。

根据货架上的货格数量，以及生产者和消费者的数量，生产者和消费者问题可能会有多种情形，不同的情形会影响同步的方式。下面来看看在一些常见的情形下如何实现线程的同步，假设货品的产生和消费是源源不断的。

情形 1： 一个生产者，一个消费者，一个货格，可以只使用生产者锁和消费者锁实现。一开始消费者被阻塞，因为一个产品都没有就不能消费，后来生产者再生产一个产品上架就被阻塞了，因为货架满了，但是消费者就应该可以消费了，如代码 16.11 所示（代码中用“数据”代表“产品”）。

代码 16.11 ch16/producer_consumer_lock.py

```
# -*- coding: utf-8 -*-
from threading import Thread,Lock
import random
import logging
import time

logging.basicConfig(level=logging.DEBUG,format='(%(threadName)-s) %(message)s')

class Cache():
    def __init__(self):
        self.data=None
        self.producer_lock = Lock()
        self.consumer_lock = Lock()
        self.consumer_lock.acquire()

    def set_data(self, data):
        self.producer_lock.acquire()
        self.data = data
        logging.debug(f'数据{data}上架')
        self.consumer_lock.release()


    def get_data(self):
        self.consumer_lock.acquire()
        temp = self.data
        logging.debug(f'数据{temp}取走')
        self.producer_lock.release()
        return temp

def producer(cache):
    # 模拟生产者获得数据，可以是无限循环
    for i in range(100):
        # 用随机数模拟生产者获得的数据
        data = random.randint(0, 200)
        # 数据上架
        cache.set_data(data)

def consumer(cache):
    # 模拟消费者获得数据，可以是无限循环
    for i in range(100):
        # 数据消费
        cache.get_data()


if __name__ == "__main__":
```

```
46      cache=Cache()
47      p = Thread(target=producer, args=(cache,),name='producer')
48      c = Thread(target=consumer, args=(cache,),name='consumer')
49      start_time=time.time()
50      p.start()
51      c.start()
52      p.join()
53      c.join()
54      end_time=time.time()
55      logging.debug(end_time-start_time)
```

代码 16.11 第 17 行申请生产者锁，如果不阻塞，就上架产品。代码第 20 行释放消费者锁。

代码第 24 行申请消费者锁，如果不阻塞，就取走产品。代码第 27 行释放生产者锁。

通过上述的交叉操作，就可以保证生产者和消费者的交叉操作。

情形 2：一个生产者，一个消费者，多个货格，需要两个可以计数的信号量锁(Semaphore)。生产者信号量值是空货格数，每放一个产品则生产者信号量值减 1，同时消费者信号量值加 1；消费者信号量值是有产品的货格数，每取一个产品则消费者信号量值减一，同时生产者信号量值加 1。

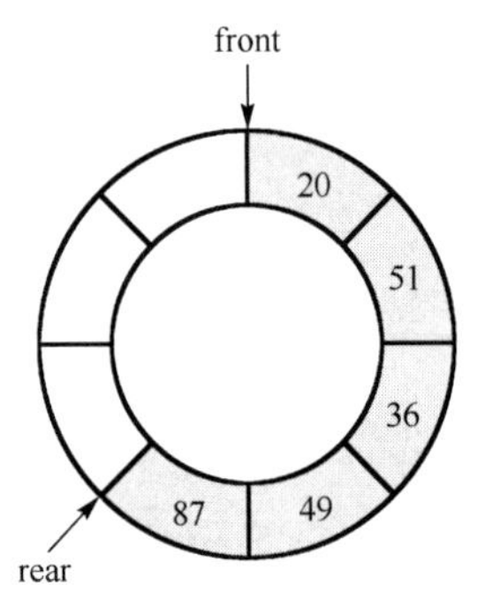

图 16.3 循环队列

可以把货架的结构想象成循环队列，如图 16.3 所示。

生产者不断在 rear 索引指向的位置上架产品，消费者不断在 front 索引指向的位置取走产品。如果货格满了，生产者就阻塞，如果货格空了，消费者就阻塞。由于生产者和消费者在不同的位置上操作，所以不需要互斥，如代码 16.12 所示。

代码 16.12 ch16/produce_consumer_semaphores.py

```
# -*- coding: utf-8 -*-
from threading import Thread,Lock,Semaphore
import random
import logging
import time

logging.basicConfig(level=logging.DEBUG,format='(%(threadName)-s)
%(message)s')

class Cache():
    def __init__(self):
        self.data=[None]*10 # 10 个元素的列表
        self.front=0  # 头索引的初值是 0 位
        self.rear=0   # 尾索引的初值是 0 位
        self.producer_semaphore = Semaphore(10)
        self.consumer_semaphore = Semaphore(0)
        # self.mutex = Lock()
```

```
17
18
19     def set_data(self, data):
20         self.producer_semaphore.acquire()
21         # self.mutex.acquire()
22         self.data[self.rear] = data
23         self.rear = (self.rear+1)%10
24         logging.debug(f'数据{data}上架')
25         self.consumer_semaphore.release()
26         # self.mutex.release()
27
28
29     def get_data(self):
30         self.consumer_semaphore.acquire()
31         # self.mutex.acquire()
32         temp = self.data[self.front]
33         self.front = (self.front+1)%10
34         time.sleep(0.1)
35         logging.debug(f'数据{temp}取走')
36         self.producer_semaphore.release()
37         # self.mutex.release()
38         return temp
```

这里只显示了代码 16.12 前 38 行代码，后面的代码和代码 16.11 第 30～55 行完全一样。

代码 16.12 第 20 行，在上架前先申请锁，如果当前生产者信号量值为 0，生产者就阻塞，否则生产者信号量值减 1，线程继续运行。

代码 16.12 第 25 行，产品上架后，消费者信号量值加 1，如果消费者需要消费就能取货了。

代码 16.12 第 30、36 行是消费者对信号量（consumer_semaphore、producer_semaphore）值的操作，原理和生产者类似。

情形 3：多个生产者，多个消费者，多个货格。对于情形 2 的多个货格，除使用代码 16.12 的方法外，Python 有更加简单的方法，就是直接用 queue.Queue 构建多货格的货架。而且根据 Python 官网文档，queue 模块实现了多生产者、多消费者之间线程安全（Thread-Safe）的交换信息的队列，模块中的 Queue 类内部实现了所有需要的锁语义，这意味着用户不需要自己设置锁，就能实现同步，从而可以大大简化多线程程序，如代码 16.13 所示。

代码 16.13　ch16/producer_consumer_queue.py

```
# -*- coding: utf-8 -*-

from queue import Queue
from threading import Thread
import random
import time

```

```
import logging
logging.basicConfig(level=logging.DEBUG,format='(%(threadName)-s) %(message)s')

class Cache(Queue):
    def __init__(self):
        super().__init__(maxsize=10)

    def set_data(self, data):
        time.sleep(0.3)
        self.put(data)
        logging.debug(f'数据{data}上架')

    def get_data(self):
        time.sleep(0.1)
        data = self.get()
        logging.debug(f'数据{data}取走')
        return data

def producer(cache):
    # 模拟生产者获得数据，可以是无限循环
    for i in range(20):
        # 用随机数模拟生产者获得的数据
        data = random.randint(0, 200)
        # 数据上架
        cache.set_data(data)

def consumer(cache):
    # 模拟消费者获得数据
    for i in range(20):
        # 数据消费
        cache.get_data()


if __name__ == "__main__":
    cache=Cache()
    producers = [Thread(target=producer, args=(cache,), name='producer'+str(i))
                 for i in range(1,4)]
    consumers = [Thread(target=consumer, args=(cache,),name='consumer'+str(i))
                 for i in range(1,4)]

    start_time=time.time()
    for i in range(3):
        producers[i].start()
        consumers[i].start()
```

```
52     for i in range(3):
53         producers[i].join()
54         consumers[i].join()
55     # cache.task_done()
56     end_time=time.time()
57     print("finish")
58     logging.debug(end_time-start_time)
```

代码 16.13 第 11～23 行定义的类 Cache 是从 Queue 继承过来的。

代码第 13 行在_init_函数中，调用父类函数将货格数设置为 10。

代码第 15～24 行定义的 set_data 和 get_data 函数变得很简单，不再需要设置锁。

代码第 34～38 行定义的消费者，只要货架上有货，就能获得数据。如果需要对数据做进一步处理、存储，只需要添加相关代码。

Queue 类中的 empty()和 full()函数可以用于判断队列空或满，但是这两个函数不会保证阻塞线程的运行，所以在多线程的环境中，不要用这两个函数作为线程是否运行的条件。

16.4.8　其他同步对象

为了实现多线程同步运行，前面已经使用了 Lock、RLock、Semaphore 等同步对象，这些对象实现了同步原语(Synchronization Primitives)，原语的意思是这些锁程序在执行时是保证不可中断的。除此以外，还有 Condition、Event、Timer、Barrier 等对象可供选择。

Lock、RLock、Condition、Semaphore 同步对象实现了上下文管理协议(Context Management Protocol)，可以用 with 语句自动管理锁和解锁的动作，如下列代码所示。

```
some_lock.acquire()
try:
    # do something...
finally:
    some_lock.release()
```

可以用上下文管理的方式，替换为：

```
with some_lock:
    # do something...
```

16.5　多　进　程

多线程只适合 I/O 密集型的任务，如果是计算密集型的任务就需要使用多进程模块。因为多进程模块可以利用多处理器或多核处理器的能力。多进程模块的应用编程接口(Application Programming Interface，API)和多线程模块极为相似。

16.5.1　创建和运行多进程

创建进程使用 multiprocessing 的 Process 模块，如代码 16.14 所示。

代码 16.14 ch16/run_as_process.py

```
1 # -*- coding: utf-8 -*-
2
3 from multiprocessing import Process,current_process
4 import time,os
5
6 def show_pid(n):
7     for i in range(n):
8         print(f'({current_process().name})进程 ID: {os.getpid()}父进程 ID: {os.getppid()} ')
9
10 if __name__ == '__main__':
11     start_time=time.time()
12     p = Process(target=show_pid, args=(3,))
13     p.start()
14     p.join()
15     end_time=time.time()
16     print(f'({current_process().name}) {os.getpid()}',end=' ')
17     print('耗时', end_time-start_time)
18     print(p.name,'是否存在', p.is_alive())
```

多进程的程序需要在外部终端窗口而不是 IPython 终端执行，如果使用 Spyder，则可以首先设置“外部系统终端中执行”，具体方法如下。

运行的程序文件处于当前打开状态，单击菜单“Run→Configuration per file”，在打开的窗口中选择“Execute in an external system terminal”，勾选“Interact with the Python console after execution”。该勾选项保证程序执行后终端窗口不关闭。

设置完成后运行程序，代码的运行结果如下。

```
(Process-1) 进程  ID: 11360 父进程  ID: 14016
(Process-1) 进程  ID: 11360 父进程  ID: 14016
(Process-1) 进程  ID: 11360 父进程  ID: 14016
(MainProcess) 14016 耗时  0.18483281135559082
Process-1 是否存在  False
```

通过代码 16.14 可以知道，除类名不同外，创建多线程和创建多进程的方法基本一样。

代码 16.14 第 3 行引入了 current_process 函数，通过 current_process 函数在代码第 8 行和第 16 行可以获取线程名。

通过 os.getpid()可以获得本进程的 PID(Process ID)，通过 os.getppid()可以获得本进程的父进程的 PID。从运行结果看，Process-1 的父进程的 PID 是 14016，这正是主进程 MainProcess 的 PID，Process-1 是 MainProcess 的子进程。进程本身也有 PID 属性，也可用这个属性获得进程的 PID。

通过进程的 is_alive()函数可以了解一个进程是否终止，代码第 18 行的结果是创建的进程已经终止。

16.5.2 进程间数据共享

多线程可以共享同一进程的资源，包括主程序中定义的变量。但是多进程之间是不能和多线程一样简单共享变量的，包括主进程和子进程之间，如代码 16.15 所示。

代码 16.15 ch16/cannot_share_data.py

```
# -*- coding: utf-8 -*-

from multiprocessing import Process,current_process

shared_data = []

def work(data):

    global shared_data
    # 将输入数据的计算结果扩展到 shared_data 列表中
    shared_data.extend(list(map(lambda x:x**2,data)))
    print(f'({current_process().name}) 计算结果：{shared_data}')

if __name__ == "__main__":
    # 创建子进程，传递数据[1,2,3]
    p1 = Process(target=work, args=([1,2,3],))

    p1.start()
    p1.join()

    print(f'({current_process().name}) 计算结果：{shared_data}')
```

代码运行的结果如下。

```
(Process-1) 计算结果：[1, 4, 9]
(MainProcess) 计算结果：[]
```

可以看到，子进程 Process-1 中已经加入了计算结果，但是主进程却看不到结果。这是因为在创建子进程时，程序所定义的共享资源会在子进程中重新创建，所以子进程的 shared_data 只属于子进程，主进程的 shared_data 只属于主进程，二者没有关联。这一点和多线程共享一个进程资源有很大区别。

进程之间应该尽量不要共享资源，但是如果确有必要，multiprocessing 模块也提供 Array 和 Value 对象来实现在进程之间共享数据。两者都是 C 兼容的类型(Ctypes)，底层需要通过动态链接库(DLL)或共享库中的外部函数访问。当然，Python 程序员并不需要了解这个细节。

代码 16.16 展示了进程间使用 Array 和 Value 对象共享数据。

代码 16.16 ch16/share_data_between_processes.py

```
# -*- coding: utf-8 -*-

```

```
3 from multiprocessing import Process, Value, Array
4 import ctypes
5
6 def array_sum(result, data):
7     for i in range(len(data)):
8         result.value += data[i]
9
10 if __name__ == '__main__':
11     sum_result = Value('d', 0.0)
12     # sum_result = Value(ctypes.c_double, 0.0)
13     data_array = Array('i', range(10))
14     # data_array = Array(ctypes.c_int, range(10))
15
16     p = Process(target=array_sum, args=(sum_result, data_array))
17     p.start()
18     p.join()
19
20     print(sum_result.value)
21     print(data_array[:])
```

代码运行结果如下。

```
45.0
[0, 1, 2, 3, 4, 5, 6, 7, 8, 9]
```

从运行结果可以看到，两个进程之间确实共享了数据。

代码 16.16 第 11 行定义了 Value 对象，该对象的构造方法如下。

```
multiprocessing.Value(typecode_or_type, *args, lock=True)
```

其中，typecode_or_type 参数是 Value 对象中存放数据的数据类型。详细的数据类型可以参考 Python 官网文档。数据类型可以用 c_byte、c_int、c_long、c_float、c_double 表示，也可以用类型代码(TypeCode)表示，常用的类型代码如表 16.2 所示。

表 16.2　常用的类型代码

TypeCode	Python 类型	字　节　数
'b'	int	1
'B'	unsigned int	1
'u'	unicode	2
'h'	int	2
'H'	unsigned int	2
'i'	int	2
'I'	unsigned int	2
'l'	int	4
'L'	unsigned int	4
'f '	float	4
'd'	float	8

参数 lock 表示内置的锁是否起作用，默认设为 True，即起作用，这意味着 Value 对象中的数据是进程安全的(Process-Safe)；如果设为 False，则数据不会自动上锁解锁。

代码 16.16 第 13 行定义了 Array 对象，该对象的构造方法如下。

```
multiprocessing.Array(typecode_or_type, size_or_initializer, *, lock=True)
```

其中，第二个参数 size_or_initializer，表示既可以指定数组的大小(size)也可以给初始值(initializer)，代码第 13 行在定义 Array 对象时给了初始值。要注意 Array 对象不是可迭代对象，这就是要在代码第 7、8 行用循环遍历，以及在代码第 21 行要切片获得内部数据的原因，不是可迭代对象不能使用函数式编程方式遍历。

除 Value 和 Array 对象外，服务器进程(Server Process)提供了更加灵活的数据共享方案，可以支持任意对象类型的共享。此外，一个管理器可以由网络中不同计算机上的进程共享，缺点是访问数据的速度比使用 Value 和 Array 对象共享内存慢。

由 multiprocessing 模块的 manager()函数返回的管理器对象控制一个服务器进程，该进程可持有共享的 Python 对象(list、dict、Queue、Value、Array 等)，并允许其他进程共享管理器对象，如代码 16.17 所示。

代码 16.17　ch16/server_process_share_data.py

```
# -*- coding: utf-8 -*-

from multiprocessing import Process, Manager, current_process
import os

def make_phone_book(book, name, phone):
    print(f'({current_process().name}) pid: {os.getpid()}')
    print(f'父进程 pid: {os.getppid()}')
    for i in range(len(name)):
        book[name[i]]=phone[i]

if __name__ == '__main__':
    # 通过上下文管理，避免调用 start(),shutdown()方法
    with Manager() as manager:
        d_phonebook = manager.dict()
        l_name = manager.list(['Alice', 'Bob', 'Casey', 'Kevin'])
        l_phone = manager.list(['509-987-1343', '989-207-9809',
                                '985-224-1581', '973-823-4140'])
        p = Process(target=make_phone_book, args=(d_phonebook, l_name, l_phone))
        p.start()
        p.join()
        print(d_phonebook)

    print(f'({current_process().name}) pid: {os.getpid()}')
```

代码 16.17 在运行过程中会创建 3 个进程：主进程、子进程、服务器进程。服务器进程包含了共享的列表和字典，其他进程通过代理使用这些共享资源。

16.5.3 进程间通信

Python 多进程间通信有两种渠道：队列(Queue)和管道(Pipe)。

multiprocessing 的 Queue 的使用方法和前面用过的 queue 模块的 Queue 几乎是一样的，而且也是线程和进程安全的。通过 Queue 可以传递任意 Python 对象，如代码 16.18 所示。

代码 16.18 ch16/communication_between_processes_by_queue.py

```
# -*- coding: utf-8 -*-
import multiprocessing
from multiprocessing import Process, Queue, Event
import random
import time

import logging
logging.basicConfig(level=logging.DEBUG,format='(%(processName)-s) %(message)s')

def producer(channel, event):
    # 模拟生产者获得数据，可以是无限循环
   while not event.is_set():
        # 用随机数模拟生产者获得的数据
        data = random.randint(0, 200)
        # 数据上架
        time.sleep(0.3)
        channel.put(data)
        logging.debug(f'数据{data}上架')

def consumer(channel):
    while True:
        time.sleep(0.1)
        data = channel.get()
        logging.debug(f'数据{data}取走')

if __name__ == "__main__":
    # multiprocessing.set_start_method('spawn')
    channel=Queue(10)
    # 用于停止生产者的同步对象 Event，一对方法：set()和 is_set()
    stop_event = Event()
    p = Process(target=producer, args=(channel, stop_event,)
                ,name='producer')
    c = Process(target=consumer, args=(channel,)
                ,name='consumer')

    start_time=time.time()
```

```
37      p.start()
38      c.start()
39      # 当某种状态出现，产生停止生产者进程的事件
40      time.sleep(5)
41      stop_event.set()
42      # 等待生产者进程停止并且队列为空
43      while p.is_alive() or not channel.empty():
44          time.sleep(0.1)
45
46      # 停止消费者进程
47      c.terminate()
48      p.join()
49      c.join()
50      end_time=time.time()
51      logging.debug(end_time-start_time)
```

代码 16.18 第 28 行定义了 Queue 对象，以用于生产者和消费者进程的通信。使用 Queue 对象的方法很简单：put 方法加入数据；get 方法取出数据。

代码第 30 行定义了 Event 对象，它是一个同步对象，目的是在必要的时候通知生产者停止生产；代码第 41 行，主进程发出停止事件；代码第 12 行，Event 对象 is_set 返回 True，生产者进程就会停止。实际上，多线程的同步对象和多进程的同步对象的使用方法几乎一样，这降低了学习者学习的负担。

Queue 支持多个进程间的通信，Pipe 只支持两个进程间的通信。如代码 16.19 所示，将计算任务交给多个进程，然后回收结果。

代码 16.19　ch16/communication_between_processes_by_pipe.py

```
# -*- coding: utf-8 -*-

from multiprocessing import Process, Pipe
import os
from math import sqrt

def find_prime(interval, pipe):
    '''找到 interval 范围内的所有素数.'''
    # 先假设所有的数都不是素数，字典 key 是数，值初始为 False
    primes=dict(zip(range(interval[0],interval[1]),[False]*(interval[1]-interval[0])))

    for n in range(interval[0],interval[1]):
        if n <= 1:
            continue # 不是素数，下一个
        elif n == 2:
            primes[n]=True
        elif n > 2 and n % 2 == 0:
            continue # 不是素数，下一个
        else:
```

```
20            is_prime = True
21            for i in range(3, int(sqrt(n)) + 1, 2):
22               if n % i == 0:
23                   is_prime = False
24                   break  # 不是素数，下一个
25            if is_prime == True:
26                primes[n]=True
27    # 把 value 是 True 的筛选出来，然后通过管道发送出去，也可以发整个字典
28    pipe.send(len({k:v for k,v in primes.items() if v == True}))
29
30
31 if __name__ == "__main__":
32    num_intervals =[[1,10000],[10000,20000],[20000,30000],[30000,
      40000]]
33    # 获得当前计算机的内核数
34    n_cpu = os.cpu_count()
35
36    # Pipe()方法返回管道的两端
37    # pipe_recv,pipe_send = Pipe()
38    #下面创建和内核数相等的多个管道
39    pipes = [Pipe() for _ in range(n_cpu)]
40
41    try:
42        # 假设内核数是 4，所以创建了 4 个进程
43        procs = [Process(target=find_prime, args=(num_intervals[i],
          pipes[i][0]))
44                 for i in range(n_cpu)]
45        # 启动进程
46        for p in procs:
47            p.start()
48        # 从多个管道获得结果
49        results = [pipes[i][1].recv() for i in range(n_cpu)]
50    finally:
51        # 关闭多个管道
52        for i in range(n_cpu):
53            pipes[i][0].close()
54            pipes[i][1].close()
55
56    # 进程终止
57    for p in procs:
58        p.terminate()
59
60    print(results)
```

代码 16.19 第 7～28 行定义了一个找素数的计算任务，代码第 28 行通过管道发送的是一个字典的元素个数，字典的 key 是某一个数，value 为 Ture 表示该数是素数。

代码第 34 行，获得当前计算机的 CPU 内核数。目的是确定创建进程的数量，因为多进程不受 GIL 的限制，能够利用多 CPU 或多核 CPU 带来的好处。

代码第 39 行，为每个创建的进程提供不同管道；代码第 49 行，从不同的管道获得数据。

代码第 52～54 行，关闭管道。

在多线程中，可用的同步对象包括 Lock、RLock、Semaphore、Condition、Event、Timer 等，在多进程中也可供选择。

16.5.4 进程同步

前面使用 multiprocessing.Value 实现了进程间的共享，而且这种共享是进程安全的。但是官方文档又说类似"+"、"="等操作符会引发独立的读操作和写操作，也就是说，这类操作符并不具有原子性，如代码 16.20 所示。

代码 16.20 ch16/multiprocess_share_error.py

```
# -*- coding: utf-8 -*-

import multiprocessing

def withdraw(balance):
    for i in range(10000):
        balance.value -= i

def deposit(balance):
    for i in range(10000):
        balance.value += i


if __name__ == "__main__":
    # lock 默认就是 True，其实可以不写
    balance = multiprocessing.Value('i', 1000, lock=True)

    # 创建进程
    p1 = multiprocessing.Process(target=deposit, args=(balance,))
    p2 = multiprocessing.Process(target=withdraw, args=(balance,))

    # 进程启动，并同步到主进程
    p1.start()
    p2.start()
    p1.join()
    p2.join()

    # 输出最后的余额
    print(f"余额：{balance.value}")
```

因为代码 16.20 存取的金额是相等的，所以最后的余额应该还是 1000，但是实际结果并不是这样的。由于读操作和写操作是独立的，这就造成进程读到的可能是脏数据，当进程写的时候原数据已经发生变化。

这时就需要采用锁来将读操作、写操作合并为一个不可分隔的整体，如代码 16.21 所示。

代码 16.21　ch16/multiprocess_share_lock.py

```
# -*- coding: utf-8 -*-

import multiprocessing

def withdraw(balance,lock):
    for i in range(10000):
        lock.acquire()
        balance.value -= i
        lock.release()

def deposit(balance,lock):
    for i in range(10000):
        lock.acquire()
        balance.value += i
        lock.release()

if __name__ == "__main__":
    # 对共享数据的操作加锁
    lock = multiprocessing.Lock()
    balance = multiprocessing.Value('i', 1000, lock=True)

    # 创建、运行进程
    p1 = multiprocessing.Process(target=deposit,
                                 args=(balance,lock,))
    p2 = multiprocessing.Process(target=withdraw,
                                 args=(balance,lock,))
    p1.start()
    p2.start()
    p1.join()
    p2.join()

    # 输出最后的余额
    print(f"余额: {balance.value}")
```

现在不管代码执行多少次，余额都是确定的 1000 了。

16.5.5　进程池

多线程模块有线程池，多进程模块也有进程池。concurrent.futures 模块的 ProcessPoolExecutor 进程池的使用方法和前面 concurrent.futures 模块的 ThreadPoolExecutor 的使用方法几乎一样。

不过 multiprocessing 本身也提供了进程池，创建进程池对象的函数是 multiprocessing.Pool()，创建的对象是 multiprocessing.pool.Pool 类的实例，multiprocessing 模块的进程池提供了更多的控制能力，而 concurrent.futures 模块的进程池使用起来更简单。

multiprocessing.Pool()函数的参数有以下几个。

(1) processes：进程数，如果不设置(None)，就会被设成 os.cpu_count()，即 CPU 数/内核数。

(2) initializer：初始化函数，工作进程启动前会调用 initializer(*initargs)。

(3) initargs：初始化函数的可变参数。

(4) maxtasksperchild：分配给工作进程的最大任务数量，达到时进程结束，默认为 None，即工作进程和进程池的生命一样长。

也就是说，在大部分情况下，这些参数保持默认值就可以了。不过，对于 processes 参数，实际和官方文档中描述的并不一致，如果设置为 None，就表示一个进程在执行，所以最好还是设置一个具体的数值。

下面的例子来自官方文档，进程池的任务分配有多种方法，如代码 16.22 所示。

代码 16.22　ch16/assign_task_for_process_pool.py

```
# -*- coding: utf-8 -*-
from multiprocessing import Pool, TimeoutError
import time
import os

def square(x):
    print(f"计算 {x} 的进程: {os.getpid()}")
    return x*x

if __name__ == '__main__':
    # 通过上下文管理进程池，否则需要在最后加 pool.close() 和 pool.join()
    with Pool(processes=4) as pool:
        # 可以用 map 分配一系列计算任务
        # 如果需要将序列或者可迭代对象作为函数参数，可以用 map 分配任务
        print(pool.map(square, range(10)))

        # imap_unordered 类似与 map，但是序列会被乱序执行
        for i in pool.imap_unordered(square, range(10)):
            print(i)
        # 用下面的方法看不出乱序
        # print([item for item in pool.imap_unordered(square, range(10))])

        # 启动一个异步进程，完成一个计算任务 square(20)
        res = pool.apply_async(square, (20,))
        print(res.get(timeout=1))

        # 可以用列表推导式分配任务，获得结果
```

```
        multiple_results = [pool.apply_async(os.getpid, ()) for i in range(4)]
        print([res.get(timeout=1) for res in multiple_results])

        # 进程池的执行是异步的，不会等待结果，结果是 AsyncResult 对象管理的
        # 如果 get()函数设置了 timeout，但是结果在这个时间后没有出现，就引发 TimeoutError
        res = pool.apply_async(time.sleep, (10,))
        try:
            print(res.get(timeout=1))
        except TimeoutError:
            print("等待结果超时")

    print("进程池停止工作")
```

进程池的任务分配的方法有批量分配的 map、imap_unordered 方法，以及一个进程一个任务的 apply_async 方法。

16.6 异步 I/O

16.6.1 异步程序的调度方式

异步 I/O(Async I/O)是 Python 的另外一种并发程序风格，threading、multiprocessing、asyncio 等异步程序模块的区别如表 16.3 所示，这里的任务是指用户自定义的任务。

表 16.3 异步程序模块的区别

类型(模块)	任务切换调度
threading	由操作系统调度
multiprocessing	运行在多个 CPU/内核上，互不影响
asyncio	模块内置的 Event Loop 调度

为什么会有并发或并行程序这样的概念？主要原因是为了提高 CPU 的使用效率，图 16.4 展示了并发和并行程序执行的逻辑过程。

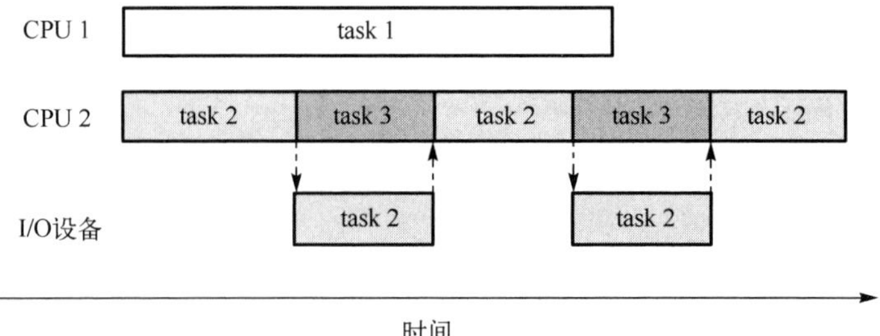

图 16.4 并发和并行程序执行的逻辑过程

图 16.4 隐藏了下一层分时操作系统的时间片轮转、抢占等调度细节，只关注用户任务的逻辑执行过程。

先看 task1 和 task2 两个任务，task1 只使用 CPU 资源，是计算密集型(CPU-Bound)任务，task2 需要频繁使用输入和输出设备，是 I/O 密集型(I/O-Bound)任务。task1 和 task2 两个任务分别在不同的 CPU 上并行，一定会比两个任务在一个 CPU 上交替运行花费更少的时间，这就是多进程存在的意义。但是如果多个进程因为共享资源、计算次序等原因存在需要同步的点，那么也有可能无法提高效率并减少执行时间。

task2 需要频繁使用输入和输出设备(如访问网络需要使用网络设备、读写文件需要使用外部存储设备)，由于输入和输出设备是低速设备，速度远远低于 CPU，所以一般会在内存中建立缓冲区；task2 在发出输入和输出的请求后，就不需要使用 CPU，而是让输入和输出设备控制程序把缓冲区读满，或者将缓冲区数据都写入输出设备；缓冲区的读写工作完成后，重新让 task2 使用 CPU 完成后续的工作，在 task2 不使用 CPU 的间隙，可以调度运行 task3。task2 和 task3 的交替运行方式为并发，也能提高资源使用效率、降低运行时间。

如果 task2 和 task3 是密切相关的，就可以以多线程或协程(Coroutine)的方式组织在一起。对于多线程，task2 和 task3 在 CPU 上的运行切换调度是由操作系统完成的，而协程是通过程序片段(如 task2)主动放弃自己的运行(一般就是去执行 I/O 操作，程序形式是等待未来对象(Future Object))、把 CPU 使用权让渡给其他程序片段(如 task3)完成的，背后管理切换的是模块的事件循环(Event Loop)而不是操作系统，所以更加执行得灵活高效。

16.6.2　协程

有关异步 I/O 的内容随着 Python 版本的变化在快速变化，直到 Python 3.7，asyncio 模块的 async 和 await 成为保留关键字，才标志这个模块的内容基本成熟，所以有关这方面的可查到的资料很多都已经过时。例如，通过在普通函数中使用 yield from 表达式，并用 @asyncio.coroutine 标注去装饰该函数得到基于生成器的协程(Generator-based Coroutine)的方法应该抛弃，该语法将在 Python 3.10 后被彻底移除，取而代之的是使用新的语法构建的原生协程(Native Coroutine)。

```
import asyncio

@asyncio.coroutine
def gb_coroutine():
'''早期版本的基于生成器的协程，废弃.'''
yield from awaitable_func()

async def nt_coroutine():
'''新语法的原生协程'''
        await awaitable_func()
```

协程(Coroutine)就是协作的程序(Cooperative Routine)，Routine 可以是程序、程序片段，有时代指函数，协程是异步 I/O 的核心。协程主要的应用场景和多线程差不多，即 I/O

密集型应用。但是作为协程执行的多个任务的切换调度不依赖操作系统，一个协程是单进程单线程的，所以不需要在操作系统层面创建每个任务对应的进程/线程的数据结构。也就是说，同一程序中的不同协程都是一样的进程 ID 和线程 ID，协程中多个任务的调度时机是用户自定义的，协程可以认为是用户态的多线程，因此协程相比多线程有很多优点，如不需要在操作系统中创建额外的数据结构。

一个简单的创建和运行协程的例子如代码 16.23 所示。

代码 16.23 ch16/coroutine_example.py

```
 1 # -*- coding: utf-8 -*-
 2 import asyncio
 3 import time
 4
 5 async def read_data():
 6     time.sleep(0.5)          # I/O-bound 操作
 7     return "读取文件或访问网络获得的数据"
 8
 9 async def process_data():
10     data = await read_data() # 协程启动协程，同步点
11     time.sleep(0.5)          # CPU-bound 操作
12     print('处理后数据：', data)
13
14 async def main():
15     # 用显式创建 task 的方式运行协程，注意 await 需要放在一个异步函数中
16     process_task = asyncio.create_task(process_data())
17     await process_task
18
19 if __name__ == "__main__":
20     # run 方法运行协程，隐藏了很多细节
21     asyncio.run(process_data())
22     # 不能直接将 main 函数中代码放在这里，因为不能在这里 await
23     asyncio.run(main())
```

定义一个协程的方法就是在函数前加上 async 关键字，这个关键字的含义是异步，如代码 16.23 第 5、9、14 行。

运行一个协程不能如同普通函数一样调用，否则得到的不是函数的返回值，而是一个协程对象(Coroutine Object)。要运行一个协程有三种办法：①如代码第 10 行在协程函数调用前加 await 关键字；②如代码第 21 行将协程作为 asyncio.run 函数的参数；③如代码第 16、17 行用 asyncio.create_task 创建任务对象，然后 await 任务对象。

asyncio.run 函数其实封装了很多的细节，代码 16.23 背后的协程运行的逻辑过程如图 16.5 所示。

任务对象(Task Object)是 asyncio.run 函数在接收协程函数对象后创建的。任务对象是 Future 类的子类，相当于协程对象的运行跟踪器，任务对象会添加到事件循环(Event Loop)，由事件循环控制调度。process_data 协程会首先运行，当运行到 await read_data()时，process_data 协程挂起(Suspend)让出 CPU，即图 16.4 中灰色的那段。如果此时 read_data

在执行 I/O 操作也不使用 CPU，那么 CPU 可能处于空闲状态，就可以执行其他协程。这里只讨论一个多协程程序中各协程的关系，而不讨论操作系统层面多进程的运行。

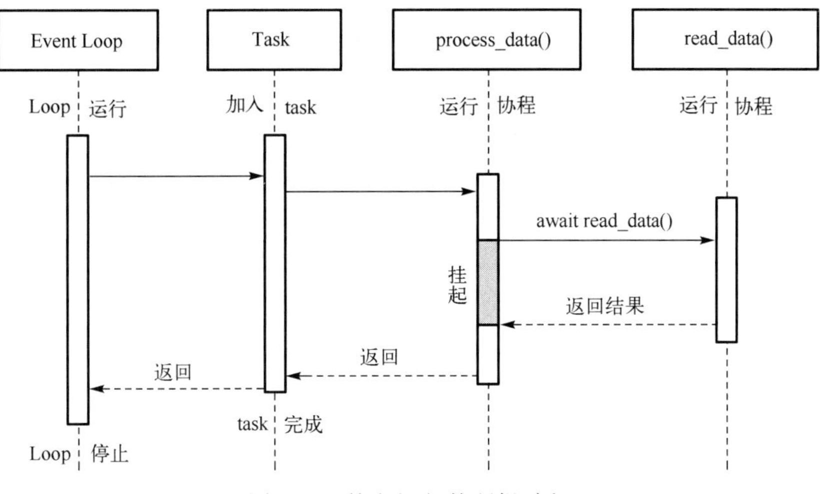

图 16.5　协程运行的逻辑过程

如果不是 await read_data()而是普通函数调用 read_data()，那么 process_data 函数应该一直等 read_data()函数给出结果，本程序的其他函数是无法运行的。这就是协程提高效率的奥秘所在。代码 16.23 有可能提高整个系统的吞吐量，但就其程序本身而言，效果和普通的函数调用没有什么区别。这是因为 process_data 和 read_data 两个协程必须在 await read_data()这一点同步，process_data 不能越过这一点继续执行。

最后，当 process_data 协程完成时，任务对象获得了协程运行的结果，然后任务对象和事件循环就都可以关闭了。

基于生成器的协程的语法如代码 16.24 所示。

代码 16.24　ch16/async_generator_coroutine.py

```
# -*- coding: utf-8 -*-
import asyncio

async def async_read_file(filename):
    try:
        f = open(filename,mode='r')
        for line in f:
            yield line

    except FileNotFoundError as e :
        print(e.strerror)

async def main():
    async for line in async_read_file(r'ZenofPython'):
        print(line,end='')

if __name__ == "__main__":
    asyncio.run(main())
```

代码 16.24 第 8 行，使用 yield 关键字，所以该函数是生成器。

代码第 4 行通过 async 关键字将生成器改成协程，其实就是异步生成器(Asynchronous Gen erator)。

注意代码第 14 行，需要使用 async 关键字遍历异步生成器。

16.6.3 可等待对象

可等待对象(Awaitable Object)就是在 await 表达式中的操作对象，这些对象的特点是它们需要异步执行一段时间，在这个过程中执行 await 表达式的协程会挂起，直到可等待对象有结果时被唤醒。代码 16.23 的第 10、17 行就包含 await 表达式。

可等待对象包括：协程对象(Coroutines)、任务对象(Tasks)和未来对象(Futures)。

协程对象是可等待对象，所以可以被其他协程 await，这是运行协程的常用方法之一。任务对象用于调度协程并发运行，当协程用 asyncio.create_task()函数包装到 Task 中时，协程会被自动调度运行。未来对象比较底层，是专用的可等待对象，用于表达异步操作的最终结果，当某协程等待 Future 对象时，意味该协程将一直等待，直到 Future 对象能获得结果。通常不需要在应用程序级别的代码中创建 Future 对象，如果确实需要创建，那么可以查询 Python 官网文档。

16.6.4 让事件循环调度多个协程

前面的例子似乎没看出和普通的函数调用有什么区别，似乎也没有带来效率的提升，这是因为例子中两个协程之间是需要同步引起的。

如果多个协程相互之间不存在同步问题，按理说当一个协程挂起时其他协程应该可以接替运行，但是通过代码 16.25 的方法是无法做到的。

代码 16.25 ch16/synchronized_coroutine.py

```
# -*- coding: utf-8 -*-
import asyncio
import time

async def work(name,delay):
    await asyncio.sleep(delay)
    print(f"{name} 完成")

async def main():
    await work('task 1',0.3)
    await work('task 2',0.2)
    await work('task 3',0.1)

if __name__ == "__main__":

    start = time.time()
    asyncio.run(main())
    elapsed = time.time() - start
    print(f"运行时间: {elapsed:0.4f} 秒")
```

代码的运行结果如下。

```
task 1 完成
task 2 完成
task 3 完成
运行时间: 0.6188 秒
>>>
```

从运行结果看，三个协程是顺序执行的，理由是耗时最长的协程最早完成，且完成的次序和启动的次序一致。代码 16.25 第 6 行，协程应该挂起，由于三个协程没有同步关系，所以完全可以交替执行，但是实际上并没有。

如果让多个协程能并发执行，就需要让事件循环(Event Loop)调度这些协程，调度的方式类似图 16.2。例如，代码 16.26 创建了多个 task 对象，这些对象就可以被事件循环调度了。当一个协程执行 await asyncio.sleep(delay)时，这个协程就会主动挂起，其他协程就可以运行了。

代码 16.26 ch16/coroutine_scheduled_by_task_eventloop.py

```python
# -*- coding: utf-8 -*-
import asyncio
import time

async def work(name,delay):
    await asyncio.sleep(delay)
    print(f"{name} 完成")

async def main():
    task1 = asyncio.create_task(work('task 1',0.3))
    task2 = asyncio.create_task(work('task 2',0.2))
    task3 = asyncio.create_task(work('task 3',0.1))
    await task1
    await task2
    await task3

if __name__ == "__main__":
    start = time.time()
    asyncio.run(main())
    elapsed = time.time() - start
    print(f"运行时间: {elapsed:0.4f} 秒")
```

代码的运行结果如下。

```
task 3 完成
task 2 完成
task 1 完成
运行时间: 0.3125 秒
>>>
```

通过 asyncio.gather 函数也可以运行多个由事件循环调度的协程，如代码 16.27 所示。

代码 16.27 ch16/run_coroutine_using_gather.py

```
# -*- coding: utf-8 -*-
import asyncio
import time

async def work(name,delay):
    await asyncio.sleep(delay)
    print(f"{name} 完成")

async def main():
    await asyncio.gather(
        work('task 1',0.3),
        work('task 2',0.2),
        work('task 3',0.1)
    )

if __name__ == "__main__":
    start = time.time()
    asyncio.run(main())
    elapsed = time.time() - start
    print(f"运行时间: {elapsed:0.4f} 秒")
```

16.6.5 多协程实现有限状态机

多个协程之间通过 await 表达式就构成了链式协同关系，通过这个方法可以将逻辑复杂的代码变成清晰的函数调用。

例如，海盗寻宝游戏，如图 16.6 所示，图中有箭头的曲线是航路，标注的 A、B 是航路名称，现在需要找到从海盗湾去金银岛的路径。

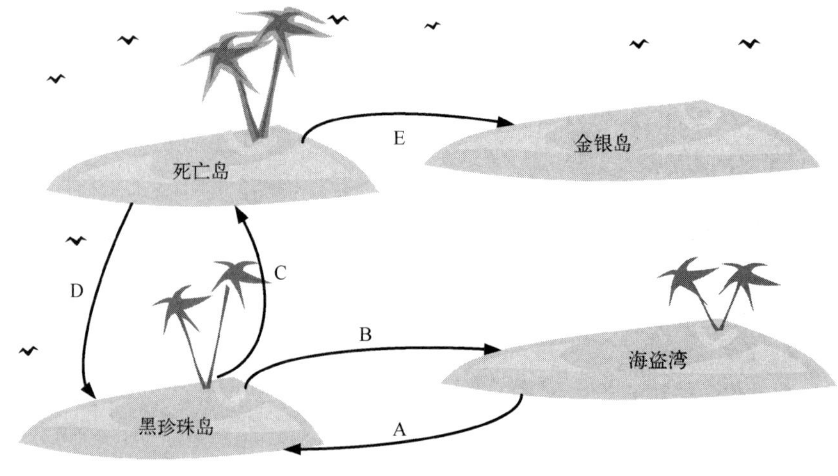

图 16.6 海盗寻宝游戏

显然，路径有很多，如果把路径表达成字符串，那么可能的路径有ACE、ABACE、ACDCE等，应该有无穷多条。

如果把岛屿当作状态，航路当作迁移，航路的标注当作输入，那么海盗寻宝游戏其实就是个有限状态机(Finite State Machines)。如图 16.7 所示，海盗湾是起始状态，金银岛是终止状态。

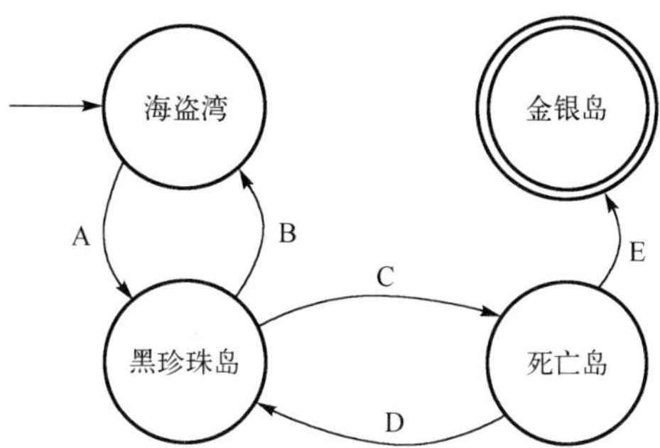

图 16.7 有限状态机状态转换图

某一条路径就是状态机的语句，所有语句的集合就是这个状态机的语言。如果有一个有限状态机，就可以验证某个语句是不是属于这个状态机的语言。例如，ACDCE 就是这个有限状态机合法的语句，ACD 就不是合法的语句，因为该路径到不了金银岛。

代码 16.28 实现了有限状态机，可以验证路径是否可达。

代码 16.28 ch16/fsm_match_path.py

```
# -*- coding: utf-8 -*-

import asyncio
import time
import logging

class FSM():
    def __init__(self, sentence):
        self.transfer_value = sentence.__iter__() # 获得迭代器，可以 next
        self.path = []

    def get_transfer_input_value(self):
        '''逐个生成路径上的字符，如果穷尽了就返回 None.'''
        try:
            return next(self.transfer_value)
        except StopIteration:
            return None

    async def start_state(self):
        self.path.append('Pirates Bay')
        logging.debug('Pirates Bay')
        # 在当前状态获得路径字符，作为迁移条件
        if value := self.get_transfer_input_value():
```

```
            input_value = value
        else:
            return False

        logging.debug(input_value)

        # 决定向哪个状态迁移.
        if input_value == 'A':
            result = await self.state1()
        else:
            result = False  # 如果没有迁移方向就返回 False
        return result

    async def state1(self):
        self.path.append('Black Pearl Island')
        logging.debug('Black Pearl Island')
        # 在当前状态获得路径字符，作为迁移条件
        if value := self.get_transfer_input_value():
            input_value = value
        else:
            return False

        logging.debug(input_value)

        # 决定向哪个状态迁移.
        if input_value == 'C':
            result = await self.state2()
        elif input_value == 'B':
            result = await self.start_state()
        else:
            result = False
        return result

    async def state2(self):
        self.path.append("Dead Man's Island")
        logging.debug("Dead Man's Island")
        # 在当前状态获得路径字符，作为迁移条件
        if value := self.get_transfer_input_value():
            input_value = value
        else:
            return False

        logging.debug(input_value)

        # 决定向哪个状态迁移.
        if input_value == 'D':
            result = await self.state1()
        elif input_value == 'E':
```

```
72             result = await self.end_state()
73         else:
74             result = False
75         return result
76
77
78     async def end_state(self):
79         self.path.append('Treasure Island')
80         logging.debug('Treasure Island')
81
82         # 在当前状态获得路径字符，如果还有字符，不可达
83         if self.get_transfer_input_value() is None:
84             return True
85         else:
86             return False
87
88 if __name__ == '__main__':
89     logging.basicConfig(level=logging.DEBUG,format='(%(funcName)s)
       %(message)s')
90
91     sentence = 'ABACE'   # 可达
92     # sentence = 'ABA'    # 太短
93     # sentence = 'ABACEA' # 超长了
94     fsm = FSM(sentence)
95     result = asyncio.run(fsm.start_state())
96
97     if result == True:
98         print(f"{sentence} 路径可达！")
99     else:
100        print(f"{sentence} 路径不可达！")
101    print("经历的岛:",fsm.path)
```

代码 16.28 第 7～86 行实现了一个有限状态机类。start_state 函数会获得路径验证最后的结果，如果路径可达，则返回 True；如果路径不可达，则返回 False。

代码 16.28 第 10 行的 self.path 用于记录路径验证过程中经历的状态。

每个状态函数的代码都差不多，就是在当前状态下，根据迁移字符决定下一步到什么状态，如果没有对应的可到状态就返回 False，最终 start_state 会获得 True/False 结果。

代码第 95 行，asyncio.run 返回所有 task 的结果，因为本例中只有一个 task，所以得到一个结果，就是 start_state 函数的结果，如果有多个结果就得到一个结果列表。

16.6.6 多协程共享数据

asyncio.Queue 类似于 queue 模块的 Queue 类，是先进先出的队列，被专门设计为能用于协程中的 await 表达式。asyncio.Queue 不是线程安全的，这在协程环境中应该不是问题。通过 asyncio.Queue 可以轻松实现多生产者、多消费者的数据共享问题，当然消费者和生产者指的都是协程。

先了解 asyncio.Queue 类中几个重要的函数。

(1) put(item)：将一项数据放入队列中，如果队列已满，就等待空闲位可用后再添加该项数据。

(2) get()：从队列中获取、删除并返回一项数据，如果队列为空则等待，直到有一项数据可用。

(3) join()：阻塞程序的结束，直到队列中的所有数据项都被接收和处理。每当生产者协程向队列中添加一项数据时，未完成的计数就会增加；每当消费者协程调用 task_done()时，表明取数工作已完成，计数就会下降；当未完成的任务计数降至零时，join()才能解除阻塞，这时程序可以继续执行下去。

(4) task_done()：指示先前放入队列的某项数据已经被队列消费者使用。每个用 get()获取数据项的任务最后都会调用 task_done()，用于告诉队列该数据项的处理任务已经完成。如果调用次数超过队列中放置的项的数量，将引发 ValueError。

代码 16.29 是用协程实现的生产者、消费者共享数据的例子。

代码 16.29 ch16/coroutine_shared_data_by_queue.py

```
# -*- coding: utf-8 -*-

import random
import asyncio
import time
import logging

async def make_product():
    await asyncio.sleep(0.1)
    return random.randint(10, 20) # 模拟获得数据

async def producer(name, queue):
    while True:
        p = await make_product() # 模拟从外界获得数据,并加工处理
        # 如果获得特定值结束该协程，模拟结束条件
        if p == 16:
            break
        logging.debug(f'{name} put {p}')
        await queue.put(p)

async def consumer(name, queue):
    while True:
        p = await queue.get()
        logging.debug(f'{name} get {p}')
        queue.task_done()

async def main(n_p, n_c):
    queue = asyncio.Queue(maxsize=6)
    producers = [producer('producer' + str(n), queue) for n in range(n_p)]
```

```
30     consumers=[asyncio.create_task(consumer('consumer'+str(n),queue))
31                 for n in range(n_c)]
32     await asyncio.gather(*producers)
33     await queue.join()
34     for c in consumers:
35         c.cancel()
36 
37 if __name__ == "__main__":
38     logging.basicConfig(level=logging.DEBUG,format='(%(funcName)s)
       %(message)s')
39     start_time = time.perf_counter()
40     asyncio.run(main(3,5))
41     elapsed = time.perf_counter() - start_time
42     print(f"共运行 {elapsed:0.5f} 秒.")
```

代码 16.29 第 33 行，在数据没有取完前阻塞程序的继续运行，取完后用 cancel()函数结束消费者协程(代码第 34、35 行)。

代码 16.29 第 32 行的*是拆箱运算，即把列表拆成元素。asyncio.gather()函数创建的任务(Tasks)是不能结束的(Cancel)。所以，消费者协程都是 asyncio.create_task()创建的，这样就可以在代码第 35 行结束。

16.6.7 异步 HTTP

I/O 密集型应用最能体现 asyncio 的价值。第三方的 aiofiles 和 aiohttp 模块分别让文件的读写和网络访问能在 asyncio/await 环境中使用，使用前需要安装这两个模块。

先来尝试使用阻塞的方法下载图片，即访问网络下载、写入文件是一个接一个以串行的方式运行的，如代码 16.30 所示。

代码 16.30 ch16/blocking_download.py

```
 1 # -*- coding: utf-8 -*-
 2 
 3 import os
 4 import requests
 5 import time
 6 
 7 def download_file(url, path):
 8     try:
 9         filename = path + os.path.basename(url)
10         response = requests.get(url, stream = True)
11         # response = requests.get(url, stream = False)
12         response.raise_for_status() # 如果状态码不是 200，抛出异常
13 
14         with open(filename,'wb') as file:
15             for chunk in response.iter_content(chunk_size=1024):
16                 file.write(chunk)
17             # 如果第 8 行的 stream = False,上面两行改成:
```

```
                # file.write(response.content)

            response.close()
        except requests.exceptions.HTTPError as e:
            print(url, e.strerror)


def main():
    urls=['https://images-assets.nasa.gov/image/PIA12348/PIA12348~orig.jpg',
          'https://images-assets.nasa.gov/image/PIA08653/PIA08653~orig.jpg',
          'https://images-assets.nasa.gov/image/PIA15985/PIA15985~orig.jpg',
          'https://images-assets.nasa.gov/image/PIA04921/PIA04921~orig.jpg',
          'https://images-assets.nasa.gov/image/PIA18033/PIA18033~orig.jpg',
          'https://images-assets.nasa.gov/image/PIA09178/PIA09178~orig.jpg',
          'https://images-assets.nasa.gov/image/PIA17563/PIA17563~orig.jpg']

    path = r'./download_images/'
    os.makedirs(path, exist_ok=True)

    start_time = time.perf_counter()
    for url in urls:
        download_file(url, path)
    elapsed = time.perf_counter() - start_time
    print(f"共运行 {elapsed:0.5f} 秒.")

if __name__ =="__main__":
    main()
```

然后再来尝试，使用异步 I/O 实现下载图片，如代码 16.31 所示。

代码 16.31　ch16/aiohttp_aiofiles_download.py

```
# -*- coding: utf-8 -*-

import os
import time
import aiofiles
import aiohttp
import asyncio
from asyncio import Semaphore

```

```
async def download_file(semaphore, session, url, path):
    async with semaphore:
        filename = path + os.path.basename(url)

        async with session.get(url) as response:
            image = await response.read()

        async with aiofiles.open(filename, 'wb') as file:
            await file.write(image)


async def main():
    MAX_REQUESTS = 3
    semaphore = Semaphore(MAX_REQUESTS)

    urls=['https://images-assets.nasa.gov/image/PIA12348/PIA12348~orig.jpg',
          'https://images-assets.nasa.gov/image/PIA08653/PIA08653~orig.jpg',
          'https://images-assets.nasa.gov/image/PIA15985/PIA15985~orig.jpg',
          'https://images-assets.nasa.gov/image/PIA04921/PIA04921~orig.jpg',
          'https://images-assets.nasa.gov/image/PIA18033/PIA18033~orig.jpg',
          'https://images-assets.nasa.gov/image/PIA09178/PIA09178~orig.jpg',
          'https://images-assets.nasa.gov/image/PIA17563/PIA17563~orig.jpg']

    path = r'./download_images/'
    os.makedirs(path, exist_ok=True)
    # 设置 headers 让服务器以为是浏览器，否则自动反爬会返回 403 错误
    headers={"User-Agent":"Mozilla/5.0 (Windows NT 6.1; Win64; x64)"
             "AppleWebKit/537.36 (KHTML, like Gecko)"
             "Chrome/92.0.4515.131 Safari/537.36"}
    async with aiohttp.ClientSession(headers=headers) as session:
        tasks=[download_file(semaphore, session, url, path)
                     for url in urls]
        await asyncio.gather(*tasks)


if __name__ =="__main__":

    start_time = time.perf_counter()
    asyncio.run(main())
    elapsed = time.perf_counter() - start_time
    print(f"共运行 {elapsed:0.5f} 秒.")
```

从运行的结果看，运行时间几乎节省一半。

代码 16.31 第 22、23 行设置的信号量，是为了限制向服务器发出请求的数量，直到代码第 11 行每次下载协程运行前都要对信号量做减 1 操作，退出该协程就加 1。所以，下载协程的数量被控制在 3 以内。

多个下载协程共享一个代码第 39 行定义的会话(Session)，利用这个会话，下载协程在代码第 14 行根据 url 发出请求，获得反馈。为了让代码看上去比较简单，这个位置其实省略了一些判定请求返回信息、异常捕获等代码。

当然对于实际的爬虫，由于有很多的反爬措施，所以会导致下载失败。代码 16.31 第 39 行的参数 headers 将请求伪装成浏览器的访问，去掉这个参数就会返回 403 错误(服务器理解客户的请求，但拒绝处理它，一般就是文件拒绝访问)。面对实际场景的爬虫，开发是一件复杂的事，这不是本书讨论的范围。

16.7 本章习题

1．程序中所有的任务必须依次执行，不能同时进行的程序是同步程序。这个陈述对吗？

2．异步程序没有同步问题。这个陈述对吗？

3．同步程序的函数调用，下列哪个是正确的说法？(　　)

A．主调函数不用等待被调函数返回就可以继续执行

B．主调函数必须等待被调函数返回才可以继续执行

C．主调函数和被调函数函数之间不存在同步问题

D．主调函数和被调函数函数之间或存在同步问题

4．并行程序在单核 CPU 上也可以实现。这个陈述对吗？

5．异步 I/O 是单线程、单进程程序。这个陈述对吗？

6．异步 I/O 和多线程的区别是什么？

7．下面哪些情况会导致程序阻塞？(　　)

A．程序等待输入　　C．程序等待网络输入/输出

B．程序运行时间片耗尽　　D．程序等待文件输入/输出

8．CPU 密集的任务可以利用多线程、多协程提高 CPU 利用率。这个陈述对吗？

9．多进程、多线程都会在操作系统中创建对应的数据结构，异步 I/O 的协程会在操作系统中创建多个协程的数据结构。这个陈述对吗？

10．由于存在 GIL，即使有多核的 CPU，也不可能提高多线程程序的执行速度。这个陈述对吗？

11．异步编程可用的同步对象有什么？(　　)

A．Lock　　B．Semaphone

C．Event　　D．PV

12．多线程模块为数据共享提供了什么工具？

13．多进程模块为数据共享提供了什么工具？

14．异步 I/O 模块为数据共享提供了什么工具？